21世纪普通高校计算机公共课程规划教材

C语言程序设计
（第2版）

田丽华　主编

岳俊华　孙颖馨　副主编

U0283677

清华大学出版社

北京

内 容 简 介

本书是编者根据多年教学和辅导程序设计竞赛的经验总结而成的,在第 1 版的基础上,在几个主要篇章增加了相关知识的进阶应用,供各层次的阅读者学习参考。全书以数据类型为主线,以函数为核心,注重培养读者的编程风格,将具有代表性和实用性的案例不断扩展和完善,激发编程的兴趣。

本书文字流畅、通俗易懂、深入浅出,实用性强,案例具有较强的针对性。本书可作为计算机专业的本科生、研究生、专科生的教材,也可作为学生参加比赛的辅导用书及编程爱好者的参考书。

本书配有辅导教材《C 程序设计习题、实验与课程设计》(清华大学出版社,田丽华主编),提供本书课后习题的详细解答及多个实验、课程设计题目。

图书在版编目(CIP)数据

C 语言程序设计/田丽华主编. —2 版. —北京:清华大学出版社,2014(2024.8重印)

(21 世纪普通高校计算机公共课程规划教材)

ISBN 978-7-302-37840-2

Ⅰ. ①C… Ⅱ. ①田… Ⅲ. ①C 语言—程序设计—高等学校—教材 Ⅳ. ①TP312

中国版本图书馆 CIP 数据核字(2014)第 199303 号

责任编辑:付弘宇 薛 阳
封面设计:何凤霞
责任校对:梁 毅
责任印制:宋 林

出版发行:清华大学出版社

网　　　址:https://www.tup.com.cn, https://www.wqxuetang.com

地　　　址:北京清华大学学研大厦 A 座　　　　　邮　　编:100084

社 总 机:010-83470000　　　　　　　　　　邮　　购:010-62786544

投稿与读者服务:010-62776969, c-service@tup.tsinghua.edu.cn

质量反馈:010-62772015, zhiliang@tup.tsinghua.edu.cn

课件下载:https://www.tup.com.cn,010-83470236

印 装 者:天津鑫丰华印务有限公司

经　销:全国新华书店

开　本:185mm×260mm　　印　张:20.25　　　　字　数:503 千字

版　次:2010 年 3 月第 1 版　2014 年 12 月第 2 版　　印　次:2024 年 8 月第 13 次印刷

印　数:19501~20000

定　价:55.00 元

产品编号:050112-03

出 版 说 明

随着我国改革开放的进一步深化,高等教育也得到了快速发展,各地高校紧密结合地方经济建设发展需要,科学运用市场调节机制,加大了使用信息科学等现代科学技术提升、改造传统学科专业的投入力度,通过教育改革合理调整和配置了教育资源,优化了传统学科专业,积极为地方经济建设输送人才,为我国经济社会的快速、健康和可持续发展以及高等教育自身的改革发展做出了巨大贡献。但是,高等教育质量还需要进一步提高以适应经济社会发展的需要,不少高校的专业设置和结构不尽合理,教师队伍整体素质亟待提高,人才培养模式、教学内容和方法需要进一步转变,学生的实践能力和创新精神亟待加强。

教育部一直十分重视高等教育质量工作。2007年1月,教育部下发了《关于实施高等学校本科教学质量与教学改革工程的意见》,计划实施“高等学校本科教学质量与教学改革工程(简称‘质量工程’)”,通过专业结构调整、课程教材建设、实践教学改革、教学团队建设等多项内容,进一步深化高等学校教学改革,提高人才培养的能力和水平,更好地满足经济社会发展对高素质人才的需要。在贯彻和落实教育部“质量工程”的过程中,各地高校发挥师资力量强、办学经验丰富、教学资源充裕等优势,对其特色专业及特色课程(群)加以规划、整理和总结,更新教学内容、改革课程体系,建设了一大批内容新、体系新、方法新、手段新的特色课程。在此基础上,经教育部相关教学指导委员会专家的指导和建议,清华大学出版社在多个领域精选各高校的特色课程,分别规划出版系列教材,以配合“质量工程”的实施,满足各高校教学质量和教学改革的需要。

本系列教材立足于计算机公共课程领域,以公共基础课为主、专业基础课为辅,横向满足高校多层次教学的需要。在规划过程中体现了如下一些基本原则和特点。

(1)面向多层次、多学科专业,强调计算机在各专业中的应用。教材内容坚持基本理论适度,反映各层次对基本理论和原理的需求,同时加强实践和应用环节。

(2)反映教学需要,促进教学发展。教材要适应多样化的教学需要,正确把握教学内容和课程体系的改革方向,在选择教材内容和编写体系时注意体现素质教育、创新能力与实践能力的培养,为学生知识、能力、素质协调发展创造条件。

(3)实施精品战略,突出重点,保证质量。规划教材把重点放在公共基础课和专业基础课的教材建设上;特别注意选择并安排一部分原来基础比较好的优秀教材或讲义修订再版,逐步形成精品教材;提倡并鼓励编写体现教学质量和教学改革成果的教材。

(4)主张一纲多本,合理配套。基础课和专业基础课教材配套,同一门课程有针对不同层次、面向不同专业的多本具有各自内容特点的教材。处理好教材统一性与多样化,基本教材与辅助教材、教学参考书,文字教材与软件教材的关系,实现教材系列资源配套。

（5）依靠专家，择优选用。在制订教材规划时要依靠各课程专家在调查研究本课程教材建设现状的基础上提出规划选题。在落实主编人选时，要引入竞争机制，通过申报、评审确定主题。书稿完成后要认真实行审稿程序，确保出书质量。

繁荣教材出版事业，提高教材质量的关键是教师。建立一支高水平教材编写梯队才能保证教材的编写质量和建设力度，希望有志于教材建设的教师能够加入到我们的编写队伍中来。

21 世纪普通高校计算机公共课程规划教材编委会

联系人：魏江江 weiji@tup. tsinghua. edu. cn

前　言

C语言作为国内外广泛使用的一种语言,虽经历了计算机行业的飞速发展,但一直经久不衰。C语言具有功能强大、目标程序效率高、可移植性好,既具有高级语言的优点,又具有低级语言的执行速度快等特点,因此特别适合编写各种系统软件。

随着计算机应用的普及,计算机的编程能力已不再是计算机专业的强势,许多非计算机理工类专业人士也广泛地应用计算机程序设计,进行与专业相关的工作。现在所有的在校大学生基本都学习“C程序设计”这门课程,是因为涉及国家等级考试、专业课的基础课以及面向对象程序设计等。可是由于学生的计算机应用能力差异较大,对计算机的工作原理缺乏感性认识,理解起来比较抽象,是入门学生的一大难点,致使学生认为学习计算机编程语言就是背语法,学习起来抽象、难理解。针对此现状,本书从计算机工作原理出发,在熟悉计算机工作原理的基础上,通过不断地运行程序,很快就能明白计算机是如何工作的。这样,引入数据类型、变量等概念不再突然。

本书主要以数据类型为主线,以案例为驱动,以C程序的基本单位——函数为核心,将该门课程难点分散。在此基础上对于不同基础、不同要求的学生采用分层次的思路组织本书结构。

本书的具体思路是将本书分为两大部分(层次):基础篇和应用篇。

基础篇(第1~12章):以培养应用型人才为目的,重在实践,在掌握各知识点基本应用的基础上,增加了一部分进阶应用,进阶应用部分如果学时紧张可作为有自学能力学生自学的材料,学习本篇之后完全能达到解决简单问题的能力。

(1) 在深入理解计算机工作原理的基础上,引出内存的重要性。CPU只能与内存交换数据,不能直接与外存交换数据。那么数据到底占用多大的内存空间取决于占用该内存空间的量的数据类型,进而引出数据类型的概念,使学生学习数据类型有针对性、不再抽象。

(2) 学习了基本数据类型,然后根据要解决的实际问题抽象出变量,定义某种数据类型的变量,知道变量在内存中的存储形式,进而利用三种结构化程序控制流程,实现基本数据类型变量的操作。程序对变量进行控制,计算机对相应变量的内存空间进行操作,真正达到人机共同完成一个任务。有了对简单程序的应用能力,进而作为一个功能模块讲解函数。此时函数只能是处理基本数据类型的变量。

(3) 接下来,在基本数据类型变量的基础上引入数组,数组在数据结构上是顺序存储,数组里的每一个元素与相同数据类型的变量具有相同的操作功能,只用关心数组元素的下标即可。利用所学的函数基本理论,将数组元素和数组名作为函数的参数,发生函数调用时的情形进行扩展。这样,对于函数功能的扩展就变得很容易。

(4) 指针是C语言的一大特点,使操作内存变得很灵活。指针是一个特殊的变量,存储内存地址号。根据指针所指向的内存空间的归属,决定是指向什么(变量、数组、指针)的指针变量,进而明确操作。通过指针变量作为函数的参数,发生函数调用时传址和传值的区别一目了然。

（5）结构体变量可以表达许多与生活息息相关的数据结构,把不同数据类型的集合称作结构体类型,与简单变量的定义、引用类似。可以定义结构体类型(用户自定义类型)的变量、数组、指针变量并引用,进而引出在数据结构上的链式存储数据结构——链表。

（6）有了上面对各种数据类型变量的操作,主要是对内存空间进行操作,那么存在外存(硬盘等)的数据如何操作,可以通过文件操作将外存文件与内存文件指针变量相关联,通过操作内存文件指针变量从而达到操作外存文件的目的。

应用篇(第 13 章):在非计算机专业不学习"数据结构"课程的情况下,针对实际应用中需要处理的问题类型进行了总结并加以详细的阐述,希望能启迪读者的思路。

本书有以下特色:重点突出,难点分解,图文并茂,思路清晰,培养编程风格,使学生知其然也知所以然。

学习者以数据类型为线索,通过标识符被修饰的不同形式即 int a; int a[]; int * p; int f();学习各知识点。这样在基本数据类型应用理解的基础上,再引入结构体类型的变量、数组和指针变得较易理解和掌握。

本书精选大量实例和习题,且例题重要部分都有详细解释,尤其是前面部分和难理解的程序均给出详细的解释和注释,可使入门者学习方便。本书中所有程序均在 Visual C++ 6.0下调试通过。通过详细的图解,使学习者深刻体会变量在机器中的存储形式,能够更好地操作变量。

本书还有一个特点,尤其是对初学者,根据多年教学经验给出了一些基本的编程风格和技巧。使学生尽快养成良好的编程风格,积累编程经验和能力。我一直对我的学生说"学习计算机语言一定要手勤、脑勤,自己亲自上机实验,出的错误越多越好,这样通过改错使自己对所学知识点才能真正掌握"。

本书适用人群为计算机专业的本科生、研究生及大专生、专升本学生,也可作为大学计算机公共课教材、等级考试参考书及比赛辅导用书。本书由浅入深、难点分散的组织形式,也很适合广大计算机软件爱好者快速、深入地掌握 C 语言的内涵。

与本书配套的辅导教材是《C 语言程序设计习题、实验与课程设计》(清华大学出版社,田丽华主编),该书提供了本书绝大部分课后编程题的详细解答,并提供多个实验及课程设计项目。

本书的编者都是工作在教学一线的教师,是一支具有丰富教学经验和科研开发能力的教师队伍。各位编者为本书的撰写花费了大量精力。全书统稿由田丽华负责,第 1~4 章由孙颖馨编写,第 7、8、10 章由岳俊华编写,第 5、6、9 章由吕鑫编写,第 11、12、13 章及应用篇由田丽华编写。参与本书编写工作的还有陈刚、高云。

在本书的写作过程中,白宝兴教授及其他同事、朋友和家人给予了大力的支持与鼓励,并提出许多宝贵建议和意见。在此向他们表示感谢!

由于作者水平有限,时间仓促,书中难免会有错误,恳请读者指正。作者邮箱:lihua_tian18@sina.com。

本书的配套课件及程序源代码等资源可以从清华大学出版社网站 www. tup. com. cn下载,关于本书和课件的使用问题请联系 fuhy@tup. tsinghua. edu. cn。

编 者

2014 年 5 月

目 录

基 础 篇

基础篇

第1章 C语言概述

本章导读：

了解 C 语言的发展简史、C 语言的特点及其广泛应用，进而知道学习 C 语言的必要性。认识 C 语言程序的组成结构，本书本着重点突出，难点分散的思路，各章依次介绍 C 语言的各个组成部分。C 语言是一种高级语言，用 Visual C++ 6.0(VC++ 6.0)编译器对 C 语言程序进行编辑、编译和链接执行。熟悉 Visual C++ 6.0 的工作环境，掌握 C 语言的开发过程。

学习重点内容：

(1) 认识 C 程序的主要组成部分。

(2) 熟悉 VC++ 6.0 集成开发环境。

(3) 掌握一个 C 程序的开发过程。

1.1 程序设计语言的发展及其特点

计算机程序设计语言的发展，经历了从机器语言、汇编语言到高级语言的历程。

1. 机器语言

机器语言是计算机能唯一识别的语言。机器语言是一串串由二进制的"0"和"1"组成的指令序列。使用机器语言是十分痛苦的，特别是在程序有错需要修改时更是如此。而且，由于每台计算机的指令系统往往各不相同，因此，在一台计算机上执行的程序，要想在另一台计算机上执行，必须另编写程序，会造成重复工作。但由于使用的是针对特定型号计算机的语言，故而运算效率是所有语言中最高的。机器语言是第一代计算机语言。

2. 汇编语言

为了减轻使用机器语言编程的痛苦，人们对机器语言进行了一种有益的改进：用一些简洁的英文字母、符号串来替代一个特定指令的二进制串，例如，用"ADD"代表加法等，这样，人们根据英文意思很容易读懂并理解程序所执行的任务，使调试和维护都变得方便。这种用助记符代替机器语言指令代码中的操作码，用地址符号或标号代替地址码的程序设计语言就称为汇编语言，即第二代计算机语言。然而，计算机是不认识这些符号的，这就需要一个专门的程序，专门负责将这些符号翻译成二进制的机器语言，这种翻译程序被称为汇编程序。汇编语言同样十分依赖于机器硬件，移植性不好，但效率仍十分高，针对计算机特定硬件而编制的汇编语言程序能准确发挥计算机硬件的功能和特长，程序精练而质量高，所以至今仍是一种强有力的软件开发工具。

3. 高级语言

从最初与计算机交流的痛苦经历中，人们意识到，应该设计一种这样的语言：接近于数学语言或人的自然语言，同时又不依赖于计算机硬件，编出的程序能在所有机器上执行。经过努力,1954 年,第一个完全脱离机器硬件的高级语言——FORTRAN 问世了,60 年来,共有几百种高级语言出现,具有重要意义的有几十种,影响较大、使用较普遍的有 FORTRAN、ALGOL、COBOL、BASIC、LISP、SNOBOL、PL/1、PASCAL、C、PROLOG、Ada、C++、VC、VB、Delphi、Java 等。

高级语言的发展也经历了从早期语言(非结构化的语言)到结构化程序设计语言,从面向过程到面向对象程序语言的过程。相应地,软件的开发也由最初的个体手工作坊式的封闭式生产,发展为产业化、流水线式的工业化生产。

1969 年,提出了结构化程序设计方法,1970 年,第一个结构化程序设计语言——PASCAL 语言出现,标志着结构化程序设计时期的开始。

20 世纪 80 年代初开始,在软件设计思想上,又产生了一次革命,其成果就是面向对象程序设计语言的出现。在此之前的高级语言,几乎都是面向过程的,程序的执行是流水线式的,在一个模块被执行完成前,人们不能干别的事,也无法动态地改变程序的执行方向。这不同于人们日常事务的处理方式,对人而言是希望发生一件事就处理一件事,也就是说,不能面向过程,而应是面向具体的应用功能,也就是对象(Object)。其方法就是软件的集成化,如同硬件的集成电路一样,生产一些通用的、封装紧密的功能模块,称为软件集成块,它与具体应用无关,但能相互组合,完成具体的应用功能,同时又能重复使用。对使用者来说,只关心它的接口(输入量、输出量)及能实现的功能,至于如何实现的,那是它内部的事,使用者完全不用关心,C++、VB、Delphi、Java 就是典型代表。

高级语言的下一个发展目标是面向应用,即只需要告诉程序你要干什么,程序就能自动生成算法,自动进行处理,这就是非过程化的程序语言。

1.2　C 语言的发展过程及其特点

1.2.1　C 语言的发展过程

C 语言是在 20 世纪 70 年代初问世的。1978 年由美国电话电报公司(AT&T)贝尔实验室正式发表了 C 语言。同时由 B. W. Kernighan 和 D. M. Ritchit 合著了著名的 *THE C PROGRAMMING LANGUAGE* 一书。通常简称为 *K&R*,也有人称为 *K&R* 标准。但是,在 *K&R* 中并没有定义一个完整的标准 C 语言,后来由美国国家标准协会(American National Standards Institute)在此基础上制定了一个 C 语言标准,于 1983 年发表。通常称为 ANSI C。

1.2.2　当代最优秀的程序设计语言

早期的 C 语言主要是用于 UNIX 系统。由于 C 语言的强大功能和各方面的优点逐渐被人们认识,到了 20 世纪 80 年代,C 开始进入其他操作系统,并很快在各类大、中、小和微型计算机中得到了广泛的使用,成为当代最优秀的程序设计语言之一。

1.2.3　C 语言的版本

目前最流行、最常用的 C 语言编译环境主要有以下几种：

- Microsoft Visual C++；
- Borland Turbo C 或称 Turbo C；
- Borland C++Builder。

这些 C 语言版本不仅实现了 ANSI C 标准，而且在此基础上各自做了一些扩充，使之更加方便、完美。本书所列举的实例均是基于 ANSI C 标准利用 Visual C++ 6.0 编译器实现的。

1.2.4　C 语言的特点

(1) C 语言简洁、紧凑，使用方便、灵活。ANSI C 共只有 32 个关键字。9 种控制语句，程序书写自由，主要用小写字母表示。它把高级语言的基本结构和语句与低级语言的实用性结合起来。

(2) 运算符丰富。共有 34 种运算符。C 把括号、赋值、逗号等都作为运算符来处理。从而使 C 的运算类型极为丰富，可以实现其他高级语言难以实现的运算。

(3) 数据结构类型丰富。

(4) 具有结构化的控制语句。这种结构化方式可使程序层次清晰，便于使用、维护以及调试。

(5) 语法限制不太严格，程序设计自由度大。

(6) C 语言允许直接访问物理地址，能进行位(bit)操作，能实现汇编语言的大部分功能，可以直接对硬件进行操作。

(7) 生成目标代码质量高，程序执行效率高。一般只比汇编程序生成的目标代码效率低 10%～20%。

(8) 与汇编语言相比，用 C 语言写的程序可移植性好。

但是，C 语言对程序员要求也高，程序员用 C 写程序会感到限制少、灵活性大，功能强，但较其他高级语言在学习上要困难一些。

1.2.5　C 语言的应用

C 语言应用领域广泛，下面列举了一些 C 语言的应用。

(1) 许多系统软件和大型应用软件都是用 C 语言编写的，如 UNIX、Linux 等操作系统。

(2) 在软件需要对硬件进行操作的场合，用 C 语言明显高于其他语言。例如电脑的显卡驱动程序、打印机驱动程序等一般都是用 C 语言编写的。

(3) 在图形、图像及动画处理方面，C 语言具有绝对优势，游戏软件的开发主要也是基于 C 语言。

(4) 在 Internet 中，通信程序的编制首选就是 C 语言。

(5) C 语言适用于多种操作系统，像 Windows、UNIX、Linux 等绝大多数操作系统都支持 C 语言，其他高级语言未必能得到支持，所以在某个特定操作系统下运行的软件用 C 语言编写是最佳的选择。

1.3　认识简单的 C 语言程序

这几个程序由简到难,表现了 C 语言源程序在组成结构上的特点。虽然有关内容还未介绍,但可从这些例子中了解到组成一个 C 源程序的基本部分和书写格式。

【例 1-1】 最简单的一个 C 程序。

```
1    # include "stdio.h"          //编译预处理命令,文件包含
2    void main()                  //主函数 main().每一个 C 源程序必须有且只能有一个主函数
3    {                            //main()函数开始
4        printf("I Love C Programming!\n");
                        /*函数调用语句,printf 函数的功能是把参数的内容送到显示器去显示*/
5    }                            //main()函数结束
```

执行结果:

```
I Love C Programming!
```

该程序是一个最简单的 C 程序,原样输出 printf 函数里字符串的内容。在 main()之前的第一行称为预处理命令(详见第 7 章)。预处理命令还有其他几种,这里的 include 称为文件包含命令,其意义是把尖括号(<>)或引号("")内指定的文件包含到本程序中来,成为本程序的一部分。被包含的文件通常是由系统提供的,其扩展名为.h。因此也称为头文件或首部文件。C 语言的头文件中包括各个标准库函数的函数原型。因此,凡是在程序中调用一个库函数时,都必须包含该函数原型所在的头文件。在本例中,使用了一个库函数:输出函数 printf。

C 语言每个程序都有且只能有一个主函数 main(),它是程序的入口,由操作系统调用。

【例 1-2】 带有判断条件 if 的 C 程序。

```
1    # include< stdio.h>          //编译预处理命令,文件包含
2    void main()                  //main()是主函数.没有参数,没有返回值
3    {                            //main()函数开始
4        int a;                   //定义一个整型变量,供后面程序使用.说明部分
5        printf("input a not zero number:\n");           //显示提示信息.执行部分开始
6        scanf(" % d",&a);        //从键盘输入一个整数给变量 a
7        if(a> 0)                 /*对变量 a 进行大小判断,如果 a>0 成立,则输出 a is a
8                                   positive(zhengshu)*/
9            printf(" % d is a positive(zhengshu)\n",a);
10       else                     //如果 a>0 不成立,则输出 a is a negative(fushu)
11           printf(" % d is a negative(fushu)\n",a);
12   }                            //main()函数结束
```

执行结果:(假设第一次输入 5 ↙,第二次输入−6 ↙)

```
input a not zero number:          input a not zero number:
5                                 -6
5 is a positive(zhengshu)         -6 is a negative(fushu)
```

程序的功能是从键盘输入一个整数 a,判断 a 与 0 的关系,如果 a>0 成立,则输出 if 后面 printf()函数里的参数 a is a positive(zhengshu),否则输出 else 后面 printf()函数的参数 a is a negative(fushu),无论哪个条件成立,只能输出其中的一个结果。

在本例中,使用了两个库函数:输入函数 scanf 和输出函数 printf。scanf 和 printf 是标准输入输出函数,其头文件为 stdio.h,在主函数前必须用 include 命令包含 stdio.h 文件。

在该例题中的主函数体中又分为两部分,一部分为说明部分,另一部分为执行部分。说明是指变量的类型说明(第 4 行)。C 语言规定,源程序中所有用到的变量都必须先说明,后使用,否则将会出错。这一点儿是编译型高级程序设计语言的一个特点,与解释型的语言(如 VB)是不同的。说明部分是 C 源程序结构中很重要的组成部分。本例中使用了一个变量 a,用来表示输入的变量。然后根据 a 与 0 的大小关系判断是执行 if 后的输出函数 printf()(第 9 行)还是执行 else 后输出函数 printf()(第 11 行)。在这里应用了结构化程序控制的选择结构控制,注意,这是一个双分支结构,只能有一个(不是第 9 行就是第 11 行)分支执行。

运行本程序时,首先在显示器屏幕上给出提示串 input a not zero number:,这是由执行部分的第一行完成的。用户在提示下从键盘上输入某一数,如 5,按 Enter 键,接着在屏幕上给出计算结果。

1. 输入和输出函数

在前两个例子中用到了输入和输出函数 scanf 和 printf,在以后要详细介绍。这里先简单介绍一下它们的格式,以便下面使用。

scanf 和 printf 这两个函数分别称为格式输入函数和格式输出函数。其意义是按指定的格式输入输出值。因此,这两个函数在括号中的参数表都由以下两部分组成:

"格式控制字符串",参数表

格式控制串是一个字符串,必须用双引号括起来,它表示了输入输出量的数据类型。各种类型的格式表示法可参阅第 3 章。在 printf 函数中还可以在格式控制串内出现非格式控制字符,这时在显示屏幕上将原文输出。参数表中给出了输入或输出的量。当有多个量时,用逗号间隔。例如:

```
printf("%d is a positive(zhengshu)\n",a);
```

其中%d 为格式字符,表示按整型数处理。它在格式串中对应了变量 a。其余字符为非格式字符则照原样输出在屏幕上。

【例 1-3】 发生函数调用的程序。

```
1   #include<stdio.h>              /* 预处理命令,文件包含 */
2   void main()                    /* 主函数 */
3   {
4     int x,y,z;                   /* 变量说明,定义三个整型变量 x,y,z */
5     int max(int a,int b);        /* 自定义函数说明:有两个参数,并且返回值为整型 int */
6     printf("input two numbers:\n");
7     scanf("%d%d",&x,&y);         /* 输入 x,y 值 */
8     z=max(x,y);                  /* 调用 max 函数 */
9     printf("maxmum=%d\n",z);/* 输出 */
10  }
11  int max(int a,int b)           /* 定义 max 函数 */
12  {
13    if(a>b)   return a;          /* 把结果返回主调函数 */
```

```
14      else    return b;
15  }
```

例 1-3 中程序的功能是由用户输入两个整数,程序执行后输出其中较大的数。本程序由两个函数组成,主函数和 max 函数。函数之间是并列关系。可从主函数中调用其他函数。max 函数的功能是比较两个数,然后把较大的数返回给主函数。max 函数是一个用户自定义函数。因此在主函数中要给出说明(程序第 5 行)。可见,在程序的说明部分中,不仅可以有变量说明,还可以有函数说明。关于函数的详细内容将在第 6 章介绍。在程序的每行后用/ * 和 * /括起来或//的内容为注释部分,程序不执行注释部分。

例 1-3 中程序的执行过程是:首先在屏幕上显示提示串,请用户输入两个数,回车后由 scanf 函数语句接收这两个数送入变量 x,y 中,然后调用 max 函数,并把 x,y 的值传送给 max 函数的参数 a,b。在 max 函数中比较 a,b 的大小,把大者返回给主函数的变量 z,最后在屏幕上输出 z 的值。

执行结果:(假设输入两个数为:5 ⌴8 ↙)

```
input two numbers:
5 8
maxmum=8
```

2. C 源程序的结构特点

(1) 一个 C 语言源程序(工程)可以由一个或多个源文件组成。

(2) 每个源文件可由一个或多个函数组成。

(3) 一个源程序不论由多少个文件组成,都有一个且只能有一个 main 函数,即主函数。

(4) 源程序中可以有预处理命令(include 命令仅为其中的一种),预处理命令通常应放在源文件或源程序的最前面。

(5) 每一个说明,每一个语句都必须以分号结尾。但预处理命令,函数头和大括号"}"之后不能加分号。

(6) 标识符,关键字之间必须至少加一个空格以示间隔。若已有明显的间隔符,也可不再加空格来间隔。

(7) C 语言程序中可加任意多的注释。通常情况下,"//"注释一行,"/ * … * /"注释中间的所有内容。注释不参加编译,因此不进行错误查找处理。

(8) 用户定义的变量或函数等其他的标识符必须先定义后使用。

3. 书写程序时应遵循的规则

从书写清晰,便于阅读、理解、维护的角度出发,在书写程序时应遵循以下规则:

前提,在某些字符串中可以出现非英文状态输入内容,而 C 语言的所有标点符号都必须在英文状态下输入。

(1) 一个说明或一个语句占一行。

(2) 用{}括起来的部分,通常表示了程序的某一层次结构。{}一般与该结构语句的第一个字母对齐,并单独占一行。

(3) 低一层次的语句或说明可比高一层次的语句或说明缩进若干格后书写。以便看起来更加清晰,增加程序的可读性。

在编程时应力求遵循这些规则,以养成良好的编程风格。

4. C语言的字符集

字符是组成语言的最基本的元素。C语言字符集由字母、数字、空白符、标点和特殊字符组成。在字符串常量和注释中还可以使用汉字或其他可表示的图形符号。

1）字母

小写字母a～z共26个。大写字母A～Z共26个。

2）数字

0～9共10个。

3）空白符

空格符、制表符、换行符等统称为空白符。空白符只在字符常量和字符串常量中起作用。在其他地方出现时，只起间隔作用，编译程序对它们忽略不计。因此在程序中使用空白符与否，对程序的编译不产生影响，但在程序中适当的地方使用空白符将增加程序的清晰性和可读性。

4）标点和特殊字符

? : / { } ; → * & ( ) [ ] . 等与某些语法规则相关的标点和字符。

5. C语言专用词汇

在C语言中使用的专用名词大体分为6类：标识符、关键字、运算符、分隔符、常量、注释符等。

1）标识符

在程序中使用的变量名、函数名、标号等统称为标识符。除库函数的函数名由系统定义外，其余都由用户自定义。C语言规定，标识符只能是由字母（A～Z，a～z）、数字（0～9）、下划线（_）组成的字符串，并且其第一个字符必须是字母或下划线。

以下标识符是合法的：

a, x, x3, BOOK_1, sum5

以下标识符是非法的：

3s   以数字开头。

s*T   出现非法字符*。

-3x   以减号开头。

bowy-1   出现非法字符-（减号）。

在使用标识符时还必须注意以下3点：

（1）在标识符中，字符大小写是有严格区别的。例如BOOK和book是两个不同的标识符。

（2）标识符虽然可由程序员随意定义，但标识符是用于标识某个量的符号。因此，命名应尽量有相应的意义，以便于阅读理解，尽量做到"见名知义"。

（3）标识符不能是关键字。

2）关键字

关键字是由C语言规定的具有特定意义的字符串，通常也称为保留字。C语言的关键字分为以下几类（关键字见附录B）：

（1）类型说明符

用于定义、说明变量、函数或其他数据结构的类型。如前面例题中用到的int、double等。

（2）语句定义符

用于表示一个语句的功能。如例1-3中用到的if、else就是条件语句的语句定义符。

（3）预处理命令字

用于表示一个预处理命令。如前面各例中用到的 include。

3）运算符

C语言中含有相当丰富的运算符。运算符与变量、函数一起组成表达式，表示各种运算功能。运算符由一个或多个字符组成。运算符见附录 D。

4）分隔符

在 C语言中采用的分隔符有逗号和空格两种。逗号主要用在类型说明和函数参数表中，分隔各个变量。空格多用于语句各单词之间，作间隔符。在关键字、标识符之间必须要有一个或一个以上的空格符作间隔，否则将会出现语法错误，例如把 int a;写成 inta;，C编译器会把 inta 当成一个标识符处理，其结果必然出错。

5）常量

C语言中使用的常量可分为数字常量、字符常量、字符串常量、符号常量、转义字符等多种。在后面章节中将专门给予介绍。

6）注释符

C语言的注释符是以"/ ＊"开头并以"＊ /"结尾的串。在"/ ＊"和"＊ /"之间的即为注释。程序编译时，不对注释做任何处理。注释可出现在程序中的任何位置。注释用来向用户提示或解释程序的意义。在调试程序中对暂不使用的语句也可用注释符括起来，使翻译跳过不作处理，待调试结束后再去掉注释符。

1.4　Visual C++ 6.0集成开发环境的使用

1.4.1　Visual C++ 6.0 简介和启动

Visual C++ 6.0 自诞生以来，一直是 Windows 环境下最主要的应用开发系统之一。不仅是 C/C++语言的集成开发环境（所谓集成开发环境是指开发环境能提供源代码的编辑、编译、链接和执行以及 Debug 等"一条龙式服务"）而且与 Win32/MFC 编程紧密相连。所以，利用 Visual C++ 6.0 开发系统可以完成各种各样的应用程序开发，从底层软件直到上层面向用户的软件。此外，Visual C++ 6.0 强大的调试功能也为大型复杂软件的开发提供了有效的排错手段。

Visual C++ 6.0 是一个很好的可视化编程工具，如图 1-1 所示。接下来重点介绍 Visual C++ 6.0 界面的常用组成部分，尤其是 C语言上机涉及的常用部分，至于更多的组件，请读者参阅相关手册和帮助。

1.4.2　利用 Visual C++ 6.0 集成开发环境建立工程

利用 Visual C++ 6.0 开发程序，是建立在工程（Project）的基础上的，以工程为单位，一个工程可以包含一个或多个 C++源文件以及一个或多个 C/C++头文件。有些教材上机实验是从建立 C++源文件开始，但是对该程序进行编译时还是要弹出"创建一个工程工作区"的消息框，因此，本书直接从创建工程开始。

1. 创建工程

打开 Visual C++ 6.0 集成开发环境，选择 File 菜单项下的子菜单 New(新建)，如图 1-2 所示。

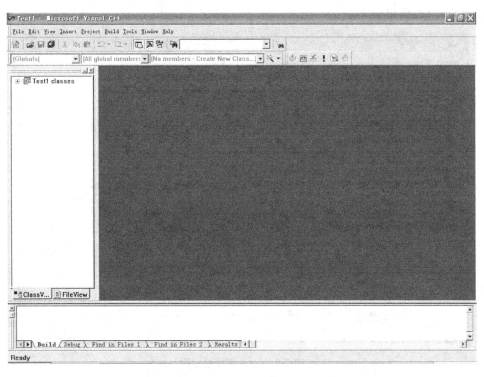

图 1-1　Visual C++ 6.0 集成开发环境

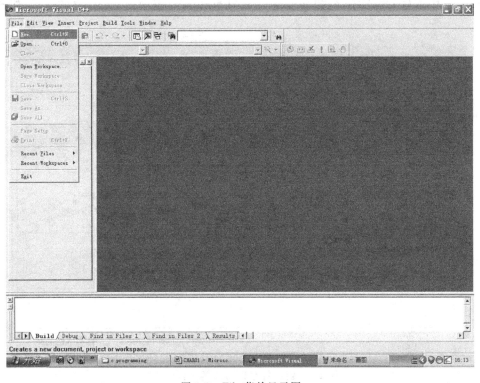

图 1-2　File 菜单显示图

11

第
1
章

C 语言概述

按 Enter 键弹出图 1-3。

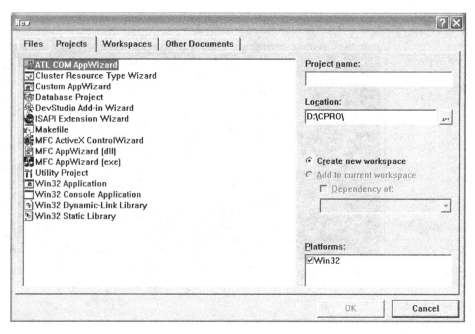

图 1-3　New 菜单显示图

接下来，选择 Projects 选项卡中的 Win32 Console Application 项，在右面的"Project name："框中填写工程名字，例如"Exam1"，在"Location："框中是工程保存的路径，如图 1-4 所示。

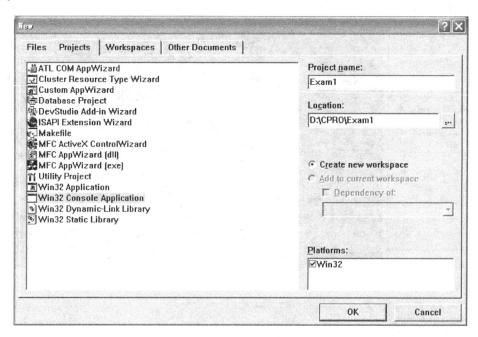

图 1-4　创建名为 Exam1 的工程对话框

单击 OK 按钮,弹出图 1-5 所示的对话框,选择默认项 An empty project(一个空工程)。

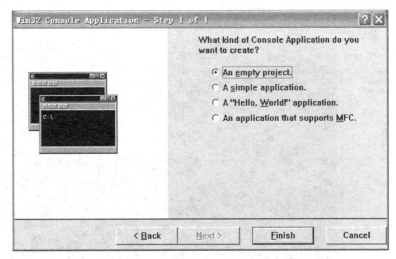

图 1-5　选择 Win32 Console Application 后的模板

再单击 Finish(完成)按钮,弹出图 1-6 所示的新建工程报告对话框。

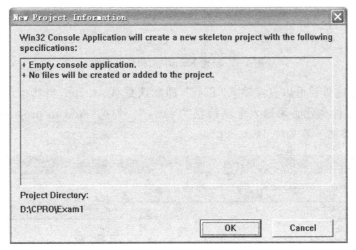

图 1-6　新建工程报告对话框

单击 OK 按钮,创建一个工程 Exam1 成功,如图 1-7 所示。窗口的左边部分是 Workspace,它显示了有关工程的信息,包括类信息(Classes)、工程文件(Files)信息等。单击下面的 FileView(文件视图),在 Workspace(工作区)中可以看到三个目录:一般.cpp 文件放在 Source Files(源文件)中;头文件.h 或.hpp 放在 Header Files(头文件)中;资源文件(例如基于 MFC 开发程序的各种控件)放在 Resource Files(资源文件)中;还可以建立自己的目录。

2. 向已有工程中添加新文件

由于所使用的 Visual C++ 6.0 集成开发环境是用于 C++面向对象程序设计语言开发程序之用,而 C++是兼容 C 语言的语法规则的,因此,在完成上面建立工程的基础上,再打开 Files 选项卡,然后选择下面的 C++Source File(C++源文件)项,如图 1-8 所示。所添加的

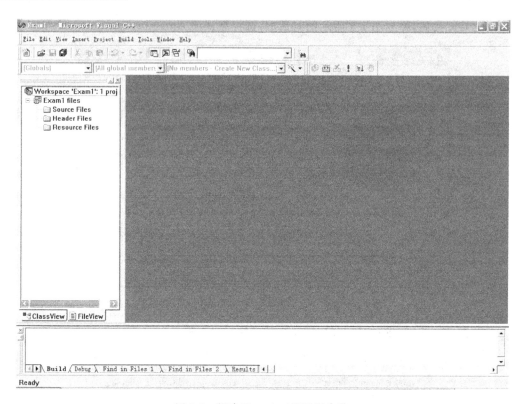

图 1-7　新建 Exam1 工程展开全貌

C 程序源文件在这里就可以直接输入"Test",即默认是 Test. cpp,当然也可以创建为. c,如果是创建. c 源文件在此必须输入全部信息"Test. c"。勾选"Add to project:"复选框,则在工程 Exam1 中添加了源文件 Test. cpp。

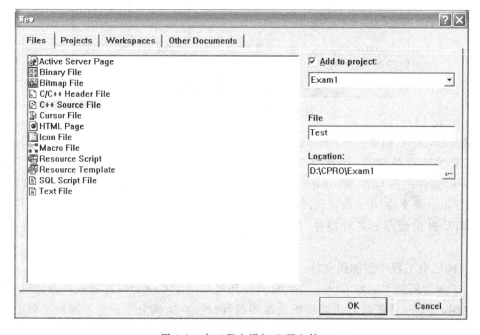

图 1-8　在工程中添加 C 源文件

1.5 C 程序开发过程

开发一个 C 程序包含各部分：编辑源程序、编译源程序生成目标程序、链接库文件和外部文件、执行可执行文件输出结果，如图 1-9 所示流程。下面将带领读者以 Test.cpp（也可以是 Test.c）为例，完整地将开发一个程序演示给读者。

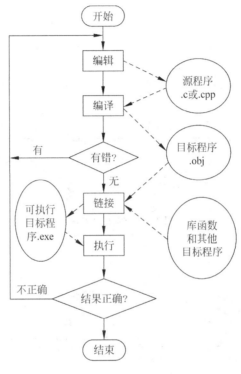

图 1-9 C 程序开发流程图

（1）编辑源文件 Test.cpp，打开 1.4 节所创建的工程界面，在工作区窗口编辑源代码 Test.cpp，如图 1-10 所示。

（2）编译源文件，在工具栏中选择被圈起的按钮或按 Ctrl＋F7 组合键选择 Build 菜单下的命令 Compile Test.cpp 均可对 Test.cpp 进行编译，生成.obj 目标文件。在此过程中主要检查该源程序的语法错误、书写错误等，如图 1-11 所示。

在此程序中，有一个错误，标注地方出错，缺少语句结束标志"；"，更改后重新编译。

（3）执行程序。接下来执行程序，将编译生成的目标程序与外部文件（本程序指 stdio.h 中的 printf 函数）进行链接，如果链接成功，则执行结果为输出 printf 函数中的参数。执行程序选择被圈起的按钮 或按 Ctrl＋F5 组合键选择 Build 菜单下的命令 Execute Test.exe 均可运行程序，执行程序效果如图 1-12 所示。

在日常开发程序过程中，经常将步骤（2）和步骤（3）结合在一起，直接执行步骤（3）即可，编译、链接和执行一起完成。

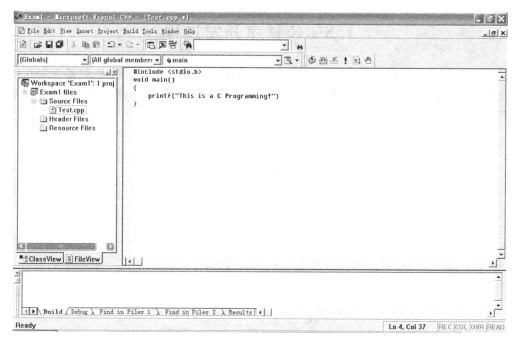

图 1-10　编辑源程序

图 1-11　编译源文件 Test.cpp

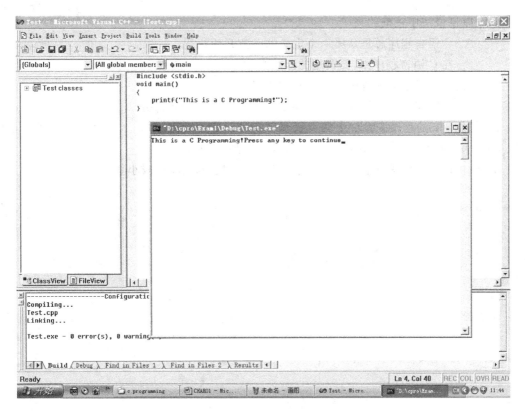

图 1-12 执行程序输出结果

本 章 小 结

（1）作为一个完整的可执行程序无论功能是否强大，都有且只能有一个 main（）函数。在实际编程中，开始上机实验时学生经常把"main"写成"mian"，造成编译错误。

（2）每一条 C 语句都是以"；"结束的，切记。

（3）除了注释外所有标点符号都是在英文状态下编辑。

（4）学生要养成在编辑源程序时，将"{}"和"（）"同时输入，因为无论何时何地，这两种括号都是成对出现的，这样避免了括号不配对错误的出现。

习 题 1

1. 简答 C 语言有哪些特点。

2. 选择题

（1）以下叙述中错误的是（   ）。

    A. C 语言编写的函数源程序，其文件名后缀可以是.C

    B. C 语言编写的函数都可以作为一个独立的源程序文件

    C. C 语言编写的每个函数都可以进行独立的编译并执行

    D. 一个 C 语言程序只能有一个主函数

(2) 以下说法中正确的是(　　　)。

    A. C语言程序总是从第一个定义的函数开始执行

    B. 在C语言程序中,要调用的函数必须在main()函数中定义

    C. C语言程序总是从main()函数开始执行

    D. C语言程序中的main()函数必须放在程序的开始部分

3. 把例1-2的程序按教材中的上机步骤操作：建立工程、添加源文件,编辑、编译、链接、运行。观察得到的运行结果是否正确。学习程序的书写格式。

4. 模仿例1-3编写程序实现：从键盘输入两个数,输出其中较小数。

第2章　数据类型、运算符与表达式

本章导读:

在掌握计算机工作原理的前提下,我们知道所要完成的各种操作都需要CPU来完成,而CPU主要与内存进行数据读写和发出控制命令,那么CPU到内存的什么地址去取数据,又将数据写到哪里,这个数据又占多少字节的内存空间? 这取决于变量的数据类型。基于此,学习C语言的各种基本数据类型,分别从常量和变量两个角度出发,学习关于某种数据类型常量、变量的使用,尤其是变量的定义、变量在内存中的存储形式以及变量的引用。有了变量或常量作为操作数,结合各种运算符构成相应的表达式,进而解决一些简单实际的问题。

学习重点内容:

(1) 理解计算机的工作原理。

(2) 掌握C语言数据类型的分类。

(3) 掌握各种基本数据类型的常量说明,变量的定义、存储和引用。

(4) 掌握简单运算符与变量或常量所构成的表达式。

2.1　计算机的工作原理

计算机硬件系统的结构沿用美籍著名数学家冯·诺依曼提出的模型,它由运算器、控制器、存储器、输入设备、输出设备五大功能部件组成,根据各部件的功能决定计算机系统的工作原理,如图2-1所示。

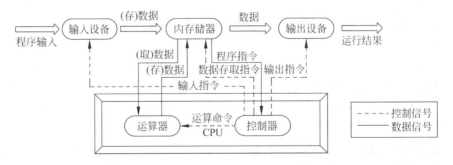

图 2-1　计算机系统的基本硬件组成及工作原理

计算机的工作原理为:各种各样的信息数据,通过输入设备,进入计算机的存储器(主要指内存储器),然后根据控制器发出的数据存取指令读数据到CPU的运算器,运算完毕将结果写到存储器存储,最后通过输出设备显示运行结果。整个过程由CPU的控制器所发出的各种指令进行控制。

计算机在执行一个 C 程序时,要实现自动连续操作,必须使它从开始工作后就自动按照程序中规定的顺序取出指令,然后执行指令规定的操作。这里要解决两个问题:第一,计算机应知道在什么情况下到哪个地址去取指定的指令;第二,计算机在执行完一条指令后,应能自动地去取下一条要执行的指令。这些问题主要由 CPU 的控制器完成。控制器由指令寄存器、程序计数器、操作码译码器、地址形成部件、时序电路等组成。

当计算机工作时,控制器中的程序计数器(Program Counter,PC)给出第一条指令地址以及后续各条指令存放的地址,然后计算机依次取出每条指令加以识别,并执行相应的操作。注意,计算机直接理解并执行程序中的指令属于这台计算机的指令系统,即该程序是面向机器的机器语言程序。

完成一条指令的操作大致可分为三个阶段:取指令、分析指令和执行指令。

(1) 取指令:根据程序计数器 PC 的内容(指令地址)到主存储器中取出指令,然后控制器修改程序计数器的内容,使之指向下一条要执行的指令地址(可能是顺序执行的下一条指令地址),为取下一条指令做好准备。

(2) 分析指令:控制器中的操作码译码器会识别和区分不同的指令类别及各种获取操作数的方法,产生指令的操作信号,即操作指令。

(3) 执行指令:根据操作信号取出操作数,完成指令规定的操作。

取指令→分析指令→执行指令→再取下一条指令,依次周而复始地执行指令序列的过程就是进行程序控制的过程。

2.2 C 语言的数据类型

在第 1 章中,已经看到程序中使用的各种变量都必须先定义,后使用;程序的执行也是按照指令要求到内存中相应地址空间去取数据或将数据存储到哪个地址空间,这样就需要变量必须申请到内存空间,对变量的定义实际上就是在计算机中申请内存空间。对变量的定义可以包括以下 3 个方面:

(1) 数据类型;

(2) 存储类型;

(3) 作用域。

在本章中,只介绍基本数据类型的说明。其他类型说明在以后各章中陆续介绍。所谓数据类型是按被定义变量的性质、表示形式、占据存储空间的多少、构造特点来划分的。在 C 语言中,数据类型可分为基本数据类型、构造数据类型、指针类型三大类。C 语言数据类型层次如图 2-2 所示。

(1) 基本数据类型:基本数据类型最主要的特点是:其值不可以再分解为其他类型。也就是说,基本数据类型是自我说明的。

(2) 构造数据类型:构造数据类型是根据已定义的一个或多个数据类型用构造的方法来定义的。也就是说,一个构造类型的值可以分解成若干个"成员"或"元素"。每个"成员"都是一个基本数据类型或又是一个构造类型。在 C 语言中,构造类型有以下几种:

- 数组类型;

- 结构体类型;

- 共用体(联合)类型。

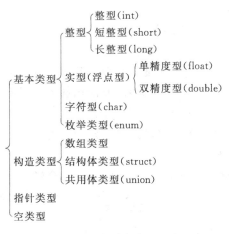

图 2-2　C语言数据类型层次图

（3）指针类型：指针是一种特殊的、同时又是具有重要作用的数据类型，其值用来表示某个变量在内存储器中的地址。虽然指针变量的取值类似于整型量，但这是两个类型完全不同的量，因此不能混为一谈。

在本章中，我们先介绍基本数据类型中的整型、浮点型和字符型。其余类型在以后各章中陆续介绍。

（4）空类型：在调用函数值时，通常应向主调函数返回一个函数值。这个返回的函数值是具有一定的数据类型的，应在函数定义及函数说明中予以说明，例如在例 1-3 中给出的 max 函数定义中，函数头为：int max(int a，int b)；其中 max 前的"int"类型说明符即表示该函数的返回值为整型量。但是，也有一类函数，调用后并不需要向调用者返回函数值，这种函数可以定义为"空类型"，其类型说明符为 void。关于函数的返回值类型在后面会详细介绍。

2.3　常量、变量和标识符

对于基本数据类型量，按其取值是否可改变又分为常量和变量两种。在程序执行过程中，其值不发生改变的量称为常量，其值可变的量称为变量。它们可与数据类型结合起来进行分类。例如，可分为整型常量、整型变量、浮点型常量、浮点型变量、字符常量、字符变量等。在程序中，直接常量是可以不经说明而直接引用的，而变量则必须先定义后使用，每个变量都是由标识符进行标明的。

2.3.1　标识符

1. 标识符的定义

标识符是用来标识变量名、符号常量名、函数名、数组名、类型名、文件名的有效字符序列。

2. 标识符的命名规则

- 有效字符只能由字母、数字、下划线组成，且第一个字符必须是字母或下划线。
- C 语言的关键字不能用作标识符（关键字见附录 A）。

- C 语言严格区分英文字母大小写。例如：total、Total、TOTAL 是三个不同的变量名。

3. 标识符的命名习惯

- 习惯上，变量名和函数名中的英文字母一般用小写，常量名一般用大写字母，以区分不同意义的标识符。
- 尽量做到"见名知义"。即通过变量名就知道变量值的含义。通常应选择能表示数据含义的英文单词或缩写作变量名，或汉语拼音字头作变量名。例如：name/xm（姓名）、sex/xb（性别）、salary/gz（工资）等。
- 不要混淆数字和相似的英文字母。如 0 与 O、1 与 l。

例如：判断下列标识符的合法性。

sum Sum day Date above student_name 合格

♯33 M. D. John lotus-1-2-3 3days char a＞b $123 不合格

2.3.2 常量和符号常量

在 C 语言中，常量分为直接常量和符号常量两种。

1. 直接常量（字面常量）

- 整型常量：例如：12、0、−3。
- 实型常量：例如：4.6、−1.23。
- 字符常量：例如：'a'、'b'。

2. 符号常量

在 C 语言中，可以用一个标识符来表示一个常量，称为符号常量。

符号常量在使用之前必须先定义，其一般形式为：

```
♯define   标识符   常量值
```

其中 ♯define 也是一条预处理命令（预处理命令都以"♯"开头），称为宏定义命令（在后面预处理命令中将进一步介绍），其功能是把该标识符定义为其后的常量值。一经定义，以后在程序中所有出现该标识符的地方均代之以该常量值。并且在程序执行过程中不可以再对该符号常量进行重新赋值。

【例 2-1】 符号常量的使用。

```
1   ♯include <stdio.h>
2   ♯define PRICE 30
3   void main()
4   {
5       int num,total;
6       num = 10;
7       total = num * PRICE;
8       printf("total = %d\n",total);
9   }
```

执行结果：

```
total=300
Press any key to continue_
```

实际上,total=num * PRICE 相当于 total=num * 30,见到 PRICE 就用 30 替换。

(1) 符号常量与变量不同,它的值在其作用域内不能改变,也不能再被赋值。

(2) 使用符号常量的好处如下。

- 含义清楚,书写方便;有时可以用较短的标识符代表比较长的字符串,简化了书写。
- 能达到"一改全改"的目的。如 PRICE 代表某商品的价格,如果该商品的价格随市场供求关系变化比较敏感,价格变化频率较高,这时只要随时改变"♯define PRICE 30"中的常数 30 即可,其他操作都不用改变。

2.3.3　变量

在程序运行过程中,其值可以改变的量称为变量。一个变量应该有一个名字;在内存中占据一定的存储单元,在存储单元里存放变量的数值。变量必须先定义后使用。一般放在函数体的开头部分即声明部分。

定义变量的一般格式:

> [存储类型]　数据类型　变量名 1[,变量名 2,变量名 3,…,变量名 n];

其中的变量会获得一个机器数,此数无实际意义。

在定义变量的同时,可以对变量进行赋值,称为变量的初始化。

变量初始化的一般格式:

> [存储类型]　数据类型　变量名 1[= 初值 1,变量名 2 = 初值 2…];

要区分变量名和变量值是两个不同的概念,关于定义一个整型变量 a 所包含的内容如图 2-3 所示。

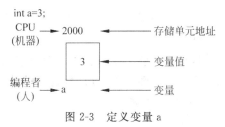

图 2-3　定义变量 a

这样,定义了变量 a,该变量 a 在内存地址假设为 2000 处分配整型数据所占的内存空间(VC++ 6.0)4 个字节,在该内存空间里赋变量值 3。在程序中,编程者根据实际问题对变量 a 进行操作,而计算机执行程序时,CPU 会根据控制指令到指定的内存空间 2000 进行取数据或存储数据,这样,达到人机共同操作一个对象。

2.4　整型数据

2.4.1　整型常量的表示方法

整型常量就是整常数。在 C 语言中,使用的整常数有八进制、十六进制和十进制三种。

(1) 十进制整常数：十进制整常数没有前缀。其数码为 0～9。

以下各数是合法的十进制整常数：

237、−568、65535、1627。

以下各数不是合法的十进制整常数：

023（不能有前导 0）、23D（含有非十进制数码）。

在程序中是根据前缀来区分各种进制数的。因此在书写常数时不要把前缀弄错造成结果不正确。

(2) 八进制整常数：八进制整常数必须以数字 0 开头，即以 0 作为八进制数的前缀。数码取值为 0～7。八进制数通常是无符号数。

以下各数是合法的八进制数：

015（十进制为 13）、0101（十进制为 65）、0177777（十进制为 65535）。

以下各数不是合法的八进制数：

256（无前缀 0）、03A2（包含了非八进制数码 A）、−0127（出现了负号）。

(3) 十六进制整常数：十六进制整常数的前缀为 0X 或 0x。其数码取值为 0～9，A～F 或 a～f。十六进制数通常是无符号数。

以下各数是合法的十六进制整常数：

0X2A（十进制为 42）、0XA0（十进制为 160）、0XFFFF（十进制为 65535）。

以下各数不是合法的十六进制整常数：

5A（无前缀 0X）、0X3H（含有非十六进制数码 H）。

2.4.2　整型变量

1. 整型数据在内存中的存放形式(基于 Visual C++ 6.0 编译器)

整型数据在内存中以补码的形式进行存放。如果定义了一个整型变量 i：

```
int i;
i = 10;
```

则按照 Visual C++ 6.0 编译系统，整型变量分配 4 个字节的内存空间，变量 i 占 4B(字节)。图 2-4(a)是数据存放的示意图。图 2-4(b)是数据在内存中实际存放的二进制序列(补码)，图 2-4(c)是数据在内存中实际存放的情况。

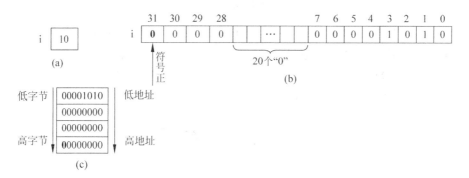

图 2-4　10 在内存中的存储情况

数值是以补码表示的：

- 正数的补码和原码相同。
- 负数的补码：将该数的绝对值的二进制形式按位取反再加 1。

例如：

求 −10 的补码：

10 的原码：0000 ⋯ 00001010
　　　　　　　　20个"0"

按位取反：1111 ⋯ 11110101
　　　　　　20个"1"

再加 1，得 −10 的补码：即 −10 在内存中图 2-5 存储。

图 2-5　−10 在内存中的存储情况

由此可知，左面的第一位是表示符号的。"0"代表正数，"1"代表负数。

2. 整型变量的分类

（1）基本型：类型说明符为 int，在内存中占 4 个字节。

（2）短整型：类型说明符为 short int 或 short，在内存中占 2 个字节。

（3）长整型：类型说明符为 long int 或 long，在内存中占 4 个字节。

（4）无符号型：类型说明符为 unsigned。

无符号型又可与上述 3 种类型匹配而构成：

- 无符号基本型：类型说明符为 unsigned int 或 unsigned。
- 无符号短整型：类型说明符为 unsigned short。
- 无符号长整型：类型说明符为 unsigned long。

各种无符号类型量所占的内存空间字节数与相应的有符号类型量相同。但由于省去了符号位，故不能表示负数。

有符号整型变量：最大表示数为 2147483647，最高位"0"表示符号，其在内存中的存放形式如图 2-6 所示。

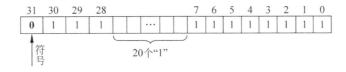

图 2-6　2147483647 的存放形式

无符号整型变量：最大表示 4294967295，最高位"1"表示数值的一部分，其在内存中的存放形式如图 2-7 所示。

根据不同整型量所分配的内存字节数得出各类型的整型数的表示范围，默认都是有符号（signed）的，故 signed 经常省略，如表 2-1 所示。

数据类型、运算符与表达式

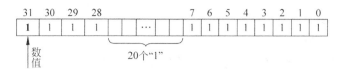

图 2-7　无符号整型数 42949672957 的存放形式

表 2-1　Visual C++ 6.0 下各类整型数的表示范围

类型说明符	数 的 范 围	字 节 数
int	$-2147483648 \sim 2147483647$ 即 $-2^{31} \sim (2^{31}-1)$	4
unsigned [int]	$0 \sim 4294967295$ 即 $0 \sim (2^{32}-1)$	4
short [int]	$-32768 \sim 32767$ 即 $-2^{15} \sim (2^{15}-1)$	2
unsigned short [int]	$0 \sim 65535$ 即 $0 \sim (2^{16}-1)$	2
long [int]	$-2147483648 \sim 2147483647$ 即 $-2^{31} \sim (2^{31}-1)$	4
unsigned long [int]	$0 \sim 4294967295$ 即 $0 \sim (2^{32}-1)$	4

3. 整型变量的定义和使用

变量定义的一般形式为：

> 类型说明符　变量名标识符1,变量名标识符2,…;

例如：

```
int a,b,c;              //a,b,c 为整型变量
long x,y;               //x,y 为长整型变量
unsigned p,q;           //p,q 为无符号整型变量
```

在书写变量定义时,应注意以下几点：

- 允许在一个类型说明符后,定义多个相同类型的变量。各变量名之间用逗号间隔。类型说明符与变量名之间至少用一个空格间隔。
- 最后一个变量名之后必须以";"号结尾,称为变量声明语句。
- 变量定义必须放在变量使用之前。一般放在函数体的声明部分。
- 在定义变量时,根据所解决实际问题的需要,考虑到各类整型量的范围,选用合理的类型说明符。

【例 2-2】　整型变量的定义与使用。

```
1    #include <stdio.h>
2    void main()
3    {
4      int a,b,c,d;
5      unsigned u;
6      a = 12;b = -24;u = 10;
7      c = a + u;d = b + u;
8      printf("a + u = %d,b + u = %d\n",c,d);
9    }
```

执行结果：

```
a+u=22,b+u=-14
Press any key to continue_
```

通过该例可以看出各种不同类（有符号、无符号）的整型量可以进行相互运算。"％d"是输出有符号十进制整数的格式控制符。

4. 整型数据的溢出

【例 2-3】 整型数据的溢出。

```
1   # include < stdio. h >
2   void main( )
3   {
4       short a,b;
5       a = 32767;
6       b = a + 1;
7       printf(" % d, % d\n",a,b);
8   }
```

执行结果：

```
32767,-32768
Press any key to continue_
```

分析结果：short[int]型变量在内存中分配 2 个字节的空间，表示数的范围是 −32768～32767，超出该范围即溢出。

32767＋1 的二进制序列的 16 位（2B）正好是 −32768 的补码形式，因此输出结果按照数值以补码的形式进行存放，判断输出为 −32768，如图 2-8 所示。因此，在变量进行运算时一定注意"越界"问题。

图 2-8

【例 2-4】 不同类型数据间相互赋值。

```
1   # include < stdio. h >
2   void main( )
3   {
4       short x,y;
5       int a,b,c,d;
6       x = 5;
7       y = 6;
8       a = 7;
9       b = 8;
10      c = x + a;
11      d = y + b;
12      printf("c = x + a = % d,d = y + b = % d\n",c,d);
13  }
```

执行结果：

```
c=x+a=12,d=y+b=14
Press any key to continue
```

数据类型、运算符与表达式

从程序中可以看到：x,y 是短整型变量,a,b 是基本整型变量。它们之间允许进行运算,运算结果为基本整型。恰好赋给基本整型变量 c、d。本例说明,不同类型的变量可以参与运算并相互赋值。其中的类型转换是由编译系统自动完成的。有关类型转换的规则将在以后介绍。

2.4.3 整型常量的分类

整型变量有 6 种类型,那么整型常量是否也有相应的类型呢? 在 VC++ 6.0 中,通常根据整型常量的后缀来决定整型常量的类型。具体规定如下:

(1) 整型常量后加字母 l 或 L,认为它是 long int 型常量。例如：123L、451、0XBBL。

(2) 无符号数也可用后缀表示,整型常数的无符号数的后缀为 U 或 u。例如：258u、345LU 均为无符号数。前缀和后缀可同时使用以表示各种类型的数。例如：0x46U。

2.5 实 型 数 据

2.5.1 实型常量的表示方法

实型也称为浮点型,实型常量也称为实数或者浮点数。在 C 语言中,实数只采用十进制。它有两种形式：十进制小数形式和 e 指数形式。

(1) 十进制小数形式：由数码 0~9 和小数点组成(必须注意小数点)。

例如：

0.0、25.0、5.789、0.13、5.0、300.3、−267.8230

等均为合法的实数。注意,必须有小数点。

(2) e 指数形式：由十进制数加阶码标志"e"或"E"以及阶码(只能为整数,可以带符号)组成。

其一般形式为：

a E n(a 为十进制数,n 为十进制整数)

其代数式表示为 $a \times 10^n$。这里 a 可以只有整数部分、或者只有小数部分,也可以是整数.小数。例如：

2E5(等于 2×10^5)

3.7E−2(等于 3.7×10^{-2})

.5E7(等于 0.5×10^7)

−2.8E−2(等于−2.8×10^{-2})

以下不是合法的 e 指数形式实数：

345(无小数点)

E7(阶码标志 E 之前无数字)

−5(无阶码标志)

53.−E3(负号位置不对)

2.7E(无阶码)

一个实数可以有多种指数表示形式。如 123.456 可以表示为 123.456e0、12.3456e1、1.23456e2、0.123456e3 等。把其中 1.23456e2 称为"规范化的指数形式",即在字母 e(或 E)之前的小数部分中,小数点左边应有一位(且只能有一位)非零的数字。一个实数在用指数形式输出时,是按规范化的指数形式输出的。例如:指定将实数 123.4567 按指数形式输出,必然输出 1.234567e+002。

2.5.2 实型变量

1. 实型数据在内存中的存放形式

实型数据一般占 4 个字节(32 位)的内存空间,按指数形式存储。分为小数部分(尾数)、指数部分(阶码)和符号三部分。最高位是符号位,剩下的 31 位分配给尾数和阶码,到底分别占用多少位取决于 C 编译器。按照 IEEE 标准,常用的浮点数格式见表 2-2。

表 2-2　常用的浮点数格式

类型 \ 选项	符号位	阶码	尾数	总位数
单精度(float)	1	8	23	32(4 字节)
双精度(double)	1	11	52	64(8 字节)

下面以实数 3.14159 为例看看浮点数在内存中的存放形式:$3.14159 = 0.314159 \times 10^1$,则小数部分 $(0.314159)_{10} = (0.01010000)_2$,阶码为 $(1)_{10} = (00000001)_2$,其存放形式如图 2-9 所示。

0	01010000000000000000000	00000001

符号 1 位　　尾数部分(小数部分)23 位　　阶码(指数)8 位

图 2-9　3.14159 的存放形式

- 小数部分占的位(bit)数越多,数的有效数字越多,精度越高。
- 指数部分占的位数越多,则能表示的数值范围越大。

2. 实型变量的分类和定义

实型变量分为单精度(float 型)和双精度(double 型)。

在 Visual C++ 6.0 中单精度型占 4 个字节(32 位)的内存空间,其数值范围为 $-3.4E-38 \sim 3.4E+38$,只能提供 7 位有效数字。双精度型占 8 个字节(64 位)的内存空间,其数值范围为 $-1.7E-308 \sim 1.7E+308$,可提供 16 位有效数字。其取值范围如表 2-3 所示。

表 2-3　浮点型数据精度和范围

类型说明符	比特数(字节数)	有效数字	数的范围
float	32(4)	6～7	$-3.4 \times 10^{-38} \sim 3.4 \times 10^{38}$
double	64(8)	15～16	$-1.7 \times 10^{308} \sim 1.7 \times 10^{308}$

实型变量定义的格式和书写规则与整型相同。

例如：

float x,y; (x,y 为单精度实型量)
double a,b,c; (a,b,c 为双精度实型量)

3. 实型数据的舍入误差

由于实型变量是由有限的存储单元组成的,由表 2-3 可知,在计算机内存中能提供给一个实数的有效数字总是有限的。这样就存在舍入问题,舍去的数位越低越好,越低精度也就越高。关于舍入误差见例 2-5。

【例 2-5】 实型数据的舍入误差。

```
1    # include <stdio.h>
2    void main()
3    {
4        float a,b;
5        a = 123456.789e5;
6        b = a + 20;
7        printf(" % f\n",a);
8        printf(" % f\n",b);
9    }
```

执行结果：

```
12345678848.000000
12345678848.000000
Press any key to continue
```

究其原因是因为单精度 float 的有效数字最多只有 7 位,以后的都是无效数字,对这些无效数字进行运算结果也不是准确值。

思考一下,若将 float a,b;改为 double a,b;结果又如何?

【例 2-6】 浮点数的有效数字。

```
1    # include <stdio.h>
2    void main()
3    {
4        float a;
5        double b;
6        a = 33333.33333;
7        b = 33333.33333333333333;
8        printf(" % f\n % f\n",a,b);
9    }
```

执行结果：

```
33333.332031
33333.333333
Press any key to continue
```

- 从本例可以看出,由于 a 是单精度浮点型,有效位数只有 7 位。而整数已占 5 位,故小数点后的两位之后都是无效数字。
- b 是双精度型,有效位为 16 位。但 VC++ 6.0 规定小数后最多保留 6 位,其余部分四舍五入。b 所输出的值都是有效数字。

通过上述两个例题,应该彻底理解浮点数的精度问题。

2.5.3 实型常数的类型

实型常数默认情况下都按双精度 double 型处理,如果要表示成单精度则必须在实型常数后加后缀"f"。例如,5.0f 表示单精度数。

2.6 字符型数据

整型和浮点型是数值型数据的类型,但在解决实际问题时并不是所有问题都是数值型,更多情况是处理文本信息,那么要处理这样的问题就要借助于字符型数据。字符型数据可以用来表征英文字母、各种符号、汉字。1 个字符型数据只占用 1 个字节(8 位)的内存单元,而一个字节能表示整数的范围是 $0 \sim 255(2^7)$,这样字符和整数就可以按照附录 B 的 ASCII 表进行对照。

2.6.1 字符常量

字符常量是用单引号括起来的一个字符。有以下两种表示方法。

1. 用单引号括起来一个直接输入的字符

例如

'a'、'b'、' = '、' + '、'?'

都是合法字符常量,是可以通过键盘输入的字符常量。

在 C 语言中,字符常量有以下特点:

(1) 字符常量只能用单引号括起来,不能用双引号或其他括号。

(2) 字符常量只能是单个字符,不能是多个字符构成的串。

(3) 字符可以是字符集中的任意字符。但要注意区分字符和数值的关系。如'5'和 5 是不同的。'5'是字符常量,占 1 个字节,而数字 5 作为基本整型(int)数据占 4 个字节。

2. 使用转义字符

转义字符是一种特殊的字符常量,是无法通过键盘直接输入的字符常量。转义字符以反斜线"\"开头,后跟一个或几个字符。转义字符具有特定的含义,不同于字符原有的意义,故称"转义"字符。例如,在前面各例题 printf 函数的格式串中用到的"\n"就是一个转义字符,其意义是"回车换行"。转义字符主要用来表示那些用一般字符不便于表示的控制代码。常用的转义字符及其含义见表 2-4。

表 2-4　常用的转义字符及其含义

转义字符	转义字符的意义	ASCII 码值
\n	回车换行	10
\t	横向跳到下一制表位置	9
\b	退格	8
\r	回车	13
\f	走纸换页	12

转义字符	转义字符的意义	ASCII 码值
\\	反斜线符"\"	92
\'	单引号符	39
\"	双引号符	34
\a	鸣铃	7
\ddd	用 1～3 位八进制数表示的 ASCII 值所对应的字符	
\xhh	用 1～2 位十六进制数表示的 ASCII 值所对应的字符	

广义地讲,C 语言字符集中的任何一个字符均可用转义字符来表示。表中的\ddd 和 \xhh 正是为此而提出的。ddd 和 hh 分别为八进制和十六进制的 ASCII 代码。如\101 表示字母'A',\102 表示字母'B',\134 表示反斜线,\XOA 表示换行等。

【例 2-7】 转义字符的使用。

```
1   # include < stdio. h >
2   void main()
3   {
4      printf("\101 ␣␣\x36 ␣C\n");
5      printf("␣␣ab ␣␣c\tde\rf\n");
6      printf("hijk\tL\bM\n");
7   }
```

执行结果:

```
A  6 C
f ab  c de
hijk    M
Press any key to continue
```

程序中第 4 行'\101'作为转义字符转换为 ASCII 码值 65,查 ASCII 表得出相对应的字母是'A','\x36'相对应的字母是数字字符'6',空格原样输出,因此输出上述第一行结果。

程序中第 5 行,开始输出␣␣ab␣␣c,遇到'\t',它的作用是"跳格",即跳到下一个"制表位置",一个"制表区"占 8 列,下一"制表位置"从第 9 列开始,故在第 9～10 列上输出 de,即现在输出结果为:␣␣ab␣␣c␣de。接下来,又遇到'\r',它的作用是"回车(不换行)",即光标返回到本行最左端(第 1 列),输出字符 f,即现在输出结果为:f␣ab␣␣c␣de。遇'\n',作用是"使当前位置移到下一行的开头"。即最后输出结果为:f␣ab␣␣c␣de,且光标在下一行。'\n'在程序中经常使用,用于控制输出格式。

程序中第 6 行,开始输出 hijk,遇到'\t',光标位置移到第 9 列,且在第 9 列上输出 L,即现在输出结果为:hijk␣␣␣␣L。接下来,遇到'\b',作用是"退一格"。在刚才输出 L 后光标当前移到第 10 列,遇到'\b',光标又退回到第 9 列,接着输出的 M 覆盖了刚才的 L,因此最后输出结果是:hijk␣␣␣␣M。

2.6.2 字符变量

字符变量用来存储字符常量,字符变量的类型说明符是 char(Character 缩写)。字符变量类型定义的格式和书写规则都与整型变量相同。例如:

```
char ch1,ch2;   //定义两个字符型变量 ch1、ch2
```

2.6.3 字符数据在内存中的存储形式及使用方法

每个字符变量被分配一个字节的内存空间。字符值是以其 ASCII 码的形式再转换为补码形式存放在变量的内存单元之中的。

如 x 的十进制 ASCII 码是 120,y 的十进制 ASCII 码是 121。对字符变量 ch1,ch2 赋予 'x'和'y'值：

```
ch1 = 'x';
ch2 = 'y';
```

实际上是在 ch1,ch2 两个单元内存放 120 和 121 的二进制代码,如图 2-10 所示。

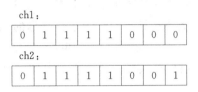

图 2-10　x 和 y 的存储形式

所以也可以把它们看成是整型量。C 语言允许对整型变量赋以字符值,也允许对字符变量赋以整型值。在输出时,允许把字符变量按整型量输出,也允许把整型量按字符量输出。

整型量为 4 字节量,字符量为单字节量,当整型量按字符型量处理时,只有低 8 位参与处理。

【例 2-8】　向字符变量赋以整数。

```
1   # include < stdio. h>
2   void main()
3   {
4     char ch1,ch2;
5     ch1 = 120;                    //给字符变量赋以整数
6     ch2 = 121;                    //给字符变量赋以整数
7     printf(" % c, % c\n",ch1,ch2);   //以字符形式输出
8     printf(" % d, % d\n",ch1,ch2);   //以十进制整数形式输出
9   }
```

执行结果：

```
x,y
120,121
Press any key to continue
```

本程序中定义 ch1、ch2 为字符型,但在赋值语句中赋以整型值。从结果看,ch1、ch2 值的输出形式取决于 printf 函数格式串中的格式符,当格式控制符为"%c"时,对应输出的变量值为字符,当格式控制符为"%d"时,对应输出的变量值为整数。

【例 2-9】　字符变量与整数进行算术运算。

```
1   # include < stdio. h>
```

数据类型、运算符与表达式

```
2   void main()
3   {
4       char ch1,ch2;
5       ch1 = 'a';
6       ch2 = 'b';
7       ch1 = ch1 - 32;
8       ch2 = ch2 - 32;
9       printf("%c,%c\n%d,%d\n",ch1,ch2,ch1,ch2);
10  }
```

执行结果:

```
A,B
65,66
Press any key to continue
```

本例中,ch1、ch2 被说明为字符变量并赋予字符值,C 语言允许字符变量参与数值运算,即用字符的 ASCII 码参与数值运算。由于大小写字母的 ASCII 码相差 32,因此运算后可以把小写字母换成大写字母。然后分别以整型和字符型格式输出。

在字符变量与数值进行运算时,实际上是字符变量的 ASCII 的二进制形式与数值的二进制补码的低 8 位进行运算。

例 2-9 的运算过程如图 2-11 所示:ch1 被赋值 'a',其对应的 ASCII 值是十进制 97,97 的补码是 01100001。32 的补码是 00 ⋯ 00 00100000。

图 2-11   字符与整数进行运算

【例 2-10】 字符变量的符号。

```
1   #include <stdio.h>
2   void main()
3   {
4       char ch;
5       int x;
6       ch = 80 + 50;
7       x = 80 + 50;
8       printf("ch=%d\n",ch);
9       printf("x=%d\n",x);
10  }
```

执行结果:

```
ch=-126
x=130
Press any key to continue
```

分析结果:ch$=(130)_{10}=(10000010)_2$,按照第 8 行要求输出有符号的十进制数,则最高位"1"为符号位,恰是 -126 的补码,因此输出 -126。

2.6.4　字符串常量

字符串常量是由一对双引号括起的字符序列。例如："CHINA"，"C program"，"＄12.5"
等都是合法的字符串常量。

字符串常量和字符常量是不同的量。它们之间主要有以下区别：

（1）字符常量由单引号括起来，字符串常量由双引号括起来。

（2）字符常量只能是单个字符，字符串常量则可以含一个或多
个字符。

（3）可以把一个字符常量赋予一个字符变量，但不能把一个字
符串常量赋予一个字符变量。在C语言中没有字符串变量。但是
可以用一个字符数组来存放一个字符串常量。

（4）字符常量占一个字节的内存空间。字符串常量占的内存字
节数等于字符串中字节数加1。增加的一个字节中存放字符串结束
的标志——字符'\0'（ASCII码为0）。

C
p
r
o
g
r
a
m
\0

图 2-12　字符串的存储

例如：字符串"C program"在内存中所占的字节数为10，存储如图2-12所示。

字符常量'a'和字符串常量"a"虽然都只有一个字符，但在内存中的情况是不同的。

'a'在内存中占一个字节，可表示为：

a

"a"在内存中占两个字节，可表示为：

a	\0

2.7　C语言的运算符与表达式

变量用来存放数据，运算符则用来处理数据。用运算符和括号将运算对象（变量、常量
和函数等）连接起来的符合C语言语法规则的式子称为表达式。每个表达式都有值。

根据运算符所带的操作数个数进行划分，C语言运算符有三种类别。

（1）单目运算符：只带一个操作数的运算符。如：－、＋＋、－－等。

（2）双目运算符：带两个操作数的运算符。如：＝、－、＊、/等。

（3）三目运算符：带三个操作数的运算符。如：?：条件运算符。

C语言中运算符和表达式数量之多，在高级语言中是少见的。正是丰富的运算符和表
达式使C语言功能十分完善。这也是C语言的主要特点之一。在表达式学习中需掌握以
下几方面。

- 运算符的功能：该运算符主要用于做什么运算。
- 与操作数的关系：要求操作数的个数及操作数的数据类型。
- 运算符的优先级：表达式中包含多个不同运算符时运算符运算的先后次序。各种
  运算符的优先级参考附录D。
- 运算符的结合性：运算符优先级相同时的运算顺序（左结合性还是右结合性）。
- 运算结果的数据类型：表达式运算后最终结果的数据类型。

数据类型、运算符与表达式

36

2.7.1 赋值运算符、赋值表达式

1. 赋值运算符

＝是赋值运算符,是双目运算符,作用是将一个值(常量、变量、表达式等)赋给一个变量,实际上是将特定的值写到变量所对应的内存单元中。

在定义变量的同时给变量赋以初值称为变量的初始化。在变量定义中赋初值的一般形式为:

> 类型说明符　变量 1 ＝值 1,变量 2 ＝值 2,…;

例如:

```
int a = 3;
int b,c = 5;
float x = 3.2,y = 3f,z = 0.75;
char ch1 = 'K',ch2 = 'P';
```

应注意,在定义中不允许连续赋值,如 int a＝b＝c＝5 是不合法的。

2. 赋值表达式

由赋值运算符或复合赋值运算符,将一个变量和一个表达式连接起来的表达式,称为赋值表达式。

(1)赋值表达式的一般格式为:

> 变量　(复合)赋值运算符　表达式

(2)赋值表达式的值

被赋值变量的值,就是赋值表达式的值。例如,a＝5,变量 a 的值 5 就是该赋值表达式的值。

3. 赋值语句

按照 C 语言规定,任何表达式在其末尾加上";"就构成语句。则赋值表达式在其后加上";"就构成了赋值语句。

其一般形式为:

> 变量 = 表达式;

例如,x＝8;a＝b＝c＝5;

注意:变量可以连续赋值但不可以连续初始化。

【例 2-11】 变量赋值。

```
1   # include < stdio. h >
2   void main()
3   {
4     int a = 3,b,c = 5;              //a 和 c 进行了初始化
```

```
5    b = a + c;                          //表达式的值赋给变量 b
6    printf("a = % d,b = % d,c = % d\n",a,b,c);
7    }
```

2.7.2 不同数据类型间的赋值规则

C语言变量的数据类型是可以转换的。转换的方法有两种,一种是自动转换,一种是强制转换。

1. 自动转换

以赋值符号"="左边变量数据类型为准,对"="右边的数值进行处理。

1) 短长度的数据类型转换为长长度的数据类型

(1) 无符号短长度的数据类型转换为无符号或有符号长长度的数据类型

直接将无符号短长度的数据类型的数据作为长长度的数据类型数据的低位部分,长长度的数据类型数据的高位部分补"0"。不损失精度,如图 2-13 所示。

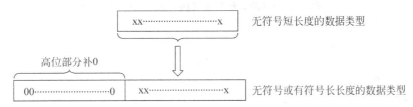

图 2-13 无符号短长度的数据类型转换为无符号或有符号长长度的数据类型

例如:

```
unsigned char ch = 0xfc;
unsigned short a = 0xff00;
int b;
unsigned long u;
b = ch;                          //b 的值将是 0x000000fc
b = a;                           //b 的值将是 0x0000ff00
```

(2) 有符号短长度的数据类型转换为无符号或有符号长长度的数据类型

直接将有符号短长度的数据类型的数据作为长长度的数据类型数据的低位部分,然后将低位部分的最高位(即符号位)向长长度的数据类型数据的高位扩展。不损失精度,如图 2-14 所示。

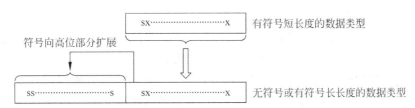

图 2-14 有符号短长度的数据类型→无符号或有符号长长度的数据类型

例如:

```
char ch = 2;
```

```
short a = -2;
int b;
unsigned long u;
b = ch;                                    //b 的值将是 2
u = a;                                     //u 的值将是 0xfffffffe,前 4 个 f 是符号扩展的结果
```

2) 长长度的数据类型转换为短长度的数据类型(隐式强制转换)

直接截取长长度的数据类型的低位部分(长度为短长度的数据类型的长度)作为短长度数据类型的数据,损失精度,如图 2-15 所示。

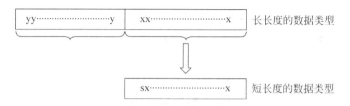

图 2-15 长长度的数据类型转换为短长度的数据类型

例如:

```
int a = -32768;
int b = 0xffffaa00;
char ch;
short int c;
ch = a;                                    //ch 的值将是 0
c = b;                                     //c 的补码是 0xaa00
```

2. 显式强制转换

显式强制类型转换是通过类型转换运算来实现的。

其一般形式为:

(类型说明符)(表达式)

其功能是把表达式的运算结果强制转换成类型说明符所表示的类型。

例如:

(float) a   把 a 转换为实型

(int)(x+y)   把 x+y 的结果转换为整型

在使用显式强制转换时应注意以下问题:

(1) 类型说明符和表达式都必须加括号(单个变量可以不加括号)。如把(int)(x+y)写成(int)x+y 则成了把 x 转换成 int 型之后再与 y 相加了。

(2) 无论是强制转换或是自动转换,都只是为了本次运算的需要而对变量的数据长度进行的临时性转换,而不改变数据说明时对该变量定义的类型。

【例 2-12】 强制类型转换应用。

```
1   # include <stdio.h>
2   void main()
3   {
```

```
4     float f = 5.75;
5     printf("(int)f = %d,f = %f\n",(int)f,f);
6   }
```

执行结果:

```
(int)f=5,f=5.750000
```

本例表明,f虽强制转为 int 型,但只在运算中起作用,是临时的,而 f 本身的类型并不改变。因此,(int)f 的值为 5(删去了小数)而 f 的值仍为 5.75。

2.7.3 算术运算符和算术表达式

1. 算术运算符

算术运算符:用于各类数值运算。包括加(+)、减(−)、乘(∗)、除(/)、求余(或称模运算%)、自增(++)、自减(−−)共 7 种。

- 加法运算符"+":加法运算符为双目运算符,即应有两个量参与加法运算。如 a+b, 4+8 等。具有左结合性。
- 减法运算符"−":减法运算符为双目运算符。但"−"也可作负值运算符,此时为单目运算,如−x,−5 等具有右结合性。
- 乘法运算符"∗":双目运算,具有左结合性。
- 除法运算符"/":双目运算,具有左结合性。参与运算的量均为整型时,结果也为整型,舍去小数。如果运算量中有一个是实型,则结果为双精度实型。
- 模运算符"%":双目运算,操作数只能是整数,结果为两数相除所得余数。

2. 算术表达式

用算术运算符将操作对象连接起来的表达式称为算术表达式。例如,(x+y) ∗ 8/2 等是算术表达式。

【例 2-13】 算术运算符"%"和"/"的使用。

```
1   # include < stdio. h >
2   void main()
3   {
4     printf("\n\n%d, %d, %d, %d\n",20/7,20%7, −20/7,20/(−7));
5     printf(" %f, %f, %f\n",20.0/7, −20.0/7,20.0/(−7));
6   }
```

执行结果:

```
2,6,−2,−2
2.857143,−2.857143,−2.857143
Press any key to continue
```

本例中,20/7,−20/7 的结果均为整型,小数全部舍去。而 20.0/7 和−20.0/7 由于有实数参与运算,因此结果也为实型。

【例 2-14】 "%"的操作数必为整型。

```
1   # include < stdio. h >
2   void main()
3   {
```

数据类型、运算符与表达式

```
4    printf("%d,%d,%d\n",100%3,100%(-3),(-100)%3);
5    }
```

执行结果:

1,1,-1

本例输出 100 除以 3 所得的余数 1,% 两端操作数必须是整型数据,有负数参与求余时,结果的符号取决于被除数的符号。

3. 运算符的优先级和结合性

当一个表达式中存在多个算术运算符时,计算顺序取决于运算符的优先级和结合性。

• 运算符的优先级:C 语言中,运算符的优先级共分为 15 级。1 级最高,15 级最低。在表达式中,优先级较高的先于优先级较低的进行运算。而在一个运算量两侧的运算符优先级相同时,则按运算符的结合性所规定的结合方向处理。

例如:

• 运算符的结合性:C 语言中各运算符的结合性分为两种,即左结合性(自左至右)和右结合性(自右至左)。例如算术运算符的结合性是自左至右,即先左后右。如有表达式 x-y+z,则 y 先与"-"号结合,执行 x-y 运算,然后再执行+z 的运算。这种自左至右的结合方向就称为"左结合性"。而自右至左的结合方向称为"右结合性"。最典型的右结合性运算符是赋值运算符。如 x=y=z,由于"="的右结合性,应先执行 y=z 再执行 x=(y=z)运算。C 语言运算符中有不少为右结合性,应注意区别,以避免理解错误。

4. 自增、自减运算符

自增 1、自减 1 运算符:自增 1 运算符记为"++",其功能是使变量的值自增 1。

自减 1 运算符记为"--",其功能是使变量值自减 1。

自增 1、自减 1 运算符均为单目运算符,都具有右结合性。可有以下几种形式:

++i   i 自增 1 后再进行其他操作。

--i   i 自减 1 后再进行其他操作。

i++   先使用 i 的值然后 i 的值再自增 1。

i--   先使用 i 的值然后 i 的值再自减 1。

在理解和使用上容易出错的是 i++和 i--。特别是当它们出现在较复杂的表达式或语句中时,常常难以弄清,因此应仔细分析。

【例 2-15】 自增自减运算符的应用。

```
1    #include<stdio.h>
2    void main()
3    {
4      int i=8;
5      printf("%d\n",++i);              //i 先加 1 然后再执行输出
```

```
6      printf(" % d\n", -- i);        //i 先减 1 然后再执行输出
7      printf(" % d\n",i++);          //i 先输出后加 1
8      printf(" % d\n",i-- );         //i 先输出后减 1
9      printf(" % d\n", - i++);       //i 取负输出再加 1
10     printf(" % d\n", - i-- );      //i 取负输出再减 1
11     }
```

执行结果：

```
9
8
8
9
-8
-9
```

i 的初值为 8,第 5 行 i 加 1 后输出故为 9；第 6 行减 1 后输出故为 8；第 7 行输出 i 为 8 之后再加 1(为 9)；第 8 行输出 i 为 9 之后再减 1(为 8)；第 9 行输出 -8 之后 i 再加 1(为 9),第 10 行输出 -9 之后 i 再减 1(为 8)。

说明："++"、"--"运算符只能用于变量,如 i++ 相当于 i=i+1,i 的值不断发生变化。使用中注意区分是先操作后加减还是先加减后操作。当出现多个"++"、"--"复杂运算时,加括号明确含义。如：int i,p; p=i++++i++++i++;容易出现二义性,改为 p=(i++)+(i++)+(i++)就比较清晰。

5. 算术运算中各类型数据之间的转换规则

在 C 语言中,整型、实型和字符型数据间可以进行混合运算(字符用其对应的 ASCII 值与整型数据进行运算)。如果一个运算符两侧的操作数的数据类型不同,则系统按照"先转换,后运算"的原则,首先将操作数按照精度由低到高转换成同一类型,然后在同一类型间进行运算。精度由低到高规定：char→short→int(long)→float→double。

在不同类型混合运算时操作数按照精度由低到高的顺序自动转换,由编译系统自动完成,具体遵循以下规则：

(1) 转换按数据长度增加和整型向浮点型的方向进行,以保证精度不降低。如 int 型和 double 型运算时,先把 int 型操作数转成 double 型后再进行运算。

(2) 如果操作数中有双精度浮点数(double),则按双精度进行运算,结果为 double 型。

(3) 如果操作数中最高精度是单精度浮点数(float),则按单精度进行运算,结果为 float 型。

(4) 如果操作数中最高精度不高于 int 型整数,则按 int 精度进行运算,结果为 int 型。

【例 2-16】 不同数据类型进行混合运算。

```
1    # include < stdio. h >
2    void main()
3    {
4      float a,b,c;
5      a = 7/2;          //7/2 取整为 int 型值 3,因此 a 的值为 float 型 3.000000
6      b = 7/2 * 1.0;    //7/2 取整为 int 型值 3,再与 1.0 相乘,因此 b 的值为 float 型 3.000000
7      c = 1.0 * 7/2;    //先计算 1.0 * 7 得 double 型的结果 7.000000,然后将 2 自动转换为
                         //2.000000,再计算 7.0/2.0 得 3.500000
8      printf("a = % f,b = % f,c = % f\n",a,b,c);
9    }
```

执行结果:

a=3.000000,b=3.000000,c=3.500000

2.7.4 逗号运算符和逗号表达式

在 C 语言中逗号","也是一种运算符,称为逗号运算符。其功能是把两个或多个表达式连接起来组成一个表达式,称为逗号表达式。

其一般形式为:

表达式 1,表达式 2,…,表达式 n

其值是以表达式 n 的值作为整个逗号表达式的值。

【例 2-17】 逗号表达式的应用。

```
1  # include < stdio. h>
2  void main()
3  {
4    int a = 2,b = 4,c = 6,x,y;
5    y = (x = a + b),(b + c);
6    printf("y = % d,x = % d",y,x);
7  }
```

执行结果:

y=6,x=6Press any key to continue

本例中,第 5 行是个逗号表达式,表达式 1 为 y=(x=a+b),因此首先 x 被赋值为 6,进而 y 被赋值为 6。如果将第 5 行改为"y=((x=a+b),(b+c));",就是将整个逗号表达式的值赋给 y。对于逗号表达式还要说明以下两点。

(1) 逗号表达式可以嵌套。

例如:

表达式 1,(表达式 2,表达式 3)

先求出(表达式 2,表达式 3)的值,再求整个表达式的值。实际上这题就是求表达式 3 的值作为终值。

(2) 程序中使用逗号表达式,通常是要分别求逗号表达式内各表达式的值,并不一定要求整个逗号表达式的值。逗号表达式一般用于循环控制中。

(3) 并不是在所有出现逗号的地方都组成逗号表达式,如在变量说明中,函数参数表中逗号只是用作各变量之间的间隔符。

下面通过几个例子说明逗号表达式的应用。

(1) a=4,b=a+5,b++　　则该逗号表达式的值为 9

(2) a=4,b=a+5,++b　　则该逗号表达式的值为 10

2.7.5 sizeof 运算符和复合赋值运算符

1. sizeof 运算符

功能:获取变量和数据类型所占内存大小(字节数)。使用一般格式为:

```
sizeof 表达式
sizeof (数据类型名或表达式)
```

说明：sizeof 是运算符不是函数名。

例如：

```
printf("long = % d\n",sizeof(int));
```

则输出 int 型数据的长度为 4。

【例 2-18】 sizeof 运算符的应用。

```
#include <stdio.h>
void main()
{
    char c1 = 'A',c2 = ' ';
    printf("length1 is % d \n",sizeof(c1 + c2));
    printf("length2 is % d,length3 is % d \n",sizeof(2.5 + 1),sizeof(2.5f + 1));
}
```

执行结果：

```
length1 is 4
length2 is 8, length3 is 4
```

本例中：通过输出字符变量加运算 c1＋c2 结果的字节数 4，验证了精度低于等于 int 型量的算术运算结果为 int 型，单精度 float 和整型数运算 2.5f＋1 结果为 float 型，双精度 double 和整型数运算 2.5＋1 结果为 double 型。

2. 复合赋值运算符

C 语言除了提供赋值运算符"＝"以外，还提供了各种复合赋值运算符。将前面介绍的算术运算符与赋值运算符"＝"组合在一起就构成了复合算术赋值运算符。

复合算术赋值运算符具体有以下几种：＋＝、－＝、＊＝、/＝、％＝。

构成复合赋值表达式的一般形式为：

```
变量  运算符 = 表达式
```

它等价于

```
变量 = 变量  运算符  表达式
```

例如：

```
a + = 5                等价于 a = a + 5
x * = y + 7            等价于 x = x * (y + 7)
r % = p                等价于 r = r % p
```

复合赋值运算符这种写法，对初学者可能不习惯，但十分有利于编译处理，能提高编译效率并产生质量较高的目标代码。

本 章 小 结

1．C 的数据类型

基本类型、构造类型、指针类型。

2．基本类型的分类及特点(表 2-5)

表 2-5　C 语言基本类型的分类及特点

选项	类型说明符	字节	数 值 范 围
字符型	char	1	C 字符集
基本整型	int	4	$-2147483648 \sim 2147483647$
短整型	short int	2	$-32768 \sim 32767$
长整型	long int	4	$-2147483648 \sim 2147483647$
无符号型	unsigned	4	$0 \sim 4294967295$
无符号长整型	unsigned long	4	$0 \sim 4294967295$
单精度实型	float	4	$-3.4 \times 10^{-38} \sim 3.4 \times 10^{38}$
双精度实型	double	8	$-1.7 \times 10^{-308} \sim 1.7 \times 10^{308}$

3．常量后缀

- L 或 l　长整型。
- U 或 u　无符号数。
- F 或 f　单精度浮点数。

4．常量类型

整数、长整数、无符号数、浮点数、字符、字符串、符号常量、转义字符。

5．数据类型转换

- 自动转换

在不同数据类型数值参与的算术混合运算中,操作数的数据类型由系统自动实现转换,由低精度向高精度转换。

某一类型的数值赋值给不同类型的变量时也由系统自动进行隐式强制转换,把赋值号右边的数值自动隐式强制转换为左边类型的数值赋值给变量。

- 显式强制转换

由强制转换运算符完成转换。

6．运算符优先级和结合性

一般而言,单目运算符优先级较高,赋值运算符优先级低。算术运算符优先级较高,关系和逻辑运算符优先级较低。多数运算符具有左结合性,单目运算符、赋值运算符具有右结合性。

7．表达式

表达式是由运算符连接常量、变量、函数等所组成的式子,每个表达式都有一个值,表达式求值按运算符的优先级和结合性所规定的顺序进行。

习　题　2

1. 字符常量与字符串常量的区别是什么？

2. 选择题

(1) 正确的 C 语言标识符是(　　　)。

    A. _buy_2　　　　　　B. 2_buy　　　　　　C. ? _buy　　　　D. buy?

(2) 以下选项中可作为 C 语言合法整数的是(　　　)。

    A. 10110B　　　　　　B. 0386　　　　　　C. 0Xffa　　　　D. x2a2

(3) 以下选项中,合法的实型常数是(　　　)。

    A. 5E2.0　　　　　　B. E−3　　　　　　C. 2E0　　　　D. 1.3E

(4) 以下选项中,合法转义字符的选项是(　　　)。

    A. '\\'　　　　　　B. '\018'　　　　　　C. 'xab'　　　　D. '\abc'

(5) 若有代数式 $\dfrac{3ab}{cd}$,则不正确的 C 语言表达式是(　　　)。

    A. a/c/d*b*3　　B. 3*a*b/c/d　　C. 3*a*b/c*d　　D. a*b/d/c*3

(6) 以下符合 C 语言语法的赋值表达式是(　　　)。

    A. a＝9＋b＋c＝d＋9　　　　　　　　B. a＝(9＋b,c＝d＋9)

    C. a＝9＋b,b＋＋,c＋9　　　　　　　D. a＝9＋b＋＋＝c＋9

(7) 设变量 x 为 float 类型,m 为 int 类型,则以下能实现将 x 中的数值保留小数点后两位,第三位进行四舍五入运算的表达式是(　　　)。

    A. x＝(x*100＋0.5)/100.0　　　　　　B. m＝x*100＋0.5,x＝m/100.0

    C. x＝x*100＋0.5/100.0　　　　　　　D. x＝(x/100＋0.5)*100.0

3. 写出以下程序的运行结果。

```
#include<stdio.h>
void main()
{
    char c1='a',c2='b',c3='c',c4='\101',c5='\116';
    printf("a%c b%c\tc%c\tabc\n",c1,c2,c3);
    printf("\t\b%c %c\n",c4,c5);
}
```

4. 求下面算术表达式的值。

(1) 若 int m＝7; float x＝2.5,y＝4.7;

则表达式 x＋m%3*(int)(x＋y)%2/4 的值是_____。

(2) 若 int a＝3,b＝5; float x＝2.5,y＝3.5;

则表达式(float)(a＋b)/2＋(int)x%(int)y 的值是_____。

5. 写出下面赋值表达式运算后 a 的值,设现在 int a＝8,n＝3:

(1) a＋＝a　　　　　　　　　　　　(2) a−＝3

(3) a*＝2＋4　　　　　　　　　　　(4) a%＝(n%＝2)

(5) a＋＝3＋(a−＝a*＝n)

数据类型、运算符与表达式

第3章　顺序程序设计

本章导读：

前面学习了数据类型、常量和变量的定义，用运算符将常量和变量等连接起来构成了表达式，表达式能够描述和解决某项事务。那么用 C 程序怎么解决，也就是 C 语言如何编程实现？最基本的是能够进行输入和输出。设计自己的输入和输出格式是本章的重点：即格式化输入函数 scanf 和格式化输出函数 printf。编程解决问题与解决现实问题相似，凡事不可能一帆风顺进行到底，总需要在某些时候进行选择，并对自己的选择负责。在 C 语言中，要理解结构化程序设计的三种基本结构，即顺序、选择和循环结构，在学习中要逐渐培养结构化程序设计的编程思想。

学习重点内容：

(1) 理解三种程序控制结构的流程图。

(2) 掌握数值型数据(整型和实型)的格式化输入输出方法。

(3) 掌握字符型数据(char)的格式化输入输出方法。

(4) 能够编写简单顺序控制的程序。

从程序流程的角度来看，程序可以分为三种基本结构，即顺序结构、选择(分支)结构、循环(重复)结构。这三种基本结构可以完成所有的各种复杂程序。C 语言提供了多种语句来实现这些控制结构。

3.1　程序的控制结构

3.1.1　算法的基本概念

一个程序应包括：

(1) 对数据的描述。在程序中要指定数据的类型和数据的组织形式，即数据结构(data structure)。

(2) 对操作的描述。即操作步骤，也就是算法(algorithm)。

① 计算机算法：计算机能够执行的算法。

② 计算机算法可分为两大类。

• 数值运算算法：求解数值。

• 非数值运算算法：事务管理领域，查找、删除等。

Nikiklaus Wirth 提出的公式：

数据结构 + 算法 = 程序

教材认为：

程序＝算法＋数据结构＋程序设计方法＋语言工具和环境

这 4 个方面是一个程序设计人员所应具备的知识。

本课程的目的是使读者知道怎样编写一个 C 程序，进行编写程序的初步训练，因此，只介绍算法的初步知识。为后面章节的学习建立一定的基础。

3.1.2 算法的特性

（1）有穷性：一个算法应包含有限的操作步骤而不能是无限的。

（2）确定性：算法中每一个步骤应当是确定的，而不能是含糊的、模棱两可的。

（3）有效性：算法中每一个步骤应当能有效地执行，并得到确定的结果。

（4）有零个或多个输入。

（5）有一个或多个输出。

3.1.3 算法的表示

1. 用自然语言表示算法

除了很简单的问题，一般不用自然语言表示算法。

2. 用流程图表示算法

流程图表示算法，直观形象，易于理解，是比较常用的表示算法的方法。用流程图表示算法通常用图 3-1 所示的各种图形符号。

【例 3-1】 求 5! 的算法流程图表示（图 3-2 和图 3-3）。

【例 3-2】 判定闰年的算法用流程图 3-4 所示。

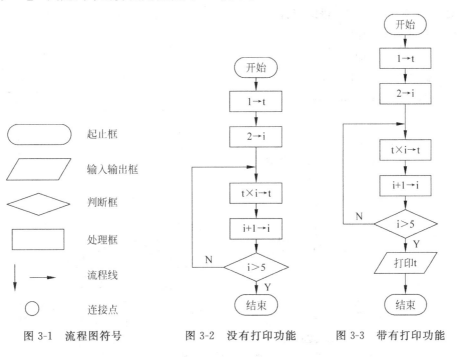

图 3-1 流程图符号 图 3-2 没有打印功能 图 3-3 带有打印功能

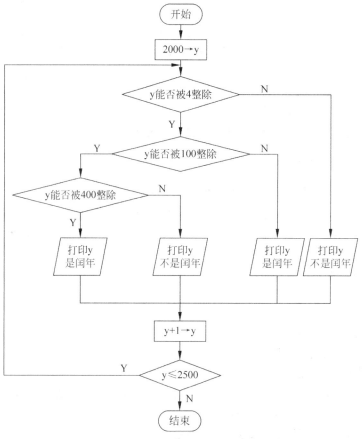

图 3-4　判断闰年流程图

3. 三种基本结构和改进的流程图

（1）顺序结构：如图 3-5 所示。

（2）选择结构：如图 3-6 所示。

（3）循环结构：如图 3-7 所示。

三种基本结构的共同特点：

- 只有一个入口；
- 只有一个出口；
- 结构内的每一部分都有机会被执行到；
- 结构内不存在"死循环"。

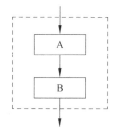

图 3-5　顺序结构

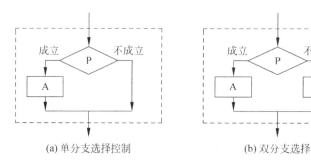

(a) 单分支选择控制　　　　　(b) 双分支选择

图 3-6　选择结构

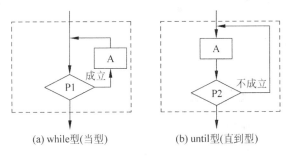

(a) while型(当型)   (b) until型(直到型)

图 3-7　循环结构

3.1.4　用 N-S 流程图表示算法

1973 年美国学者提出了一种新型流程图：N-S 流程图。

(1) 顺序结构：如图 3-8 所示。

(2) 选择结构：如图 3-9 所示。

(3) 循环结构：如图 3-10 所示。

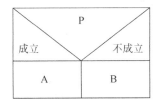

图 3-8　顺序结构的 N-S 图　　图 3-9　选择结构的 N-S 图　　图 3-10　循环结构的 N-S 图

3.1.5　用计算机语言表示算法

我们的任务是用计算机解题，就是用计算机实现算法；用计算机语言表示算法必须严格遵循所用语言的语法规则。

【例 3-3】　用 C 语言求 5!。

```
1    # include < stdio. h >
2    void main()
3    {
4        int i,t;
5        t = 1;
6        i = 2;
7        while(i <= 5)          //循环结构,判断一下循环条件是否为真
8        {   t = t * i;
```

```
 9        i = i + 1;
10    }
11    printf(" % d",t);
12 }
```

3.1.6 结构化程序设计方法

结构化程序设计所遵循的原则如下：

- 自顶向下；
- 逐步细化；
- 模块化设计；
- 结构化编码。

3.2 C语句概述

C程序的结构如图3-11所示。

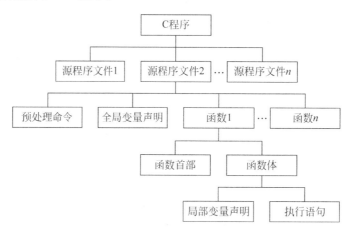

图 3-11 C程序的结构图

C程序的执行部分是由语句组成的。程序的功能也是由执行语句实现的。

C语句可分为以下5类。

1. 表达式语句

表达式语句由表达式加上分号";"组成。

其一般形式为：

> 表达式;

执行表达式语句就是计算表达式的值。

例如：

```
x = y + z;                    //赋值语句
y + z;                        //加法运算语句,但计算结果不能保留,无实际意义
```

```
i++;                        //自增 1 语句,i 值增加 1
```

2. 函数调用语句

由函数名、实际参数加上分号";"组成。

其一般形式为：

```
函数名(实际参数表);
```

执行函数调用语句就是调用函数体并把实际参数赋予函数定义中的形式参数,然后执行被调函数体中的语句,求取函数值。

例如：

```
printf("C Program");        //调用库函数,输出字符串
```

3. 控制语句

控制语句用于控制程序的流程,以实现程序的各种结构方式。它们由特定的语句定义符组成。C 语言有 9 种控制语句。可分成以下 3 类。

(1) 条件判断语句：if 语句、switch 语句。

(2) 循环执行语句：do while 语句、while 语句、for 语句。

(3) 转向语句：break 语句、goto 语句、continue 语句、return 语句。

4. 复合语句

把多个语句用括号{}括起来组成的一个语句称为复合语句。在程序中应把复合语句看成是单条语句,而不是多条语句。

例如：

```
{ t = a;
  a = b;
  b = t;
}
```

是一条复合语句。

复合语句内的各条语句都必须以分号";"结尾,在括号"}"外不能加分号。

5. 空语句

只有分号";"组成的语句称为空语句。空语句是什么也不执行的语句。在程序中空语句可用来作空循环体。

例如：

```
while(getchar()!= '\n')
;
```

本语句的功能是：只要从键盘输入的字符不是回车则重新输入,这里的循环体为空语句。

3.3　数据输入输出的概念及在 C 语言中的实现

所谓输入输出是以计算机为主体而言的。本章介绍的是通过标准输入设备（键盘等）、标准输出设备（显示器等）完成数据输入和输出语句。在 C 语言中，所有数据的输入输出都是由库函数完成的，因此都是函数调用语句。在使用 C 语言库函数时，要用预编译命令 ♯include 将有关"头文件"包括到源文件中。使用标准输入输出库函数时要用到"stdio.h"文件，stdio 是 standard input and outuput 的意思。因此源文件开头应有以下预编译命令：

```
# include < stdio. h >
```

或

```
# include "stdio. h"
```

3.4　字符数据的输入与输出

3.4.1　字符输出函数 putchar

putchar 函数是字符输出函数，其功能是在显示器上输出单个字符。
其一般形式为：

```
putchar(字符型量)
```

例如：

```
putchar('A');              (输出大写字母 A)
putchar(x);                (输出字符变量 x 的值)
putchar('\101');           (也是输出字符 A)
putchar('\n');             (换行)
```

对控制字符则执行控制功能，不在屏幕上显示。
使用本函数前必须要用文件包含命令：

```
# include < stdio. h >
```

或

```
# include "stdio. h"
```

【例 3-4】 输出单个字符。

```
# include < stdio. h >
void main()
{
  char a = 'G',b = 'o',c = 'o',d = 'd';
  putchar(a);putchar(b);putchar(c);putchar(d);
  putchar('\t');
}
```

3.4.2 键盘输入函数 getchar

getchar 函数的功能是从键盘输入一个字符。

其一般形式为：

```
getchar();
```

通常把输入的字符赋予一个字符变量,构成赋值语句,例如:

```
char c;
c = getchar();
```

【例 3-5】 输入单个字符。

```
#include < stdio.h >
void main()
{
    char c;
    printf("input a character\n");
    c = getchar();
    putchar(c);
}
```

使用 getchar 函数还应注意以下 3 个问题：

(1) getchar 函数只能接收单个字符,输入数字也按字符处理。输入多于一个字符时,只接收第一个字符。

(2) 使用本函数前必须包含文件"stdio.h"。

(3) 程序最后两行可用下面两行的任意一行代替:

```
putchar(getchar());
printf("%c",getchar());
```

3.5 格式化输出函数 printf

在 C 语言中,printf 函数是主要的数据(常量、变量、表达式等)输出函数,可以替代所有的输出函数。其关键字最末一个字母 f 即为"格式"(format)之意。其功能是按用户指定的格式,把指定的数据显示到显示器屏幕上。在前面的例题中已多次使用过这个函数。

3.5.1 printf 函数调用的一般形式

printf 函数是一个标准库函数,它的函数原型在头文件"stdio.h"中。

printf 函数调用的一般形式为:

```
printf("格式控制字符串",输出表列)
```

其中：格式控制字符串用于指定输出格式。格式控制字符串可由格式字符串和非格式字符串两种组成。格式字符串是以％开头的字符串,在％后面跟有各种格式字符,以说明输出数据的类型、形式、长度、小数位数等。如："%d"表示按十进制整型输出;"%c"表示按字符型输出等。

非格式字符串在输出时原样输出,在显示中起提示作用。

输出表列中给出了各个输出项,要求格式字符串的控制字符和各输出项在个数上、类型上和顺序上要一一对应。

在 C 语言中格式字符串的一般形式为:

```
%[标志][输出最小宽度][.精度][长度]格式字符
```

其中方括号[]中的项为可选项。

各项的意义介绍如下。

(1) 格式字符:格式字符用以表示输出数据的类型,其格式符和意义如表 3-1 所示。

表 3-1　输出数据时格式字符及其意义

格式字符	意　义
d	以十进制形式输出带符号整数(正数不输出符号)
o	以八进制形式输出无符号整数(不输出前缀 0)
x,X	以十六进制形式输出无符号整数(不输出前缀 0x)
u	以十进制形式输出无符号整数
f	以小数形式输出单、双精度实数
e,E	以指数形式输出单、双精度实数
g,G	以%f 或%e 中较短的输出宽度输出单、双精度实数
c	输出单个字符
s	输出字符串

(2) 标志:标志字符为一、＋、0、空格 4 种,其意义如表 3-2 所示。

表 3-2　标志字符及意义

标志	意　义
－	结果左对齐,右边填空格
＋	输出符号(正号或负号)
空格	输出值为正时冠以空格,为负时冠以负号
0	右对齐时,如果实际宽度小于 width,则在左边的空位上补 0

(3) 输出最小宽度:用十进制整数来表示输出的最少位数。若实际位数多于定义的宽度,则按实际位数输出,保证不因为输出而使数据发生截断误差。若实际位数少于定义的宽度则按表 3-2 补以空格或 0。

(4) 精度:精度格式符以"."开头,后跟十进制整数。本项的意义是:如果输出的是数值,则表示小数的位数;如果输出的是字符串,则表示输出字符的个数;若实际位数大于所定义的精度数,输出数值则四舍五入截去超过的部分。

- 长度：长度格式符为 h,l 两种,h 表示按短整型(short)量输出,l 表示按长整型(long)量输出。

【例 3-6】 输出整数。

```
1    # include<stdio.h>
2    void  main()
3    {    int a = 88888,b = 89;
4         printf("% 4d %4o\n",a,b);
5         printf("% + 4hd,% - 4d\n",a,b);
6         printf("% + 04d,% - 04d\n",a,b);
7         printf("a = %d,b = %d\n",a,b);
8    }
```

执行结果：

```
88888  131
+23352,89
+88888,89
a=88888,b=89
Press any key to continue
```

本例中 4 次输出了 a,b 的值,但由于格式控制串不同,输出的结果也不相同。第 4 行的输出语句格式控制串中,两格式串%4d %4o 之间加了一个空格(非格式字符),所以输出的 a,b 值之间有一个空格,a 的宽度大于指定宽度原样输出,b 的值输出右对齐,左补空格,占 4 列宽。第 5 行的 printf 语句格式控制串中加入的是标志字符、长度字符 h 和非格式字符逗号,因此输出的 a,b 值之间加了一个逗号,%+4hd 输出带"+"的右对齐的 short 整型数据,由于 88888 超出了 short 型数据的取值范围,宽度大于指定宽度,所以按实际宽度输出,数值取 88888 的低位 2 字节即为 23352;%−4d 左对齐占 4 列宽。第 6 行的格式控制字符串%+04d 要求按右对齐左补"0"、带"+"占 4 列宽输出 a 的值。%−04d 要求按左对齐占 4 列宽输出 b 的值。第 7 行中为了提示输出结果又增加了非格式字符串,非格式字符串原样输出。

【例 3-7】 按格式控制字符串要求输出浮点型小数和字符型数据。

```
1    # include<stdio.h>
2    void main()
3    {
4        int a = 15;
5        float b = 123.1234567f;
6        double c = 12345678.1234567;
7        char d = 'p';
8        printf("a = %d,% 5d,% o,% X\n",a,a,a,a);
9        printf("b = % f,% lf,% 5.4lf,% e\n",b,b,b,b);
10       printf("c = % lf,% f,% 8.4lf\n",c,c,c);
11       printf("d = % c,% 8c\n",d,d);
12   }
```

执行结果：

```
a=15,   15,17,F
b=123.123459,123.123459,123.1235,1.231235e+002
c=12345678.123457,12345678.123457,12345678.1235
d=p,        p
Press any key to continue
```

本例第 8 行中以 4 种格式输出整型变量 a 的值,其中"%5d"要求输出宽度为 5,右对齐左补空格,而 a 值为 15 只有两位故补三个空格。第 9 行中以 4 种格式输出实型量 b 的值。其中"%f"和"%lf"格式的输出相同,说明"l"符对"f"类型无影响。"%5.4lf"指定输出宽度为 5,精度为 4,由于实际长度超过 5 故应该按实际位数输出,小数位数超过 4 位部分被截去。第 10 行输出双精度实数,"%8.4lf"由于指定精度为 4 位故截去了超过 4 位的部分。第 11 行输出字符量 d,其中"%8c"指定输出宽度为 8,故在输出字符 p 之前补加 7 个空格。

3.5.2 使用 printf 函数的注意事项

除此之外,使用 printf 函数时还应补充以下几方面。

(1) 如果想输出%,则应该在"格式控制"字符串中用连续两个%表示。例如:

```
printf("%f%%",1.0/3);
```

则输出:0.333333%

(2) [输出最小宽度][.精度]仅用于输出浮点型小数和字符串时的格式控制。

- 输出浮点型小数:形如%[-]m.nf,f 是一个浮点型变量,当按此格式输出时,包括小数点共 m 列宽(按照对齐方式补齐)、取 n 位小数;当 f 的实际宽度大于 m 时,则按实际宽度输出。

例如:

```
float f = -3.14587f;
printf("%-10.2f",f);        //输出数据占 10 列宽,取 2 位小数,左对齐
printf("%5.2f",f);          //输出数据占 5 列宽,取 2 位小数
printf("%8.2f",f);          //输出数据占 8 列宽,取 2 位小数,右对齐
printf("%3.2f\n",f);        //输出数据占 3 列宽,取 2 位小数
                            //f 的实际宽度大于 3 时,按实际宽度输出
```

则执行结果为:-3.15 ⎵⎵⎵⎵⎵-3.15 ⎵⎵⎵-3.15-3.15

- 输出字符串:形如%[-]m.ns,s 是一个字符串,当按此格式输出时,按照对齐方式用空格补齐 m 列、取 n 个字符;当 s 的实际宽度大于 m 时,则按实际宽度输出。

例如:

```
printf("%3s,%7.2s,%.4s,%-5.3s\n","CHINA","CHINA","CHINA","CHINA");
```

输出为:CHINA,⎵⎵⎵⎵⎵CH,CHIN,CHI

(3) printf()函数格式控制字符串可以包含转移字符。

3.6 格式化输入函数 scanf

scanf 函数称为格式输入函数,即按用户指定的格式从键盘上把数据输入到指定的变量之中。

3.6.1 scanf 函数调用的一般形式

scanf 函数是一个标准库函数,它的函数原型在头文件"stdio.h"中,在使用 scanf 函数之前要包含 stdio.h 文件。

scanf 函数的一般形式为：

```
scanf("格式控制字符串",地址表列);
```

其中,格式控制字符串的作用与 printf 函数相同,但不能显示非格式字符串,也就是不能显示提示字符串。地址表列中给出各变量的地址。地址是由地址运算符"&"后跟变量名组成的。

例如：

&a,&b

分别表示变量 a 和变量 b 的地址。

这个地址是编译系统在内存中给 a,b 变量分配的地址。在 C 语言中,使用了地址这个概念,这是与其他语言不同的。应该把变量的值和变量的地址这两个不同的概念区别开来。变量的地址是 C 编译系统分配的,用户不必关心具体的地址是多少。

变量的地址和变量值的关系如下：

在赋值表达式中给变量赋值,例如：

a = 567;

则 a 为变量名,567 是变量的值,&a 是变量 a 的地址(假设地址为 2000,即 &a＝2000)。图示为：

$$\begin{array}{c} a \\ \boxed{\begin{array}{c} 567 \end{array}} \\ 2000 \end{array}$$

但在赋值号左边是变量名,不能写地址,而 scanf 函数在本质上也是给变量赋值,但要求写变量的地址,如 &a。这两者在形式上是不同的。& 是一个取地址运算符,&a 是一个表达式,其功能是求变量的地址。

【例 3-8】 scanf 函数的使用。

```
1   #include<stdio.h>
2   void main()
3   {
4     int a,b,c;
5     printf("input a,b,c\n");
6     scanf("%d%d%d",&a,&b,&c);
7     printf("a=%d,b=%d,c=%d",a,b,c);
8   }
```

在本例中,由于 scanf 函数本身不能显示提示串,故先用 printf 语句在屏幕上输出提示,请用户输入 a、b、c 的值。执行 scanf 语句,假如用户输入 7 8 9 后按 Enter 键,则 3 个数被提交给相应的内存地址空间,即 a,b,c 的内存地址空间。在 scanf 语句的格式串中由于没有非格式字符在"%d%d%d"之间作输入时的间隔,因此在输入时要用一个或一个以上的空格、回车键、Tab 键作为每两个输入数之间的间隔。例如：

```
7 8 9↙
```

或

7 ↙
8 ↙
9 ↙

格式字符串的一般形式为：

> %[*][输入数据宽度][长度]格式字符

其中有方括号□的项为任选项，各项的意义如下：

（1）格式字符：表示输入数据的类型，其格式符和意义如表 3-3 所示。

表 3-3　输入数据时格式字符及意义

格 式 字 符	字 符 意 义
d	输入十进制整数
o	输入八进制整数
x,X	输入十六进制整数
u	输入无符号十进制整数
f 或 e	输入实型数（用小数形式或指数形式）
c	输入单个字符
s	输入字符串

（2）" * "：抑制符，用以表示输入的数据不赋值给相应的变量，即跳过该输入值。
例如：

scanf("％d ％ * d ％d",&a,&b);

当输入为 1 2 3 时，把 1 赋予 a，2 被跳过，3 赋予 b。

（3）宽度：用十进制整数指定输入的宽度（即字符数），遇空格或不可转换字符则结束。
例如：

scanf("％5d",&a);

输入：12345678
只把 12345 赋予变量 a，其余部分被截去。
又如：

scanf("％4c％2c",&c1,&c2);

输入：abcdefgh ↙
将把 abcd 中的 a 赋予 c1，而把 ef 中的 e 赋予 c2。
主要用于从文件读取序列数据，根据域宽依次赋给各个变量。

（4）长度：长度格式符为 l 和 h，％hf 表示输入短整型数据，％lf 表示输入双精度浮点数。

3.6.2　使用 scanf 函数的注意事项

（1）scanf 函数中没有精度控制，如 scanf("％5.2f"，&a)；是非法的。不能企图用此语句输入小数为 2 位的实数,不能有转义控制字符。

(2) scanf 中要求给出变量地址,如给出变量名则会出错。如 scanf("%d",a);是非法的,应改为 scnaf("%d",&a);才是合法的。

(3) 在输入多个数值数据时,若格式控制串中没有非格式字符作输入数据之间的间隔则可用空格、Tab 或回车符作间隔。C 编译在碰到空格、Tab、回车或非法数据(如对"%d"输入"12A"时,A 即为非法数据)时即认为该数据结束。

(4) 在输入字符数据时,特别需要注意空格符、回车符均作为有效字符使用。若格式控制串中无非格式字符,则认为所有输入的字符均为有效字符。

例如:

scanf("%c%c%c",&a,&b,&c);

输入为:

d␣e␣f

则把'd'赋予 a,'␣'赋予 b,'e'赋予 c。

只有当输入为:

def

时,才能把'd'赋于 a,'e'赋予 b,'f'赋予 c。

如果在格式控制中加入空格作为间隔,例如:

scanf ("%c␣%c␣%c",&a,&b,&c);

则输入时各数据之间可加空格。

注意:同时输入数值和字符时,可以用空格吸收回车符。

例如:

```
int a,b;
char c;
scanf("%d%d%c",&a,&b,&c);
printf("a=%d,b=%d,c=%d",a,b,c);
若输入 23 45 a↙,则 a=23,b=45,c=32(空格的 ASCII 为 32);
若输入 23 45a↙,则 a=23,b=45,c=97
int a,b;
char c;
scanf("%d%d %c",&a,&b,&c);
printf("a=%d,b=%d,c=%d",a,b,c);
若输入   23↙
        45↙
        a↙
```

则 a=23,b=45,c=a(空格的 ASCII 为 32);空格吸收了回车符。

(5) 如果格式控制串中有非格式字符则输入时也要原样输入该非格式字符。

例如:

scanf("%d,%d,%d",&a,&b,&c);

其中用非格式符","作间隔符,故输入时应为:

5,6,7

又如:

scanf("a = % d,b = % d,c = % d",&a,&b,&c);

则输入应为:

a = 5,b = 6,c = 7

【例 3-9】 数据的格式化输入输出。输入一学生的学号(8 位数字)、生日(年-月-日)、性别(M:男,F:女)及三门功课(语文、数学、英语)的成绩,现要求计算该学生的总分和平均分,并将该学生的全部信息输出(包括总分、平均分)。

```c
# include < stdio. h>
void main()
{
    unsigned long no;                    //学号
    unsigned int year,month,day;         //生日
    unsigned char sex;                   //性别
    float chinese,math,english;
    float total,average;
    printf("input the student's NO:");
    scanf(" % 8ld",&no);
    printf("input the student's Birthday(yyyy - mm - dd) : ");
    scanf(" % 4d - % 2d - % 2d",&year,&month,&day);
    fflush(stdin);                       //清除键盘缓冲区
    printf("input the student's Sex(M/F)");
    scanf(" % c",&sex);
    printf("input the student's Score(chinese,math,english): ");
    scanf(" % f, % f, % f",&chinese,&math,&english);
    total = chinese + math + english;
    average = total/3;
    printf("\n === No ====== birthday == sex == chinese == math == english ==
    total == average\n");
    printf(" % 08ld % 4d - % 02d % 02d % c   % - 5.1f   % - 5.1f   % - 5.1f
           % - 5. 1f   % - 5. 1f \ n", no, year, month, day, sex, chinese,  math, english, total,
average);
}
```

执行结果:

```
input the student's NO:20130401
input the student's Birthday(yyyy-mm-dd): 1993-9-6
input the student's Sex(M/F)F
input the student's Score(chinese,math,english): 95,89,94

===No======birthday==sex==chinese==math==english==total==average
20130401  1993-09-06  F    95.0    89.0    94.0 278.0    92.7
```

3.7 顺序结构程序设计举例

【例 3-10】 输入三角形的三边长,求三角形的面积。

已知三角形的三边长 a,b,c,则该三角形的面积公式为:

$$area = \sqrt{s(s-a)(s-b)(s-c)}$$

其中 s=(a+b+c)/2。

源程序如下:

```
#include<stdio.h>
#include<math.h>
void main()
{
    float a,b,c,s,area;
    scanf("%f,%f,%f",&a,&b,&c);
    s=1.0/2*(a+b+c);
    area=sqrt(s*(s-a)*(s-b)*(s-c));  //sqrt 函数在 math.h 中声明
    printf("a=%7.2f,b=%7.2f,c=%7.2f,s=%7.2f\n",a,b,c,s);
    printf("area=%7.2f\n",area);
}
```

【例 3-11】 求 $ax^2+bx+c=0$ 方程的根,a,b,c 由键盘输入,设 $b^2-4ac>0$。

求根公式为:

$$x_{1,2}=\frac{-b\pm\sqrt{b^2-4ac}}{2a}, \quad 令 \ p=\frac{-b}{2a}, q=\frac{\sqrt{b^2-4ac}}{2a}$$

则 $x_1=p+q$

$x_2=p-q$

源程序如下:

```
#include<stdio.h>
#include<math.h>
void main()
{
    float a,b,c,disc,x1,x2,p,q;
    scanf("a=%f,b=%f,c=%f",&a,&b,&c);
    disc=b*b-4*a*c;
    p=-b/(2*a);
    q=sqrt(disc)/(2*a);
    x1=p+q;x2=p-q;
    printf("\nx1=%5.2f\nx2=%5.2f\n",x1,x2);
}
```

【例 3-12】 从键盘输入一个大写字母,要求改用小写字母输出。英文字母大小写相对的 ASCII 码值相差 32,例如'a'比'A'的 ASCII 值大 32,以此类推。

```
#include<stdio.h>
void main()
```

```
{
  char c1,c2;
  c1 = getchar();
  printf("%c, %d\n",c1,c1);
  c2 = c1 + 32;
  printf("%c, %d\n",c2,c2);
}
```

执行结果：

```
A
A,65
a,97
Press any key to continue
```

本 章 小 结

（1）对于输入输出函数的参数，格式控制字符串基本相同，主要区别是 printf 可以指定精度和包含转义字符，scanf 则不能；再就是 printf 后面参数是输出项列表；而 scanf 后面参数是地址表列。

（2）对于输入输出函数形式，格式控制字符串包含格式符和非格式符。对于 printf 非格式符原样输出；而对于 scanf 如果有非格式符则在进行输入操作时必须按照原样格式输入。

（3）注意有"%c"的 scanf 函数的使用。

习 题 3

1. C 语言中的语句有哪几类？它们是什么？

2. C 语言中表达式和表达式语句的区别是什么？什么时候用表达式，什么时候用表达式语句？

3. 请写出下面程序的输出结果：

```
#include<stdio.h>
void main()
{
  int a = 5,b = 7;
  float x = 67.8564,y = -123.456;
  char c = 'A';
  printf("%d%d\n",a,b);
  printf("%3d%3d\n",a,b);
  printf("%f,%f\n",x,y);
  printf("%-10f%8.2f%.4f%3f\n",x,y,x,y);
  printf("%s,%5.2s\n","CHINA","CHINA");
}
```

4. 按照 printf 函数格式控制字符串的使用规则，写出 printf 语句，要求按照给定格式输出。

假设 int a＝4,b＝5；float x＝2.3,y＝−4.5；c1＝'a',c2＝'b'；

要求如下：

```
a = ␣4 ␣␣b = 5 ␣␣
x = 2.300000,y = − 4.500000
x + y = ␣ − 2.20 ␣␣x − y = ␣␣6.80
c1 = 'a'␣or ␣97(ASCII)
c2 = 'b'␣or ␣98(ASCII)
```

5. 用下面的 scanf 函数输入数据,使 a＝4,b＝5,x＝2.3,y＝−4.5,c1＝'a',c2＝'b',那么在键盘上如何输入?

```
# include < stdio. h>
void main()
{
    int a,b;
    float x,y;
    char c1,c2;
    scanf("a = % d ␣b = % d",&a,&b);
    scanf("␣ % f ␣ % f",&x,&y);
    scanf("␣ % c ␣ % c",&c1,&c2);
}
```

6. 设圆半径用 r 表示,圆柱高用 h 表示,求圆周长、圆面积、圆球表面积、圆球体积、圆柱体积。用 scanf 输入数据,printf 输出计算结果,要求有适当的提示,取小数点后两位数字,请编程。

7. 输入一个华氏温度,要求输出摄氏温度。公式为

$$c = \frac{5}{9}(F − 32)$$

输出要有说明,取两位小数,请编程。

8. 用 getchar 函数读入两个字符给 c1、c2,然后分别用 putchar 函数和 printf 函数输出这两个字符,请编程。

第4章　选择结构程序设计

本章导读：

选择结构是结构化程序设计的三种基本控制结构之一，使程序执行出现分支。在程序的一次执行过程中，根据不同的情况，只有一条分支被选中执行，而其他分支上的语句被直接跳过。在本章中必须灵活应用关系表达式和逻辑表达式，进而作为判断条件掌握 if 单分支语句，if-else 双分支语句及多分支语句的控制以及 switch 语句的使用场合。

学习重点内容：

(1) 关系表达式和逻辑表达式的灵活使用。

(2) 掌握 if 语句：单分支结构、双分支结构、多分支结构和 if 的嵌套。

(3) switch 语句的使用。

(4) break 语句在 switch 语句中的作用。

4.1　关系运算符和表达式

在程序中经常需要比较两个量的大小关系，以决定程序下一步的工作。比较两个量大小的运算符称为关系运算符。

4.1.1　关系运算符及其优先级

在 C 语言中有以下关系运算符：

(1) ＜　小于。

(2) ＜＝　小于等于。

(3) ＞　大于。

(4) ＞＝　大于等于。

(5) ＝＝　等于。

(6) !＝　不等于。

关系运算符都是双目运算符，其结合性均为左结合。关系运算符的优先级低于算术运算符，高于赋值运算符。在 6 个关系运算符中，＜、＜＝、＞、＞＝的优先级相同，高于＝＝和!＝，＝＝和!＝的优先级相同。其优先级的形象表示如图 4-1 所示。

↑高	算术运算符
	关系运算符
低	赋值运算符

图 4-1　关系运算符的优先级

4.1.2 关系表达式

关系表达式的一般形式为：

> 表达式　关系运算符　表达式

例如：

```
a + b > c - d
x > 3/2
'a' + 1 < c
- i - 5 * j == k + 1
```

都是合法的关系表达式。由于表达式又可以是关系表达式,因此也允许出现嵌套的情况。例如：

```
a > (b > c)
a! = (c == d)等
```

关系表达式的值是"真"或"假",由于在 C 语言里没有逻辑值,所以规定:用"1"和"0"分别表示"真"和"假"。反过来,非"0"即为真,"0"即为假。

例如：

```
5 > 0              //值为"真",即为 1
(a = 3)>(b = 5)    //由于 3>5 不成立,故其值为假,即为 0
c > a + b          //含义是 c>(a+b),算术运算符的优先级高于关系运算符
a = b > c          //含义是 a = (b>c),关系运算符的优先级高于赋值运算符
```

如果有：

```
a = 1; b = 2; c = 3;
```

计算：

```
d = a ! = c == a<b<c;
```

d 的值为 1。因为"="的优先级最低,所以 d=a!=c==a<b<c;等价于 d=(a!=c==a<b<c);又因为"<"的优先级高于"!="和"==",所以又等价于 d=(a!=c==(a<b<c));又因为"!="和"=="是同一优先级,具有左结合性,所以它又等价于 d=((a!=c)==((a<b)<c));这时最先计算 a<b 的值为 1,再计算 1<c 的值是 1。接下来计算 a!=c 的值是 1,再计算 1==1 的值是 1,所以 d 的值是 1。

注意：在使用关系运算时,应避免对实数作相等或不相等的判断。判断两个实数是否相等,应借助于精度来判断。例如：fabs(1.0/3.0−0.3333333)<1e−6,即可认为相等。

【例 4-1】 关系运算符的应用。

```
# include < stdio. h >
void main()
{ char c = 'k';
  int i = 1,j = 2,k = 3;
```

```
float x = 3e + 5,y = 0.85f;
printf("%d,%d\n",'a' + 5 < c, - i - 2 * j > = k + 1);    //'a' + 5 < c 为 1; - 1 - 2 * 2 > = 4 为 0
printf("%d,%d\n",1 < j < 5,x - 5.25 < = x + y);    //1 < j 为 1,1 < 5 为 1; x - 5.25 < = x + y 为 1
printf("%d,%d\n",i + j + k = = - 2 * j,k = = j = = i + 5);
                                        //6 = = - 4 为 0; k = = j 为 0,0 = = i + 5 为 0
}
```

执行结果：

```
1,0
1,1
0,0
```

在本例中求出了各种关系表达式的值。字符变量是以它对应的 ASCII 码值参与运算的。

4.2 逻辑运算符和逻辑表达式

4.2.1 逻辑运算符

C 语言中提供了三种逻辑运算符：

（1）&& 与运算，

（2）‖ 或运算，

（3）! 非运算。

与运算符 && 和或运算符 ‖ 均为双目运算符。具有左结合性。非运算符! 为单目运算符，具有右结合性。逻辑运算符优先级的关系可表示如下：

! (非) > &&(与) > ‖ (或)

"&&"和"‖"低于关系运算符,"!"高于算术运算符。

按照运算符的优先顺序可以得出：

```
a > b && c > d    等价于  (a > b)&&(c > d)
!b = = c‖d < a    等价于  ((!b) = = c)‖(d < a)
a + b > c&&x + y < b    等价于  ((a + b) > c)&&((x + y) < b)
```

4.2.2 逻辑表达式

逻辑表达式的值也为"真"和"假"两种,用"1"和"0"来表示。

逻辑表达式的一般形式为：

表达式　逻辑运算符　表达式

其中的表达式既可以是所学过的 C 合法表达式,也可以是逻辑表达式,从而组成了逻辑表达式嵌套的情形。

例如：

(a && b) && c

根据逻辑运算符的左结合性，上式也可写为：

a && b && c

逻辑表达式的值是式中各种逻辑运算的最后值，以"1"和"0"分别代表"真"和"假"。其求值规则如表 4-1 所示。

表 4-1　逻辑运算真值表

a	b	! a	! b	a && b	a‖b
真	真	0	0	1	1
真	假	0	1	0	1
假	真	1	0	0	1
假	假	1	1	0	0

逻辑运算符中的! 是单目运算符,因此其优先级较高,它与其他所学运算符的优先级关系如图 4-2 所示。

【例 4-2】　逻辑运算符的应用。

```c
#include<stdio.h>
void main()
{
    char c = 'k';
    int i = 1,j = 2,k = 3;
    float x = 3e+5,y = 0.85f;
    printf("%d, %d\n",!x*!y,!x);
    printf("%d, %d\n",x‖i&&j-3,i<j&&x<y);
    printf("%d, %d\n",i==5&&c&&(j=8),x+y‖i+j+k);
}
```

```
! ～、++、--、sizeof
算术运算符              高
关系运算符
&& 和 ‖
赋值运算符              低
```

图 4-2　逻辑运算符的优先级

执行结果：

```
0,0
1,0
0,1
```

本例中,由于 x、y 为非 0,故! x 和! y 均为 0,! x * ! y 也为 0,因此其输出值都为 0。对式 x‖i && j-3,先计算 j-3 的值为非 0,再求 i && j-3 的逻辑值为 1,故 x‖i && j-3 的逻辑值为 1。对式 i<j && x<y,由于 i<j 的值为 1,而 x<y 为 0,故表达式的值为 0。对式 i==5 && c && (j=8),由于 i==5 为假,即值为 0,该表达式由两个与运算组成,所以整个表达式的值为 0。对于式 x+y‖i+j+k,由于 x+y 的值为非 0,故整个或表达式的值为 1。

有一点需要说明,在逻辑表达式求值的过程中,并不是所有的逻辑运算符都被执行,即有的表达式被短路掉,也称为"逻辑短路",只有在必要的情况下才会执行。

- 在求解 a && b 或 a && b && c 的值时,只在 a 为真时,才判断 b 的值;只在 a、b 都为真时,才判断 c 的值。如果 a 为假,则不会判断 b 和 c,因为整个表达式的值已经确定了,所以 b 和 c 被短路掉。
- 在求解 a‖b 或 a‖b‖c 的值时,只在 a 为假时,才判断 b 的值;只在 a、b 都为假时,才判断 c 的值。如果 a 为真,则不会判断 b 和 c,因为整个表达式的值已经确定了,所以 b 和 c 被短路掉。

• 在求解 a‖b && c 的值时,只在 a 为假时,才判断 b && c 的值;只在 b 为真时,才判断 c 的值。如果 a 为真,则不会判断 b 和 c,因为整个表达式的值已经确定了,所以 b 和 c 被短路掉。

例如:

a = 1;b = 2;c = 3;d = 4;m = 1;n = 1;

则 printf("%d,m=%d,n=%d,\n",(m=a>b) && (n=c>d),m,n);输出结果为:0,m=0,n=1。

因为先计算 m=a>b,则 m 的值为 0(因为 a<b),则整个表达式的值就是 0,&& 后面的表达式被短路不进行计算,所以 n 的值不变,仍为 1。

又如:

a = 1,b = 2,c = 3,d = 4,m = 1,n = 1;

(m=a<b)‖(n=c>d) && c++,此表达式的值为 1。因为 a<b 为真,所以 m=1。‖后面的表达式被短路不进行计算,所以 n 的值不变,仍为 1。

4.3 if 语 句

用 if 语句可以构成分支结构。它根据给定的条件进行判断,以决定执行某个分支程序段。C 语言的 if 语句有三种基本形式。

4.3.1 if 语句的三种形式

1. 单分支形式:if
其语句形式为:

> if(表达式) 语句

其语义是:如果表达式的值为真,则执行其后的语句,否则不执行该语句。其中,表达式可以是常量、变量和 C 语言任何合法的表达式。其过程可表示为图 4-3 所示。

【例 4-3】 单分支结构应用。

```
#include<stdio.h>
void main()
{   int a,b,max;
    printf("\n input two numbers: ");
    scanf("%d%d",&a,&b);
    max = a;
    if (max<b) max = b;
    printf("max = %d",max);
}
```

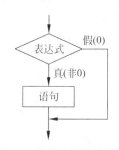

图 4-3 单分支结构流程图

本例程序中,输入两个数 a,b。把 a 先赋予变量 max,再用 if 语句判别 max 和 b 的大小,如 max 小于 b,则把 b 赋予 max;否则,不执行 max=b;。因此 max 中总是大数,最后输出 max 的值。

2. 双分支形式：if-else

其语句形式为：

```
if(表达式)
    语句1;
else
    语句2;
```

其语义是：如果表达式的值为真，则执行语句 1，否则执行语句 2。其中，表达式可以是常量、变量和 C 语言中任何合法的表达式。其执行过程可表示为图 4-4 所示。

【例 4-4】 双分支结构应用。

```
#include<stdio.h>
void main()
{
    int a,b;
    printf("input two numbers: ");
    scanf("%d%d",&a,&b);
    if(a>b)
      printf("max = %d\n",a);
    else
      printf("max = %d\n",b);
}
```

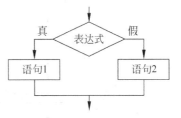

图 4-4 双分支结构流程图

输入两个整数，输出其中的大数。

改用 if-else 语句判别 a,b 的大小，若 a 大，则输出 a，否则输出 b，a 和 b 只能选择一个。

3. 多分支形式：if-else-if 形式

前两种形式的 if 语句一般都用于两个分支的情况。当有多个分支选择时，可采用 if-else-if 语句，其一般形式为：

```
if(表达式1)
    语句1;
else if(表达式2)
    语句2;
else if(表达式3)
    语句3;
        ⋮
else if(表达式m)
    语句m;
else
    语句n;
```

其语义是：依次判断表达式的值，当出现某个值为真时，则执行其对应的语句。然后跳到整个 if 语句之外继续执行程序。如果所有的表达式均为假，则执行语句 n。然后继续执行后续程序。其中，表达式可以是常量、变量和 C 语言任何合法的表达式。if-else-if 语句的执行过程如图 4-5 所示。

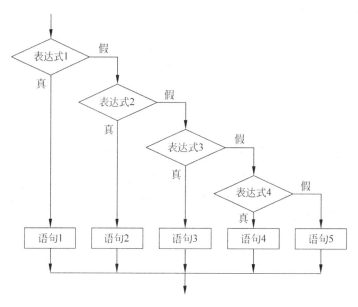

图 4-5　多分支结构流程图

【例 4-5】　多分支结构应用。

```
#include<stdio.h>
void main()
{
    char c;
    printf("input a character: ");
    c=getchar();
    if(c<32)
        printf("This is a control character\n");
    else if(c>='0'&&c<='9')
        printf("This is a digit\n");
    else if(c>='A'&&c<='Z')
        printf("This is a capital letter\n");
    else if(c>='a'&&c<='z')
        printf("This is a small letter\n");
    else
        printf("This is an other character\n");
}
```

　　本例要求判别从键盘输入字符的类别。可以根据输入字符的 ASCII 码来判别类型。由 ASCII 码表可知 ASCII 值小于 32 的为控制字符。在"0"和"9"之间的为数字字符,在"A"和"Z"之间为大写字母,在"a"和"z"之间为小写字母,其余则为其他字符。这是一个多分支选择的问题,用 if-else-if 语句编程,判断输入字符 ASCII 码所在的范围,分别给出不同的输出。例如输入为"g",输出显示它为小写字符。

4. 使用 if 语句中应注意的问题

（1）在三种形式的 if 语句中，在 if 关键字之后均为表达式。该表达式通常是逻辑表达式或关系表达式，但也可以是其他表达式，如赋值表达式等，甚至也可以是一个变量。注意区分关系运算符"＝＝"和赋值运算符"＝"。

例如：

```
if(a＝5)语句;                  //表达式的值永远为真,所以其后的语句一定执行
if(b)语句;                     //表达式是一个变量,等价于 if(b! ＝0)或 if(!b==0)
```

都是允许的。只要表达式的值为非 0，即为"真"。

又如，有程序段：

```
if(a＝b)
    printf("%d",a);
else
    printf("a＝0");
```

本语句的语义是：把 b 值赋予 a，如为非 0 则输出该值，否则输出"a＝0"字符串。这种用法在程序中是经常出现的。

（2）在 if 语句中，条件判断表达式必须用括号括起来。

（3）在 if 语句的三种形式中，所有的语句应为单个语句，如果要想在满足条件时执行一组（多个）语句，则必须把这一组语句用{}括起来组成一个复合语句。但要注意的是在}之后不能再加分号。

- 在单分支 if 语句中，如果在满足条件时执行的是复合语句，但是没有用{}括起来，尽管编译不出错，但存在逻辑错误。

例如：

① 正确的 if 单分支语句

```
#include<stdio.h>
void main()
{
    int x＝4,y＝2,t＝0;
    if(x<y)
    {   t＝x;
        x＝y;
        y＝t;
    }
    printf("x＝%d,y＝%d\n",x,y);
}
x＝4,y＝2
Press any key to continue
```

② 错误的 if 单分支语句

```
#include<stdio.h>
void main()
{
    int x＝4,y＝2,t＝0;
    if(x<y)
        t＝x;
        x＝y;
        y＝t;
    printf("x＝%d,y＝%d\n",x,y);
}
x＝2,y＝0
Press any key to continue
```

针对相同的变量值，只是程序相差"{}"，产生完全不同的结果。因为：对于①来说，if(x<y)为假，所以"{}"内的符合语句不执行；而对于②来说，尽管 if(x<y)也为假，但只是 t＝x;不执行，语句 x＝y;和 y＝t;相继执行。

- 在 if 和 else 之间如果只有一条语句，则可不用{}括起来，但多于一条语句则必须用{}括起来，否则会产生编译错。

例如：

正确的 if 语句

```
if(a > b)
{ a++;
  b++;
}
else
{  a = 0;
   b = 10;
}
```

错误的 if 语句

```
if(a > b)
  a++;
  b++;
else
{  a = 0;
   b = 10;
}
```

4.3.2 if 语句的嵌套

当 if 语句中的执行语句又是 if 语句时,则构成了 if 语句嵌套的情形。

其一般形式可表示如下：

```
if(表达式)
  if 语句;
```

或者为

```
if(表达式)
  if 语句;
else
  if 语句;
```

在嵌套内的 if 语句可能又是 if-else 型的,这将会出现多个 if 和多个 else 重叠的情况,这时要特别注意 if 和 else 的配对问题。

例如：

```
if(表达式 1)
if(表达式 2)
  语句 1;
else
  语句 2;
```

其中的 else 究竟是与哪一个 if 配对呢?

应该理解为第一种还是第二种?

第一种

```
if(表达式 1)
  if(表达式 2)
    语句 1;
  else
    语句 2
```

第二种

```
if(表达式 1)
  if(表达式 2)
    语句 1;
else
  语句 2;
```

为了避免这种二义性,C 语言规定,else 总是与它上面最近的、统一复合语句中的、未配对的 if 语句配对。因此对上述例子应按第一种情况理解。如果希望 else 与哪一个 if 配对,那么只能通过加"{ }"来解决。

【例 4-6】 if 的嵌套。

```c
#include<stdio.h>
void main()
{
    int a,b;
    printf("please input A,B: ");
    scanf("%d%d",&a,&b);
    if(a!=b)
        if(a>b)  printf("A>B\n");
        else        printf("A<B\n");
    else          printf("A=B\n");
}
```

比较两个数的大小关系。

本例中用了 if 语句的嵌套结构。遵循 else 总是与它前面最近的 if 配对的原则。

试比较下面程序一和程序二之间的差异。

程序一

```c
#include<stdio.h>
void main()
{
    int a=1,b=-1;
    if(a>0)
        if(b>0)
            a++;
        else
            a--;
    printf("a=%d\n",a);
}
```

a=0
Press any key to continue

程序二

```c
#include<stdio.h>
void main()
{   int a=1,b=-1;
    if(a>0)
    {
        if(b>0)
            a++;
    }
    else
        a--;
    printf("a=%d\n",a);
}
```

a=1
Press any key to continue

通过"{ }"解决 else 到底与哪个 if 配对。

4.3.3 条件运算符和条件表达式

如果在条件语句中,只执行单个的赋值语句时,常可使用条件表达式来实现。不但使程序简洁,也提高了运行效率。

条件运算符为? 和:,它是一个三目运算符,即有三个操作数参与运算。

由条件运算符组成条件表达式的一般形式为:

表达式 1? 表达式 2: 表达式 3

其求值规则为:如果表达式 1 的值为真,则以表达式 2 的值作为条件表达式的值,否则以表达式 3 的值作为整个条件表达式的值。

选择结构程序设计

条件表达式通常用于赋值语句之中。

例如：条件语句：

```
if(a>b)   max = a;
else max = b;
```

可用条件表达式写为

```
max = (a>b)?a:b;
```

执行该语句的语义是：如 a＞b 为真，则把 a 赋予 max，否则把 b 赋予 max。

使用条件表达式时，还应注意以下 4 点：

(1) 条件运算符的优先级低于关系运算符和算术运算符，但高于赋值符。

因此

```
max = (a>b)?a:b
```

可以去掉括号而写为

```
max = a>b?a:b
```

(2) 条件运算符? 和：是一对运算符，不能分开单独使用。

(3) 条件运算符的结合方向是自右至左。

例如：

```
a>b?a:c>d?c:d
```

应理解为

```
a>b?a:(c>d?c:d)
```

这也就是条件表达式嵌套的情形，即其中的表达式 3 又是一个条件表达式。

(4) 条件表达式通常用于双分支结构并且给一个变量赋值的情况。

【例 4-7】 条件表达式应用。

```
#include<stdio.h>
void main()
{
    int a,b,max;
    printf("\n input two numbers: ");
    scanf("%d%d",&a,&b);
    printf("max = %d",a>b?a:b);
}
```

用条件表达式输出两个数中的大数。

4.4   switch 语句

C 语言还提供了另一种用于多分支选择的 switch 语句，其一般形式为：

switch(表达式)

```
{
    case 常量表达式 1: 语句组 1; [break;]
    case 常量表达式 2: 语句组 2; [break;]
        ⋮
    case 常量表达式 n: 语句组 n; [break;]
    default:          语句组 n + 1; [break;]
}
```

其执行过程为:

（1）求 switch 后面"表达式"的值,当该表达式的值与 case 后的某个"常量表达式"的值相等时,就执行其后的语句,如果该语句后没有 break 语句,不再进行判断,继续执行后面所有 case 后的语句;如果该语句后有 break 语句,则执行完 break 语句跳出整个 switch 结构,下面的 case 后的语句都不执行。

（2）如表达式的值与所有 case 后的常量表达式值均不相同,则执行 default 后的语句。

【例 4-8】 没有 break 语句的 switch 结构应用。

```
#include < stdio.h>
void main()
{
    int a;
    printf("input integer number: ");
    scanf(" % d",&a);
    switch (a)
    {
        case 1:printf("Monday\n");
        case 2:printf("Tuesday\n");
        case 3:printf("Wednesday\n");
        case 4:printf("Thursday\n");
        case 5:printf("Friday\n");
        6:printf("Saturday\n");
        case 7:printf("Sunday\n");
        default:printf("error\n");
    }
}
```

执行结果:

```
input integer number:      5
Friday
Saturday
Sunday
error
```

本程序是要求输入一个数字,输出一个英文单词。但是当输入 5 之后,却执行了 case 5 以及以后的所有语句,输出了 Friday 及以后的所有单词。这并不是我们所希望的。为了避免上述情况,C 语言还提供了专门用于跳出 switch 结构的 break 语句。在每一个 case 后增加 break 语句,使每一次执行完该 case 后的语句均可跳出 switch 结构,从而避免输出不应有的结果。

【例 4-9】 对例 4-8 进行改进: 有 break 语句的 switch 结构应用。

```
#include < stdio.h>
```

```
void main()
{
    int a;
    printf("input integer number: ");
    scanf(" % d",&a);
    switch (a)
    {
      case 1:printf("Monday\n");break;
      case 2:printf("Tuesday\n"); break;
      case 3:printf("Wednesday\n");break;
      case 4:printf("Thursday\n");break;
      case 5:printf("Friday\n");break;
      case 6:printf("Saturday\n");break;
      case 7:printf("Sunday\n");break;
      default:printf("error\n");
    }
}
```

执行结果:

```
input integer number:    5
Friday
Press any key to continue_
```

注意,在使用 switch 语句时还应注意以下 6 点:

(1) 在 case 后的各常量表达式的值要互不相等,一般为整型或字符型,如果表达式的值为浮点型,则想办法转换为整型或字符型,否则会出现错误。

例如:将(0,1)区间平均分成 5 个部分,并用 A、B、C、D、E 标识。即(0,0.2)为'A',(0.2,0.4)为'B',以此类推。要求输入一个浮点数然后判断它所在区间对应的字母并输出。这时可以用 switch 结构,假设 float f;输入一个 f 值,可以进行(int)(f * 10)操作。这样,就转换为整型。

```
float f;
scanf(" % f",&f);
switch((int)(f * 10))
{
    case 0:
    case 1: printf("A\n");break;
    case 2:
    case 3: printf("B\n");break;
      ⋮
    default: printf("input error\n");
}
```

也可改进为:

```
(int)(f * 10)/2
float f;
scanf(" % f",&f);
switch((int)(f * 10)/2)
{    case 0: printf("A\n");break;
```

```
        case 1: printf("B\n");break;
        case 2: printf("C\n");break;
        case 3: printf("D\n");break;
        case 4: printf("E\n");break;
        default: printf("input error\n");
    }
```

（2）在 case 后，允许有多个语句，可以不用{}括起来。

（3）在每个 case 和 default 后都有 break 语句的情况下，各个 case 的先后顺序可以改变，而不会影响程序执行结果。

（4）多个 case 子句可以共用同一语句（组）。

例如：

```
 int a;
 scanf("%d",&a);
 switch (a)
{
   case 1:
   case 2:
   case 3: a+=1; break;                //3个case共用一个语句组
   case 4:
   case 5:
   case 6: a+=2; break;
   default:printf("error\n");
}
printf("a=%d\n",a);
```

当输入 a 的值为 1、2、3 时，都执行 a＝a＋1；当输入 a 的值为 4、5、6 时，都执行 a＝a＋2。

（5）default 子句可以省略不用。

（6）switch 语句可以嵌套。形如：

```
#include <stdio.h>
void main()
{
    int a,b;
    scanf("%d,%d",&a,&b);
    switch (a)
    {
      case 1: switch(b)
                {
                    case 0: a++; break;
                    case 1: b++; break;
                }
      case 2:
      case 3: a+=1; break;
    }
    printf("a=%d,b=%d\n",a,b);
}
```

4.5 程 序 举 例

【例 4-10】 任意输入三角形的三边长,判断是否能构成三角形,如果能构成三角形求三角形的面积。已知三角形的三边长为 a,b,c,则计算三角形的面积公式为:

$$area = \sqrt{s(s-a)(s-b)(s-c)}$$

其中 s=(a+b+c)/2。

源程序:

```c
#include<stdio.h>
#include<math.h>
void main()
{
    double  a,b,c,s,area = 0.0f;
    printf("Please input three sides:\n");
    scanf("%lf,%lf,%lf",&a,&b,&c);
    if(a+b>c && b+c>a && a+c>b)
    { s = (a+b+c)/2;
      area = sqrt(s*(s-a)*(s-b)*(s-c));      //sqrt 在 math.h 里进行声明
    }
    else printf("The three sides don't be a tringle ");
    printf("area = %f\n",area);
}
```

本程序中,将第 3 章的求三角形面积做了合理判断,使程序所解决的功能更加完善。

【例 4-11】 2011.9.1 后新税法规定个人所得税计算方法:应纳税额=(工资薪金所得—"五险一金"个人负担部分—扣除数)×适用税率—速算扣除数,新税法部分超额累进税率:

2011 年 9 月 1 日起调整后的 7 级超额累进税率:扣除数为 3500 元。本书只列 4 级:

全月应纳税额	税率	速算扣除数(元)
全月应纳税额不超过 1500 元	3%	0
全月应纳税额超过 1500 元至 4500 元	10%	105
全月应纳税额超过 4500 元至 9000 元	20%	555
全月应纳税额超过 9000 元至 35000 元	25%	1005

例如:某职工某月工资薪金为 7500 元,个人账户缴纳保险金为 800 元,则其本月个人所得税应纳税额为 7500—3500—800=3200 元,适用第 2 级累进税率,则缴纳个人所得税为:3200×10%—105=215 元。现要求编程计算某职工个人纳税金额。

```c
#include<stdio.h>
void main()
{
    double  salary,tax = 0,bx,yse;
        //分别是月薪金收入总额、个税额、保险金、应纳税额
    printf("salary and bx:\n");
    scanf("%f,%f",&salary,&bx);
    yse = salary - 3500 - bx;
```

```
        if(yse > 0)
        {
            if(yse < = 1500)
                tax = yse * 0.03;
            else if(yse < = 4500)
                tax = yse * 0.10 - 105;
            else if(yse < = 9000)
                tax = yse * 0.20 - 555;
            else
                tax = yse * 0.25 - 1005;
            printf("个人所得税为: = % f\n",tax);
        }
        else printf("He don't tax!");
        printf("实得工资为: = % f\n",salary - bx - tax);
}
```

执行结果：

```
salary and bx:
7500.800
个人所得税为: = 215.000000
实得工资为: = 6485.000000
```

【例 4-12】 计算器程序。用户输入运算数和四则运算符，输出计算结果。
源程序：

```
#include < stdio.h >
void main()
{
    float a,b;
    char c;
    printf("input expression: a( + , - , * ,/)b \n");
    scanf("% f % c % f",&a,&c,&b);
    switch(c)
    {
        case ' + ': printf(" % f\n",a + b);break;
        case ' - ': printf(" % f\n",a - b);break;
        case ' * ': printf(" % f\n",a * b);break;
        case '/': printf(" % f\n",a/b);break;
        default: printf("input error\n");
    }
}
```

本例可用于四则运算求值。switch 语句用于判断运算符，然后输出运算值。当输入运算符不是＋，－，＊，/时给出错误提示。

本 章 小 结

（1）必须熟练应用关系表达式和逻辑表达式，能够根据实际问题写出关系表达式和逻辑表达式，这两种表达式的值为逻辑真或假，在 C 语言中用数值表示：假表示为"0"，真表示为"1"。反过来数值也可以表示为逻辑值：0 为假，非 0 为真。

（2）注意逻辑短路问题。

（3）if 的多分支结构与 switch 多路开关语句的区别：if 多分支结构可以解决所有的多分支问题；而 switch 只能解决对单个变量的判断，而且要想办法将非整型或非字符型（如浮点型数据）转换为整型再进行判断。

（4）必须清楚 if…else 分支结构的嵌套，以及 else 的配对关系。

习 题 4

1. 什么是算术运算？什么是关系运算？什么是逻辑运算？

2. C 语言中如何表示"真"和"假"？系统如何判断一个量的"真"和"假"？

3. 选择题

（1）已有定义：int x=3,y=4,z=5;则表达式!(x+y)+z-1 && y+z/2 的值是（ ）。

    A. 6   B. 0   C. 2   D. 1

（2）能正确表示"当 x 的取值在[-58,-40]和[40,58]范围内为真,否则为假"的表达式是（ ）。

    A. (x>=-58) && (x<=-40) && (x>=40) && (x<=58)

    B. (x>=-58) || (x<=-40) || (x>=40) || (x<=58)

    C. (x>=-58) && (x<=-40) || (x>=40) && (x<=58)

    D. (x>=-58) || (x<=-40) && (x>=40) || (x<=58)

（3）若希望当 x 的值为奇数时,表达式的值为"真",x 的值为偶数时,表达式的值为"假"。则以下不能满足要求的表达式是（ ）。

    A. x%2==1   B. !(x%2==0)

    C. !(x%2)   D. x%2

（4）执行以下语句后,y 的值为（ ）。

```
int x,y,z;
x=y=z=0;
++x||++y&&++z;
```

    A. 0   B. 1   C. 2   D. 不确定值

（5）已知 int a=1,b=2,c=3;以下语句执行后 a,b,c 的值是（ ）。

```
if(a>b)
c=a; a=b; b=c;
```

    A. a=1,b=2,c=3   B. a=2,b=3,c=3

    C. a=2,b=3,c=1   D. a=2,b=3,c=2

（6）请阅读以下程序：该程序（ ）。

```
#include <stdio.h>
void  main()
{ int x=-10,y=5,z=0;
if (x=y+z) printf(" *** \n");
else  printf("$ $ $\n");
}
```

A. 有语法错不能通过编译

B. 可以通过编译但不能通过连接

C. 输出 ***

D. 输出 $ $ $

(7) 当 a＝1,b＝2,c＝4,d＝3 时,执行完下面一段程序后 x 的值是(   )。

```
if (a<b)
if (c<d) x＝1;
else
  if (a<c)
        if (b<d) x＝2;
            else x＝3;
      else x＝4;
else x＝5;
```

　　A. 1　　　　　　　B. 2　　　　　　　C. 3　　　　　　　D. 4

(8) 以下程序的输出结果是(   )。

```
#include <stdio.h>
void  main()
{
int a＝5,b＝4,c＝6,d;
  printf("%d\n",d＝a>b? a>c?a:c :b);
}
```

　　A. 5　　　　　　　B. 4　　　　　　　C. 6　　　　　　　D. 不确定

(9) 执行下列程序,输入为 3 的输出结果是(   )。

```
#include <stdio.h>
void  main()
{
  int k;
  scanf("%d",&k);
  switch(k)
  { case 1: printf("%d\n",k++);
    case 2: printf("%d\n",k++);
    case 3: printf("%d\n",k++);
    case 4: printf("%d\n",k++);
            break;
    default: printf("Full!\n");
  }
}
```

　　A. 3　　　　　　　B. 4　　　　　　　C. 3　　　　　　　D. 4
　　　　　　　　　　　　　　　　　　　　　　4　　　　　　　　4

(10) 有如下程序,该程序的执行结果是(   )。

```
#include <stdio.h>
void  main()
{
```

```
float x = 2.0, y;
if (x < 0.0) y = 0.0;
else if (x < 10.0) y = 1.0/x;
else y = 1.0;
printf("% f\n", y);
}
```

    A. 0.000000   B. 0.250000   C. 0.500000   D. 1.000000

4. 写出下面各逻辑表达式的值。设 int a=3,b=4,c=5;

(1) a+b > c && b==c

(2) a || b && b-c

(3) ! (a>b) && ! c || 0

(4) ! (x=a) && (y=b) && 1

(5) ! (a+b)+c -1 && b+c/2

5. 编程判断整数的正负性和奇偶性。

6. 求一分段函数的值。输入 x 输出 y。

$$y = \begin{cases} x & x < 1 \\ 2x-1 & 1 \leqslant x < 10 \\ 3x-11 & x \geqslant 10 \end{cases}$$

7. 给一个不多于 5 位的正整数,要求:

(1) 求出它的位数。

(2) 分别输出每一位数字。

(3) 按逆序输出各位数字,例如原数为 123,应输出 321。

8. 试编程判断输入的正整数是否既是 5 的倍数又是 7 的倍数,若是输出 yes,否则输出 no。

9. 编制程序要求输入正整数 a 和 b,若 a^2+b^2 大于 100,则输出 a^2+b^2 百位以上的数字,否则输出两数之和。

10. 给出一百分制成绩,要求输出成绩等级 'A'、'B'、'C'、'D'、'E'。90 分以上为 'A',80~89 分为 'B',70~79 分为 'C',60~69 分为 'D',60 分以下为 'E'。

第 5 章　循 环 控 制

本章导读：

　　循环结构是结构化程序控制三种基本结构之一，使程序完成有规律的重复操作。相应的操作在计算机程序中体现为某些语句的重复执行，这就是所谓的循环。循环结构可以用较少的语句解决复杂的运算。循环结构在解决实际问题中是一种重要的、常用的方式。

本章学习重点：

　　(1) 理解循环结构的含义。

　　(2) 锻炼自己抽象循环体的能力。

　　(3) 掌握 while、do-while、for 三种循环以及 break、continue、goto 语句的使用方法。

　　(4) 掌握不同循环结构的选择及其转换方法。

　　(5) 渐渐熟悉用三种基本结构进行程序设计。

5.1　概　　述

　　循环结构是程序中一种很重要的结构。其特点是：在给定条件成立时，反复执行某程序段，直到条件不成立为止。给定的条件称为循环条件，反复执行的程序段称为循环体。C 语言提供了多种循环语句，可以组成各种不同形式的循环结构。

　　(1) 用 goto 语句和 if 语句构成循环。

　　(2) 用 while 语句。

　　(3) 用 do-while 语句。

　　(4) 用 for 语句。

5.2　goto 语句以及用 goto 语句构成循环

　　goto 语句是一种无条件转移语句。使用格式为：

```
goto  语句标号;
```

其中标号是一个有效的标识符，这个标识符加上一个"："一起出现在函数内某处，执行 goto 语句后，程序将跳转到该标号处并执行其后的语句。另外标号必须与 goto 语句同处于一个函数中，但可以不在一个循环层中。通常 goto 语句与 if 条件语句连用，当满足某一条件时，程序跳到标号处运行。

goto 语句通常不用，主要因为它将使程序层次不清，且不易读，但在多层嵌套退出时，用 goto 语句则比较合理。

【例 5-1】 用 goto 语句和 if 语句构成循环，$\sum\limits_{n=1}^{100} n$ 。

```c
#include <stdio.h>
void main()
{
    int i,sum = 0;
    i = 1;
    loop:
    if(i <= 100)
    { sum = sum + i;
      i++;
      goto loop;
    }
    printf("%d\n",sum);
}
```

5.3 while 语句

while 语句的一般形式为：

```
while(表达式) 语句;
```

其中表达式是循环条件，可以是 C 合法的任意类型的表达式、常量、变量。语句为循环体，可以是一条语句也可以是多条语句组成的复合语句。

while 语句的执行过程是：计算表达式的值，当值为真（非 0）时，执行循环体语句。然后再判断表达式是否为真，如果为真，再执行循环体语句，如此反复直到表达式的值为假（0）时为止。如果第一次就为假，则循环体一次也不执行。其流程图如图 5-1 所示。

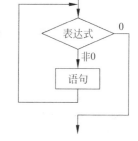

图 5-1 while 循环流程图

【例 5-2】 用 while 语句求 $\sum\limits_{i=1}^{100} i$ 。

用传统流程图和 N-S 结构流程图表示算法，如图 5-2 所示。

```c
#include <stdio.h>
void main()
{
    int i,sum = 0;    //sum 记录和值
```

```
    i = 1;
    while(i < = 100)
    {
            sum = sum + i;
            i++;
    }
    printf("% d\n",sum);
}
```

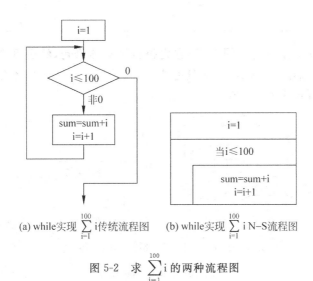

(a) while实现 $\sum\limits_{i=1}^{100}$ i传统流程图　　(b) while实现 $\sum\limits_{i=1}^{100}$ i N–S流程图

图 5-2　求 $\sum\limits_{i=1}^{100}$ i 的两种流程图

说明：

- 通常情况下,while 循环的循环体内要有使循环趋于结束的语句,该程序的 i＋＋;不断累加 1 使 i 的值逐渐逼近于 100,当大于 100 时结束循环。这个变量 i 被称为循环控制变量。

- 一般地,求累加和时,和 sum 的初始值应设为 0。同时 sum 作为中间变量值不断发生变化。

【例 5-3】　用 while 语句求 5!。

```
# include < stdio. h>
void main( )
{
    int i = 2,fact = 1;                   //fact 记录乘积的值
    while(i < = 5)
    {
      fact = fact * i;
        i++;
    }
    printf(" % d\n",fact);
}
```

本例程序中的循环条件为 i＜＝5,一般地,求累乘积时,积的初始值应设为 1。

5.4 do-while 语句

do-while 语句的一般形式为：

```
do
    语句;
while(表达式);
```

这个循环与 while 循环的不同在于：它先执行循环体语句，然后再判断表达式是否为真，如果为真则继续循环；如果为假，则终止循环。因此，do-while 循环至少要执行一次循环语句。其执行过程可用图 5-3 所示。

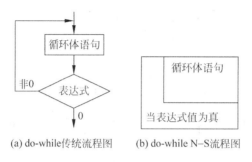

(a) do-while传统流程图   (b) do-while N-S流程图

图 5-3   do-while 的两种流程图

【例 5-4】 用 do-while 语句求 $\sum_{i=1}^{100} i$ 。

用传统流程图和 N-S 结构流程图表示算法，见图 5-4。

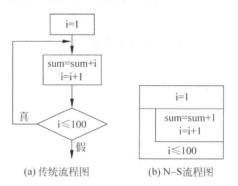

(a) 传统流程图   (b) N-S流程图

图 5-4 $\sum_{i=1}^{100} i$ 用 do-while 实现的两种流程图

```
#include<stdio.h>
void main()
{
    int i,sum = 0;
    i = 1;
    do
```

```
    {
        sum = sum + i;
        i++;
    }while(i<=100);
    printf("%d\n",sum);
}
```

【例5-5】 while 和 do-while 循环的比较。

while 循环   do-while 循环

```
#include<stdio.h>                       #include<stdio.h>
void main()                             void main()
{   int sum = 0,i;                      {   int sum = 0,i;
    scanf("%d",&i);                         scanf("%d",&i);
    while(i<=10)                            do
    { sum = sum + i;                        { sum = sum + i;
        i++;                                    i++;
    }                                       }
    printf("sum = %d",sum);                 while(i<=10);
}                                           printf("sum = %d",sum);
                                        }
```

当输入5时,输出为:sum=45   当输入5时,输出为:sum=45

当输入11时,输出为:sum=0   当输入11时,输出为:sum=11

循环体一次都不执行。   循环体只执行一次。

通过两个例子可以看出:当一开始循环条件就为真时,while 和 do-while 语句功能相同。但开始时条件就为假,两种循环控制就明显不同:while 循环体一次都不执行,do-while 循环体无论条件是否为真至少执行一次。

注意:do…while();循环后的";"不能少。而 while();没有编译错误,只是此循环体为空操作。因此编程时要注意不要产生逻辑错误。

5.5 for 语 句

在 C 语言中,for 语句使用最为灵活,它完全可以取代 while 语句。特别适合用于循环次数已知的情况。它的一般形式为:

> for(表达式1; 表达式2; 表达式3) 语句;

它的执行过程如下:

(1) 求解表达式1。

(2) 判断表达式2是否为真,若其值为真(非0),则执行 for 语句中指定的语句即循环体,然后执行下面的第(3)步;若其值为假(0),则结束循环,转到第(5)步。

(3) 求解表达式3。

(4) 转回上面的第(2)步继续执行。

(5) 循环结束,执行 for 语句下面的一个语句。

其执行过程可用图 5-5 表示。

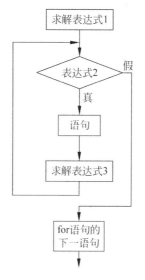

图 5-5　for 循环流程图

for 语句最简单的应用形式也是最容易理解的形式如下：

> for(循环变量赋初值；循环条件；循环变量增量) 语句；

循环变量赋初值总是一个赋值语句，它用来给循环控制变量赋初值；循环条件一般是一个关系表达式，它决定什么时候退出循环；循环变量增量定义循环变量每执行一次循环体后按什么方式(递增、递减)变化。这三个部分之间用"；"分开。

例如：

for(i = 1; i <= 100; i++) sum = sum + i;

先给 i 赋初值 1，判断 i 是否小于等于 100，若为真则执行后面的循环体语句，然后求表达式 3 使 i 值增加 1。再重新判断表达式 i <= 100 是否成立，直到条件为假，即 i > 100 时，结束循环。

相当于：

```
i = 1;
while( i <= 100)
{ sum = sum + i;
   i++;
}
```

对于 for 循环中语句的一般形式，就是如下的 while 循环形式：

```
表达式 1;
while(表达式 2)
{    语句
     表达式 3;
}
```

注意：

(1) for 循环中的"表达式 1(循环变量赋初值)"、"表达式 2(循环条件)"和"表达式 3(循环变量增量)"都是可选项,即可以缺省,但";"不能缺省。

(2) 省略了"表达式 1(循环变量赋初值)",表示不对循环控制变量赋初值。

(3) 省略了"表达式 2(循环条件)",如不做其他处理时,则条件永远为真便成为死循环。

例如：

```
for(i = 1;;i + + )sum = sum + i;
```

相当于：

```
i = 1;
while(1)
{ sum = sum + i;
  i++;}
```

(4) 省略了"表达式 3(循环变量增量)",则不对循环控制变量进行操作,这时可在语句体中加入修改循环控制变量的语句。

例如：

```
for(i = 1;i < = 100;)
{    sum = sum + i;
    i++;}
```

(5) 省略了"表达式 1(循环变量赋初值)"和"表达式 3(循环变量增量)"。

例如：

```
i = 1;
for(;i < = 100;)
{ sum = sum + i;
   i++;}
```

相当于：

```
i = 1;
while(i < = 100)
{   sum = sum + i;
   i++;}
```

(6) 3 个表达式都可以省略。

例如：

```
for(; ; )语句
```

相当于：

```
while(1)语句
```

(7) 表达式 1 可以是设置循环变量的初值的赋值表达式,也可以是其他表达式。

例如：

```
for(sum = 0;i <= 100;i++)sum = sum + i;
```

(8) 表达式 1 和表达式 3 可以是一个简单表达式也可以是逗号表达式。

```
for(sum = 0,i = 1;i <= 100;i++)sum = sum + i;
```

或

```
for(i = 0,j = 100;i <= 100;i++,j-- )k = i + j;
```

(9) 表达式 2 一般是关系表达式或逻辑表达式,但也可以是数值表达式或字符表达式,只要其值非零,就执行循环体。

例如:

```
for(i = 0;(c = getchar())!= '\n';i += c);
```

又如:

```
for(;(c = getchar())!= '\n';)
    printf(" % c",c);
```

5.6　循环的嵌套

一个循环体内又包含另一个完整的循环结构,称为循环的嵌套。内嵌的循环体中还可以嵌套循环,这就是多层循环。

三种循环(while 循环、do-while 循环和 for 循环)可以互相嵌套,共 9 种形式。形式如下:

```
(1) while()            (2) while()            (3) while()
    { …                    { …                    { …
      while()                do                     for ()
      {…}                    {…}while();            {…}
      …                      …                      …
    }                      }                      }
```

```
(4) do                 (5) do                 (6) do
    { …                    {  …                   { …
      while ()               do                     for()
      {…}                    {…}while();            …
      …                      …                    }while();
    }while();              }while();
```

```
(7) for()              (8) for()              (9) for()
    { …                    { …                    {  …
      while()                do                     for()
      {…}                    {…}while();            {…}
      …                      …                      …
    }                      }                      }
```

无论采用哪种嵌套方式,都必须完整嵌套,不允许交叉嵌套。一般情况下,控制嵌套不要超过三层。

【例 5-6】 输出大九九乘法口诀表。

```
----------------------九九乘法表----------------------
1*1= 1  1*2= 2  1*3= 3  1*4= 4  1*5= 5  1*6= 6  1*7= 7  1*8= 8  1*9= 9
2*1= 2  2*2= 4  2*3= 6  2*4= 8  2*5=10  2*6=12  2*7=14  2*8=16  2*9=18
3*1= 3  3*2= 6  3*3= 9  3*4=12  3*5=15  3*6=18  3*7=21  3*8=24  3*9=27
4*1= 4  4*2= 8  4*3=12  4*4=16  4*5=20  4*6=24  4*7=28  4*8=32  4*9=36
5*1= 5  5*2=10  5*3=15  5*4=20  5*5=25  5*6=30  5*7=35  5*8=40  5*9=45
6*1= 6  6*2=12  6*3=18  6*4=24  6*5=30  6*6=36  6*7=42  6*8=48  6*9=54
7*1= 7  7*2=14  7*3=21  7*4=28  7*5=35  7*6=42  7*7=49  7*8=56  7*9=63
8*1= 8  8*2=16  8*3=24  8*4=32  8*5=40  8*6=48  8*7=56  8*8=64  8*9=72
9*1= 9  9*2=18  9*3=27  9*4=36  9*5=45  9*6=54  9*7=63  9*8=72  9*9=81
```

分析:输出为 9 行 9 列,每个表达式的第一个数与所在的行相同,第二个数与其所在的列相同。这样,用变量 i 表示行,则 i 的取值为 $1\sim9$,用变量 j 表示列,则 j 的取值也为 $1\sim9$,一行包含 9 列,因此必须用双重循环。一般情况下,外层循环控制行,内存循环控制列。

```c
#include<stdio.h>
void main()
{
    int i,j;
    printf(" ------------------ 九九乘法表 ------------------ \n");
    for(i=1;i<=9;i++)
    { for(j=1;j<=9;j++)
        printf("%d*%d=%2d ",i,j,i*j);
      printf("\n");
    }
}
```

若输出下面的小九九乘法口诀表,则只要进行少许改动即可。行数还是 9 行,但是每一行不全部输出 9 列,观察规律,每一行只输出第 1 列到与该行数字相同的列。这样,i 的取值为 $1\sim9$,而 j 的取值为 $1\sim i$。循环部分改为如下代码即可:

```c
for(i=1;i<=9;i++)
{   for(j=1;j<=i;j++)
        printf("%d*%d=%2d ",i,j,i*j);
    printf("\n");
}
```

执行结果:

```
----------------------九九乘法表----------------------
1*1= 1
2*1= 2  2*2= 4
3*1= 3  3*2= 6  3*3= 9
4*1= 4  4*2= 8  4*3=12  4*4=16
5*1= 5  5*2=10  5*3=15  5*4=20  5*5=25
6*1= 6  6*2=12  6*3=18  6*4=24  6*5=30  6*6=36
7*1= 7  7*2=14  7*3=21  7*4=28  7*5=35  7*6=42  7*7=49
8*1= 8  8*2=16  8*3=24  8*4=32  8*5=40  8*6=48  8*7=56  8*8=64
9*1= 9  9*2=18  9*3=27  9*4=36  9*5=45  9*6=54  9*7=63  9*8=72  9*9=81
```

5.7 几种循环的比较

(1) 对于处理同一个问题,4 种循环一般可以互相代替。但一般不提倡用 goto 型循环。

(2) 对于常用的 3 种循环结构一般遵循以下原则进行选择:

```
if(循环次数已知)
    使用 for 循环语句
else                                    /* 循环次数未知 */
    if(循环条件在进入循环时明确)
        使用 while 语句
    else                                /* 循环条件需要在循环体中明确 */
        使用 do - while 语句
```

5.8 break 和 continue 语句

5.8.1 break 语句

break 语句通常用在循环语句和 switch 多路开关语句中。

当 break 用于开关语句 switch 中时,可使程序跳出 switch 而执行 switch 语句以后的语句;如果没有 break 语句,则找到相匹配的 case 后向下继续执行。

当 break 语句用于 do-while、for、while 循环语句中时,可使程序终止循环而执行循环体后面的语句,通常 break 语句总是与 if 语句连在一起。即满足条件时便跳出循环。在循环中使用 break 语句可能导致循环次数减少。

【例 5-7】 输入一个正整数 m,判断它是否为素数。素数就是只能被 1 和自身整除的正整数,1 既不是素数也不是合数,2 是素数。

判断素数的算法:

(1) 判断 m 是否能被[2,m-1]之间的整数整除。(根据定义)代码略。

(2) 判断 m 是否能被[2,m/2]之间的整数整除。

(3) 判断 m 是否能被[2,(int)$\sqrt{m}$]之间的整数整除。

方法一:

```c
# include< stdio. h>
void main()
{   int m,i;
    printf("Enter a number:");
    scanf(" % d",&m);
    for(i=2;i<=m/2;i++)
      if(m % i==0)
        break;
    if(i>m/2)                          //判断边界,m 是否被 2~m/2 之间的数都除了一遍
      printf(" % d is a prime number!\n",m);
    else
      printf("No!\n");
}
```

方法二：

```
#include<stdio.h>
#include<math.h>                    //使用求平方根函数 sqrt()
void main()
{   int m,i,k;
    printf("Enter a number:");
    scanf("%d",&m);
    k=(int)sqrt(m);
    for(i=2;i<=k;i++)
      if(m%i==0)
        break;
    if(i>k)                         //判断边界,m 是否被 2~(int)√m之间的数都除了一遍
      printf("%d is a prime number!\n",m);
    else
      printf("No!\n");
}
```

注意：

（1）break 语句只对 switch 结构和循环控制起作用。

（2）在多层循环中,一个 break 语句只向外跳一层。

5.8.2 continue 语句

continue 语句的作用是跳过本次循环中剩余的语句而强行执行下一次循环。continue 语句只用在循环控制中,常与 if 条件语句一起使用,用来加速循环。

break 语句和 continue 语句的使用区别：例如,在 while 循环中,见图 5-6。

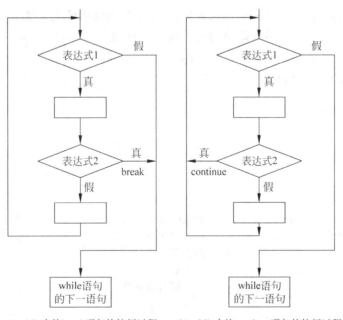

(a) while中的break语句的执行过程　　(b) while中的continue语句的执行过程

图 5-6　break 和 continue 语句的区别

（1）while(表达式 1)　　　　　　　　　（2）while(表达式 1)
```
    { …                                    { …
        if(表达式 2)break;                      if(表达式 2)continue;
        …                                      …
    }                                      }
```

【例 5-8】　输出 100～200 之间能被 3 整除的数。

```c
# include < stdio. h>
void main( )
{
  int i;
  for(i = 100;i < = 200;i++)
  {   if(i % 3!= 0)
          continue; / * 若 i 不能被 3 整除不输出便进行下次循环 * /
      printf(" % d ",i);
  }
}
```

执行结果：

```
102  105  108  111  114  117  120  123  126  129  132  135  138  141  144  147
150  153  156  159  162  165  168  171  174  177  180  183  186  189  192  195
198  Press any key to continue_
```

5.9　程序举例

【例 5-9】　用 $\dfrac{\pi}{4} = 1 - \dfrac{1}{3} + \dfrac{1}{5} - \dfrac{1}{7} + \cdots$ 公式求 π，直到某一项的绝对值小于 10^{-6}。

分析：该表达式的每一项有个特殊的规律，就是分母前后项差是 2，而且前后项正负交替。多个这样的项求和，应用循环结构可以实现。而直到某一项的绝对值小于 10^{-6} 为止，循环次数事先未知，因此用 while 语句比较好，程序流程图如图 5-7 所示。

```c
# include < stdio. h>
# include < math. h>
void main( )
{
  int s;
  double n,t,pi;
  t = 1,pi = 0;n = 1.0;s = 1;
  while(fabs(t)>1e - 6)        //fabs 求绝对值
  {  pi = pi + t;             //pi 累加和
     n = n + 2;               //分母
     s = - s;                 //正负交替
     t = s/n;                 //此数列的通项
  }
  pi = pi * 4;
  printf("pi = % 10.6f\n",pi);
}
```

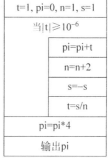

图 5-7　N-S 流程图

执行结果：

```
pi= 3.141594
```

【例 5-10】 从键盘读入一个整数,统计该数的位数。例如,输入 12345,输出 5; 输入 −99,输出 2; 输入 0,输出 1。

分析：一个整数由多位数字组成,统计过程需要一位位地数,因此是一个循环过程,循环次数由整数本身的位数决定。程序使用 do-while 循环。

```c
#include<stdio.h>
void main()
{
    int count,number;              //count 记录整数 number 的位数
    count = 0;
    printf("Enter a number:");
    scanf("%d",&number);
    if(number<0)
      number = −number;            //将输入的负数转换为正数
    do
    {
        number = number/10;        //除以 10 取整后,新的 number 减少一位数
        count++;                   //统计的位数加 1
    }while(number!= 0);            //判断循环条件
    printf("It containts %d digits.\n",count);
}
```

执行结果：

```
Enter a number:235487
It containts 6 digits.
```

【例 5-11】 求 100～200 之间的全部素数。

分析：例 5-7 可以判断一个数 m 是否是素数,那么求 100～200 之前的素数就是将 m 从 100 变到 200,依次判断每个 m 是否是素数,这样循环变量 m 的范围是[100,200],内层循环判断每个 m 所代表的数是否是素数。又因为偶数肯定不是素数,所以可以判断奇数,算法更优。

源程序：

```c
#include<math.h>
#include<stdio.h>
void main()
{
    int m,i,k,n = 0;
    for(m = 101;m<= 200;m = m + 2)
    {
        k = (int)sqrt(m);
        for(i = 2;i<= k;i++)
            if(m%i == 0)break;
        if(i>= k + 1)
        {   printf("%d ",m);
            n = n + 1;}
        if(n%10 == 0)printf("\n");
    }
```

```
    printf("\n");
}
```

执行结果:

```
101 103 107 109 113 127 131 137 139 149
151 157 163 167 173 179 181 191 193 197
199
```

【例 5-12】 输入一批学生成绩,统计一下所有人的最高分和平均成绩。

分析:

首先假设第一个学生的分数最高,然后在循环中读入下一个学生的成绩,并与当前最高分比较,如果大于当前最高分,则将该成绩更新为新的最高分,以此类推,继续循环下去,直到所有的成绩都比较一遍,即得到最高分;同时在循环中输入一个成绩统计最高分的同时可以将该学生的成绩累加到一个变量,最后,得到所有成绩的最高分和总和,用成绩总和除以学生人数,就求出了平均成绩。

```
# include < stdio. h>
void main()
{
    int i,score,max,n,sum = 0;      //score 中保存每次输入的成绩,max 保存最高分
                                     //n 代表学生数,sum 累计成绩总和
    printf("Enter n:");
    scanf(" % d",&n);                //读入学生数
    printf("Enter % d score:",n);
    scanf(" % d",&score);            //读入第一个成绩
    max = score;                     //假设第一个成绩就是最高分
    sum = score;
    for(i = 1;i < n;i++)
    {
        scanf(" % d",&score);
        sum = sum + score;
        if(score > max)
            max = score;
    }
    printf("Max Score is % d\nAverage is % f.1\n",max,sum * 1.0/n);
     //sum * 1.0 的目的是将最后结果转化为浮点型
}
```

执行结果:

```
Enter n:4
Enter 4 score:69 78 95 65
Max Score is 95
Average is 76.8
```

5.10　*循环控制进阶应用

循环结构配合选择结构可以方便地解决有规律变化的数学问题,例如各种数列等。

【例 5-13】 编写程序,给小学生出 4 道 100 以内两个整数的加法题,每道题 25 分,根据学生的答案显示实际得分。

思路:要出 4 道题,需重复 4 次出题操作,对每题要及时判断答案的正确性,当答案正

确时要累加分数。

为了产生随机数,先要知道 C 语言产生随机数的函数和方法。C 编译器都提供了一个基于 ANSI C 标准的伪随机数发生器函数,用来生成随机数。它们就是 rand()函数和 srand()函数。在头文件"stdlib. h"里进行声明。

这两个函数的工作过程如下:

(1) 首先给 srand()提供一个种子,它的参数是一个 unsigned int 类型,其取值范围为 0~65535;参数与机器时钟相关联,避免每次产生的随机数相同,使用下面语句将产生的随机数与机器时钟关联。

```
srand((unsigned)time(NULL));
```

(2) 然后调用 rand()函数返回 0 到 RAND_MAX 之间的伪随机数(pseudorandom)。RAND_MAX 常量被定义在 stdlib. h 头文件中。其值等于 32767,或者更大。

(3) 根据需要多次调用 rand(),从而不间断地得到新的随机数。

(4) 无论什么时候,都可以给 srand()提供一个新的种子,从而进一步"随机化"rand()的输出结果。

以下是一个产生随机数的例子:需要首先使用随机数"种子"初始化 srand 函数:

```
#include <stdlib. h>
#include <stdio. h>
#include <time. h>                    //使用当前时钟做种子
void main(void)
{ int i;
    srand((unsigned)time(NULL));      //初始化随机数
    /* 打印 10 个随机数 */
    for(i = 0; i < 10;i++)
        printf(" %d\n",rand());
}
```

注意:

(1) 要取[a,b](包括 a,但不包括 b)之间的随机整数,使用:

```
(rand() % (b-a)) + a
```

(2) 要取伪随机浮点数:

① 要取得 0~1 之间的浮点数,可以用:

```
rand() / (double)(RAND_MAX)
```

② 如果想取更大范围的随机浮点数,比如 0~100,可以采用如下方法:

```
rand() /((double)(RAND_MAX)/100)
```

其他情况,以此类推,这里不做详细说明。

当然,本文取伪随机浮点数的方法只是用来说明函数的使用办法,读者可以采用更好的方法来实现。

掌握了产生随机数的产生,按照题目要求实现代码如下:

```
# include <stdio.h>
# include <stdlib.h>
# include <time.h>
void main()
{ int i = 0,op1 = 0,op2 = 0,pupil = 0,answer = 0,total = 0;
    srand((unsigned)time(NULL));          //设定随机种子
    for(i = 1;i <= 4;i++)
    { op1 = (rand()  % 100);
        //可用此方式: op1 = 1 + (int)(100.0 * rand()/(RAND_MAX + 1.0));
        op2 = 1 + (int)(100.0 * rand()/(RAND_MAX + 1.0));
        printf(" % d + % d = ",op1,op2);
        scanf(" % d",&pupil);
        answer = op1 + op2;
        if(answer == pupil)
            total = total + 25;
    }
    printf("The scorre is: % d\n",total);
}
```

执行结果:

```
1+93=94
18+44=62
61+94=155
98+42=150
The scorre is:75
```

【例 5-14】 用迭代算法求解某数的平方根。

编写程序,求某正数 a 的平方根。已知求平方根的迭代公式为 $x_2 = \dfrac{x_1 + \dfrac{a}{x_1}}{2}$,要求前后

两次求出 x 的差的绝对值小于 10^{-6},程序流程图如图 5-8 所示。

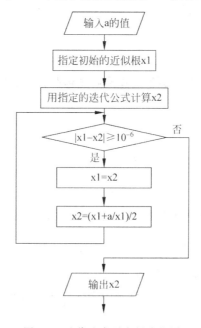

图 5-8 迭代法求平方根流程图

实现代码：

```
#include<stdio.h>
#include<math.h>
void main()
{
    double a=0,x1=0,x2=0;
    scanf("%lf",&a);
    x1=a/2;                         //从第一个根推出另一个根
    x2=(x1+a/x1)/2;
    while(fabs(x1-x2)>=1e-6)
    {
        x1=x2;
        x2=(x1+a/x1)/2;
    }
    printf("sqrt(%.2lf)=%.6lf\n",a,x2);
}
```

执行结果：

```
6
sqrt(6.00)=2.449490
```

【例 5-15】 回文式数。如果一个数从左右来读都一样，则称为回文数。例如 101、32123、9999 等都是回文数。数学中有名的"回数猜想"，至今没得到证明。任取一个数，再把这个数倒过来，并把这两个数相加；然后把这个和数再倒过来，与原来的和数相加。重复这个过程，一定能获得一个回文数。例如 68 按上述做法进行，只需 3 步即可以得到一个回文式数 1111。过程为：68＋86＝154，154＋451＝605，605＋506＝1111。请编程输入任一个整数，并按上述方法产生它的回文式数，同时输出每一步的计算步骤。

解题思路：首先确定所输入的数 n 的位数，然后将该数各位数分离存放在数组 s 中，再检查该数是否是回文数，如果不是回文数，则求出 n 的逆序数 m，再按上述过程判断新的 n＝n＋m 是否是回文数，直到得到该数是回文数或超过 int 的取值范围。

实现代码：

```
#include<stdio.h>
#include<stdlib.h>
void main()
{
    int s[10];                       //存放数的逆序序列
    int n,m,t;
    int i,k;
    for(;;)
    {
        printf("输入正整数 n=");
        scanf("%d",&n);
        if(n<2||n>2147483647)
        {
            printf("The End.\n");
            exit(0);
        }
```

```
for(;;)
{
    k = 1 + (n > 9) + (n > 99) + (n > 999) + (n > 9999) + (n > 99999) +
        (n > 999999) + (n > 9999999) + (n > 99999999) + (n > 999999999);    //求位数
    for(t = n,i = 0;i < k;i++)          //按逆序放
    { s[k - i - 1] = t % 10;
      t/ = 10;
    }
    for(i = 0;i < k/2;i++)              //检查是否是回文数
      if(s[i]!= s[k - i - 1]) break;
    if(i > = k/2) break;               //是回文数
    for(m = 0,t = n,i = 0;i < k;i++)    //求 n 的逆序数 m
    {
        m = 10 * m + t % 10;
        t/ = 10;
    }
    if(m < 0 || m + n < 0)             //数据太大,数据越界时为负数的补码
    {
        printf("越界\n");
        break;
    }
    else                               //n 变为原先 n + m 的值,重新计算
    {
        printf(" % d + % d = % d\n",n,m,m + n);
        n + = m;
    }
}
}
}
```

执行结果:

```
输入正整数n=1234567891
越界
输入正整数n=123
123 +321 =444
输入正整数n=456
456 +654 =1110
1110 +111 =1221
输入正整数n=98746512
98746512 +21564789 =120311301
120311301 +103113021 =223424322
输入正整数n=456789
456789 +987654 =1444443
1444443 +3444441 =4888884
```

【例 5-16】 打印变形的杨辉三角,输出 10 行。

```
            1
          1   1
        1   2   1
      1   3   3   1
    1   4   6   4   1
```

分析:每行数字左右对称,由1开始逐渐变大,然后变小,回到1。第 n 行的数字个数为 n 个。从第 3 行起每个数字等于上一行的左右两个数字之和。

实现代码：

```c
#include "stdio.h"
void main()
{
  int a[10][10],i,j;
  for(i=0;i<10;i++)
    {
     a[i][0]=1;
     a[i][i]=1;
    }
  for(i=2;i<10;i++)
   for(j=1;j<i;j++){
    a[i][j]=a[i-1][j-1]+a[i-1][j];
   }
  for(i=0;i<10;i++){
    for(j=0;j<=10-i;j++)
     printf(" ");
    for(j=0;j<=i;j++)
    printf("%5d",a[i][j]);
    printf("\n");
    }
  }
```

执行结果：

```
                1
              1   1
            1   2   1
          1   3   3   1
        1   4   6   4   1
      1   5  10  10   5   1
    1   6  15  20  15   6   1
  1   7  21  35  35  21   7   1
1   8  28  56  70  56  28   8   1
1   9  36  84 126 126  84  36   9   1
```

【例 5-17】 编程将一个 16 位的二进制数转换为十进制数输出。二进制数的最高位为符号位，1 表示负数，0 表示正数。要求程序运行时输入的二进制数不得少于 5 个。

解题思路：二进制数字以字符串形式输入，然后从低位开始，根据其位权（如第 n 位的位权是 2^{n-1}）逐位计算并累加，从而得到其十进制数。

实现代码：

```c
#include <string.h>
#include <stdio.h>
void main()
{
    char s[17];
    int i;
    int d,k;
    while(1)
    {
        printf("Input 16 binary string: ");
        scanf("%s",s);
```

循环控制

```
        if(strlen(s)!= 16)
        {
            printf("The End.\n");
            break;
        }
        for(i = 0;i < 16;i++)
            if(s[i]!= '0' && s[i]!= '1')
            {   printf("Error!\n");
                break;
            }
        for(d = 0,k = 1,i = 15;i > 0;i--)
        {
            d += (s[i] - '0') * k;
            k *= 2;                       //位权
        }
        if(s[0] == '1') d = - d;
        printf("d = %d\n",d);
    }
}
```

执行结果:

```
Input 16 binary string: 0111111111111111
d= 32767
Input 16 binary string: 1111111111111111
d= -32767
Input 16 binary string: 0000000000001111
d= 15
Input 16 binary string: 1000000000001111
d= -15
Input 16 binary string: 0
The End.
```

本 章 小 结

(1)循环结构是结构化程序设计控制流程中比较重要的一种,大多数数学上有规律的问题都需要循环来解决。重点和难点是如何抽象出循环体。

(2)我们所学习的三种循环,主要分两种情况:一是循环次数已知,大多用 for 循环;二是循环次数未知,大多用 while 循环。一定要注意循环开始和结束的边界值。

(3)break 语句使循环次数可能减少,提前结束循环;continue 语句只是提前结束本次循环,总的循环次数不减少,能够加速循环。

(4)循环可以嵌套,但必须完整嵌套,不允许交叉嵌套。

习 题 5

1. 选择题

(1)以下程序的输出结果是(   )。

```
#include<stdio.h>
void main()
```

```
{ int n = 6;
while(n -- )
printf(" % d", -- n);
}
```

    A. 420   B. 310   C. 320   D. 220

(2) 当执行以下程序段时,(　　)。

```
x = - 1;
do
  {x = x * x; }
    while (!x);
```

    A. 循环体将执行一次   B. 循环体将执行两次

    C. 循环体将执行无数多次   D. 系统将提示有语法错误

(3) 有以下程序

```
# include < stdio. h >
int abc(int u, int v);
void main()
{
  int c, a = 24, b = 16;
  c = abc(a, b);
  printf(" % d\n", c);
}
int abc(int u, int v)
{
  int w;
  while(v)
  {w = u % v; u = v; v = w; }
  return u;
}
```

该程序的输出结果是(　　)。

    A. 6   B. 7   C. 8   D. 9

(4) 在下列选项中,没有构成死循环的程序段是(　　)。

```
A. int i = 100;                      B. for (; ; );
   while (1)
   {
     i = i % 100 + 1;
     if(i > 100) break;
   }
C. int k = 1000;                     D. int s = 36;
   do {++k; }while (k > = 10000);        while (s) ;
                                          -- s;
```

(5) 下面程序的运行结果为(　　)。

```
# include < stdio. h >
void main()
```

```
{ int n;
for(n = 1;n <= 10;n++)
{ if(n % 3 == 0)continue;
printf(" % d",n);
}
}
```

A. 12457810　　　　B. 369　　　　　　C. 12　　　　　　D. 12345678910

(6) 标有 / ** / 的语句的执行次数是（　　）。

```
int y,i;
for(i = 0;i < 20;i++)
{ if(i % 2 == 0)continue;
  y += i;  / ** /
}
```

A. 20　　　　　　　B. 19　　　　　　C. 10　　　　　　D. 9

(7) 下列程序的输出是（　　）。

```
# include < stdio. h>
void  main()
{ int i;char c;
   for(i = 0;i <= 5;i++)
      {c = getchar();putchar(c);
      }
   }
```

程序执行时从第一列开始输入以下数据，<CR>代表换行符。

u < CR>
w < CR>
xsta < CR>

A. uwxsta　　　　　B. u　　　　　　C. u　　　　　　D. u
　　　　　　　　　　w　　　　　　　w　　　　　　　w
　　　　　　　　　　x　　　　　　　xs　　　　　　xsta

(8) 下列程序的输出为（　　）。

```
# include < stdio. h>
void  main()
{   int i,j,k = 0,m = 0;
    for(i = 0;i < 2;i++)
    { for(j = 0;j < 4;j++)k++;k -= j;}
    m = i + j;
    printf("k = % d,m = % d\n",k,m);
}
```

A. k＝0,m＝3　　B. k＝0,m＝6　　C. k＝1,m＝3　　D. k＝1,m＝5

(9) 下列程序段的输出结果为（　　）。

```
# include < stdio. h>
```

```
void  main()
{ int x = 3;
    do
    { printf(" % 3d",x -= 2);}
    while(!( -- x));}
```

    A. 1   B. 3 0   C. 1 −2   D. 死循环

2. 编程求 $\sum\limits_{n=1}^{20} n!$ 。

3. 编程求 $\sum\limits_{k=1}^{100} k + \sum\limits_{k=1}^{20} k^2 + \sum\limits_{k=1}^{5} k!$ 。

4. 输出所有的"水仙花数",所谓"水仙花数"是指一个三位数,其各位数字立方的和等于该数本身。例如,153 是一水仙花数,因为 $153 = 1^3 + 3^3 + 5^3$ 。

5. 一个数恰好等于它的因子之和,这个数就称为"完数"。例如,6 的因子为 1、2、3,而 $6 = 1 + 2 + 3$,因此 6 是"完数"。编程序找出 1000 以内的所有完数。

6. 有一分数序列 2/1,3/2,5/3,8/5,13/8,21/13,…,求出这个数列的前 10 项之和。

7. 求 $Sn = a + aa + aaa + \cdots + \overbrace{aa\cdots a}^{n个a}$ 之值,其中 a 是一个数字,n 表示 a 的位数,求 a = 2,n = 5 时的值,要求 a 和 n 的值由键盘输入。

8. 输入两个正整数 m 和 n,求其最大公约数和最小公倍数。

9. 输入一行字符,分别统计出其中英文字母、空格、数字和其他字母的个数。

10. 印出以下图案。

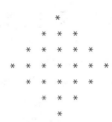

11. 试编程序,找出 1～99 之间的全部同构数。同构数是这样的一组数:它出现在平方数的右边。例如:5 是 25 右边的数,25 是 625 右边的数,5 和 25 都是同构数。

12. 用二分法求方程 $2x^3 - 4x^2 + 3x - 6 = 0$ 在 (−10,10) 之间的根。

第6章 函 数

本章导语：

有了前面对面向过程程序设计的基础，可以解决简单的问题了。那么当一个问题比较复杂时，就要将复杂问题逐步分解，分解成相对独立的模块，那么这个模块就可以用函数来实现。在 C 语言中，函数是程序的基本组成单位，因此可以很方便地用函数作为程序模块来实现 C 语言程序。利用函数不仅可以实现程序的模块化，使程序设计得简单和直观，提高程序的易读性和可维护性，而且还可以对实现某些功能的函数进行调用，增强了代码的重用性。

本章学习重点：

(1) 理解函数、形参、实参、作用域、生存期的概念。

(2) 掌握用户自定义函数的原型声明、函数定义和函数调用的方法。

(3) 理解全局变量、局部变量、静态变量的作用域和生存期。

(4) 掌握递归调用的方法。

(5) 了解利用工程管理程序的方法。

6.1 函 数 概 述

在前面已经介绍过，C 语言源程序是由函数组成的。前面各章的程序中大都只有一个主函数 main()，但实用程序往往由多个函数组成。函数就是一段功能相对独立完整的程序段。函数是 C 源程序的基本模块，通过对函数模块的调用实现特定的功能。C 语言中的函数相当于其他高级语言的子程序或过程。C 语言不仅提供了极为丰富的库函数（如 Turbo C，VC++ 6.0 都提供了几百个库函数），还允许用户建立自己定义的函数。用户可以把自己的算法编成一个个相对独立的函数模块，然后用调用的方法来使用函数。可以说 C 程序的全部工作都是由各式各样的函数完成的，所以也把 C 语言称为函数式语言。

由于采用了函数模块式的结构，C 语言易于实现结构化程序设计。使程序的层次结构清晰，便于程序的编写、阅读、调试。

在 C 语言中可从不同的角度对函数进行分类。

(1) 从函数定义的角度来看，函数可分为库函数和用户定义函数两种。

① 库函数

由 C 编译系统提供，用户无须定义，也不必在程序中作类型说明，只需在程序前包含有该函数原型的头文件即可（如＃include ＜stdio.h＞），在程序中直接调用。在前面各章的例题中反复用到 printf、scanf、getchar、putchar、gets、puts 等函数均属此类。

② 用户自定义函数

由用户按需要编写的函数。对于用户自定义函数，不仅要在程序中定义函数本身，而且在主调函数模块中还必须对该被调函数进行类型说明,然后才能使用。

(2) C 语言的函数兼有其他语言中的函数和过程两种功能,从这个角度来看,又可把函数分为有返回值函数和无返回值函数两种。

① 有返回值函数:此类函数被调用执行完后将向调用者返回一个执行结果,称为函数返回值。如数学函数即属于此类函数。由用户定义的并且要返回函数值的函数,必须在函数定义和函数声明中明确返回值的类型。

② 无返回值函数:此类函数用于完成某项特定的处理任务,执行完成后不向调用者返回函数值。这类函数类似于其他语言的过程。由于函数无须返回值,用户在定义此类函数时需指定它的返回值为"空类型",空类型的说明符为"void"。

(3) 从主调函数和被调函数之间数据传送的角度看又可分为无参函数和有参函数两种。

① 无参函数:函数定义、函数说明及函数调用中均不带参数。主调函数和被调函数之间不进行参数传送。此类函数通常用来完成一组指定的功能,可以返回或不返回函数值。

② 有参函数:也称为带参函数。在函数定义及函数说明时都有参数,称为形式参数(简称为形参)。在函数调用时也必须给出参数,称为实际参数(简称为实参)。进行函数调用时,主调函数将把实参的值传送给形参,供被调函数使用。

还应该指出的是,在 C 语言中,所有的函数定义,包括主函数 main 在内,都是平行的。也就是说,在一个函数的函数体内,不能再定义另一个函数,即不能嵌套定义。但是函数之间允许相互调用,也允许嵌套调用。习惯上把调用者称为主调函数。函数还可以自己调用自己,称为递归调用。

main 函数是主函数,它可以调用其他函数,而不允许被其他函数调用。因此,C 程序的执行总是从 main 函数开始,完成对其他函数的调用后再返回到 main 函数,最后由 main 函数结束整个程序。一个 C 源程序必须有也只能有一个主函数 main。

注意:函数使用应把握以下几方面:
- 了解要使用的函数的功能,对于库函数必须包含该函数所在的头文件。
- 在进行函数调用时,主调函数和被调函数的参数在个数、顺序和类型上必须匹配。
- 函数返回值的意义和类型。

6.2　函数的定义与调用

函数有多种定义和调用的形式,下面将详细介绍各种函数的定义和调用形式。

6.2.1　无参函数的定义形式

1. 函数的定义

这种函数的定义格式如下:

函数的定义格式说明如下：

(1) 函数名必须是合法的标识符，并且不能与其他函数或变量重名。

(2) 函数类型和函数名统称为函数头。函数类型指明了本函数返回值的数值类型。函数类型与前面介绍的各种基本数据类型和后续介绍的结构体类型说明符相同。函数名后有一个空括号，其中无参数，但括号不可少。

(3) { } 中的内容称为函数体。在函数体中的声明部分，是对函数体内部所用到的变量进行类型说明。

(4) 在很多情况下都不要求无参函数有返回值，此时函数类型符可以写为 void。

例如：我们可以改写一个函数定义：

```c
void hello()
{
    printf ("Hello,world \n");
}
```

这里，只把 main 改为 hello 作为函数名，其余不变。Hello 函数是一个无参函数，当被其他函数调用时，输出 Hello world 字符串，也没有返回值。

2. 无参函数的作用

用于完成某项特定的处理任务，执行完成后如果有返回值将返回的数值在主调函数中进行相应的处理，如果没有返回值，返回到调用处向下继续执行。

3. 函数的原型声明

C 语言规定，对自定义函数调用之前必须对其进行原型声明，否则会出现编译错误。此类函数的原型声明为：

> 函数类型 函数名();

注意：函数的原型声明是声明语句，因此后面的";"不能忘记！

4. 函数的调用

函数的调用格式为：

> 函数名();

【例 6-1】 无参函数的定义及其调用。

```c
# include<stdio.h>
void main()
{   void printstar();              //对 printstar()进行原型声明
    void print_message();         //对 print_message()进行原型声明
    printstar();                   //调用 printstar()
    print_message();              //调用 print_message()
    printstar();                   //调用 printstar()
}
void printstar()                  //定义 printstar()
{
    printf(" ******************* \n");
}
```

```
void print_message()                //定义 print_message()
{
    printf(" How do you do!\n");
}
```

执行结果：

```
*********************
  How do you do!
*********************
```

程序解释：

此程序功能比较简单，分别对两个无参函数 printstar() 和 print_message() 进行调用。调用之后返回到调用处，接着向下继续执行。函数在被调用之前必须先声明或定义。

说明：

（1）C 程序的执行是从 main 函数开始的，如果在 main 函数中又调用其他函数，在调用后流程返回到 main 函数，在 main 函数中结束整个程序的运行。

（2）所有函数都是平行的，即在定义函数时是分别进行的，是相互独立的，一个函数并不从属于另一个函数，即函数定义不能嵌套。函数间可以互相调用，只是哪个函数都不能调用 main 函数。main 函数是系统通过命令行参数调用的。

6.2.2 有参函数定义的一般形式

1. 函数的定义

这种函数的定义格式如下：

```
函数类型 函数名(形式参数表列)
{    声明部分
     语句
}
```

函数的定义格式说明如下：

（1）在形参列表中给出的参数称为形式参数（简称形参），它们可以是各种类型的变量，各参数之间用逗号间隔。

（2）在进行函数调用时，主调函数将赋予这些形式参数实际的值。形参既然是变量，那么必须在形参表中给出形参的类型说明。

（3）不允许对形参赋初值，但可以在函数的执行部分对形参赋值。

例如，定义一个函数，用于求两个数中的大数，可写为：

```
int max( int a, int b)
{
  if (a > b) return a;
  else return b;
}
```

第一行说明 max 函数是一个整型函数，其返回的函数值是一个整数。形参为 a,b 均为整型量。a,b 的具体值是由主调函数在调用时传递过来的。在函数体{}内，除形参外没有使用其他变量，因此只有语句而没有声明部分。在 max 函数体中的 return 语句是把 a（或

b)的值作为函数的值返回给主调函数。有返回值函数中至少应有一个 return 语句。

在 C 程序中,一个函数的定义可以放在任意位置,既可放在主调函数之前,也可放在主调函数之后。当被调函数定义放在主调函数之后时必须在主调函数中先对被调函数进行声明。习惯上,被调函数定义放在主调函数之后。

【例 6-2】 有参函数的定义及其调用顺序。

情形一:把 max 函数定义置在 main 之前

```
/*把 max 函数定义置在 main 之前*/
#include<stdio.h>
int max(int a,int b)              //被调函数
{
    if(a>b)return a;
    else return b;
}
void main()                       //主调函数
{
    int x,y,z;
    printf("input two numbers:\n");
    scanf("%d%d",&x,&y);
    z=max(x,y);
    printf("maxmum=%d",z);
}
```

情形二:把 max 函数定义置在 main 之后

```
/*把 max 函数定义置在 main 之后*/
#include<stdio.h>
void main()                       //主调函数
{   int max(int a,int b);
    int x,y,z;
    printf("input two numbers:\n");
    scanf("%d%d",&x,&y);
    z=max(x,y);
    printf("maxmum=%d",z);
}
int max(int a,int b)              //被调函数
{
    if(a>b)return a;
    else return b;
}
```

2. 有参函数的作用

根据形参值来进行某种事务的处理。有了形参后,主调函数可以把不同的值通过形参传递给被调函数,被调函数则可以根据形参的值来进行相应的处理。所以该类型的函数在处理实际问题的灵活性上要比无参的函数强,具有解决类似普遍问题的特殊意义。

3. 函数的原型声明

此类函数的原型声明格式为:

> 函数类型 函数名(参数类型 1 参数名 1,参数类型 2 参数名 2…参数类型 n)
> 或
> 函数类型 函数名(参数类型 1,参数类型 2, …参数类型 n)

4. 函数的调用

函数的调用格式为：

> 函数名(实参列表);

实参列表是多个用逗号分隔的表达式,这些表达式的值被称为函数的实参,即实际参数。实参可以是常量、变量、表达式、函数等,无论实参是何种类型的量,在进行函数调用时,实参要向形参传递数据,因此实参必须有确定的值,以便传给形参。

调用带参数的函数时要注意：

实参列表中的实参与被调函数的形参在个数上、顺序上、类型上要匹配。当类型不一致时,实参自动或隐式强制向形参数据类型转换。

实参与形参数据类型不同。

情形一：实参数据类型精度低于形参数据类型,实参向形参自动转换。

```
#include<stdio.h>
void main()
{    int max(int a,int b);
    char x,y,z;
    printf("input two characters:\n");
    scanf("%c%c",&x,&y);
    z=max(x,y);
    printf("maxmum=%c\n",z);
}
int max(int a,int b)
{
    if(a>b)return a;
    else return b;
}
input two characters:
ab
maxmum=b
```

情形二：实参数据类型精度高于形参数据类型,实参隐式强制转换为形参数据类型,同时编译提出警告。

```
#include<stdio.h>
void main()
{    int max(int a,int b);
    float x,y,z;
    printf("input two digits:\n");
    scanf("%f%f",&x,&y);
    z=max(x,y);
    printf("maxmum=%f\n",z);
```

```
}
int max( int a, int b)
{
    if(a>b)return a;
    else return b;
}
input two digits:
4.5   5.6
maxmum = 5.000000
```

6.3   函数的返回值

函数的返回值(简称函数值)是指函数被调用之后,执行函数体中的程序段所取得的并返回给主调函数的值。如例 6-2 中调用 max 函数返回两个数的较大值等。对函数返回值有以下一些说明:

(1) 函数的返回值只能通过 return 语句返回给主调函数。

return 语句的一般形式为:

> return 表达式;
> 或
> return (表达式);

该语句的功能是计算表达式的值,并返回给主调函数。在函数中允许有多个 return 语句,但每次调用只能有一个 return 语句被执行,因此只能返回一个函数值。

(2) 函数返回值的类型应该与函数定义类型保持一致。如果两者不一致,则以函数定义时类型为准,自动进行隐式强制类型转换。

(3) 不返回函数值的函数,应明确定义为“空类型”,类型说明符为“void”。如例 6-1 中函数 printstar 并不向主函数返回函数值,因此可定义为 void 型。

一旦函数被定义为空类型后,就不能在主调函数中使用被调函数的函数值了。例如,在定义 printstar 为空类型后,在主函数中写下述语句 sum＝printstar();是错误的。

为了使程序有良好的可读性并减少出错,凡不要求返回值的函数都应定义为 void 类型。

6.4   函数参数的传递方式

对带有参数的函数进行调用时,存在着如何将实参传递给形参的问题。根据实参传给形参值的不同,通常有传数值(传值)和传地址(传址)两种方式,本章讲传值方式,传址方式在后面章节中借助数组和指针详细讲解。

前面已经介绍过,函数的参数分为形参和实参两种。在本节中,以“传值方式”进一步介绍形参、实参的特点和两者的关系。形参出现在函数定义中,在整个函数体内都可以使用,离开该函数则不能使用。实参出现在主调函数中,进入被调函数后,实参变量也不能使用。

形参和实参的功能是作数值传递。发生函数调用时，主调函数把实参的值传递给被调函数的形参从而实现主调函数向被调函数的值传递。

函数的形参和实参在发生函数调用时具有以下特点：

（1）形参变量只有在被调用时才分配内存单元，在调用结束时，即刻释放所分配的内存单元。因此，形参只有在被调函数内部有效。函数调用结束返回主调函数后则不能再使用该形参变量。

（2）实参可以是常量、变量、表达式、函数调用等，无论实参是何种类型的量，在进行函数调用时，它们都必须具有确定的值，以便把这些值传送给形参。因此应预先用赋值、输入等办法使实参获得确定值。

（3）实参和形参在个数上、顺序上、类型上应严格一致，否则会发生不匹配的错误。

（4）函数调用中发生的值传递是单向的。即只能把实参的值传送给形参，而不能把形参的值反向地传送给实参。因此在函数调用过程中，形参值的改变影响不到实参。

【例 6-3】 交换两个数。

```
#include<stdio.h>
void main()
{    void swap(int a,int b);
     int a,b;                      //a、b 只在 main 中有效
     printf("input two numbers:\n");
     scanf("%d%d",&a,&b);
     printf("调用前:a=%d,b=%d \n",a,b);
     swap(a,b);
     printf("调用后:a=%d,b=%d \n",a,b);
}
void swap(int a,int b)            //形参 a、b 只在 swap 中有效
{
     int t;
     t=a;
     a=b;
     b=t;
     printf("swap 函数中:a=%d,b=%d \n",a,b);
}
```

执行结果：

```
input two numbers:
8 5
调用前:a=8 ,b=5
swap函数中:a=5 ,b=8
调用后:a=8 ,b=5
```

程序解释：

在 main 函数中声明函数 swap，形式参数为 int 型，返回值类型为 void。在 main 函数中又声明两个变量 a 和 b，假设 a、b 的内存地址分别为 2000 和 2004，当发生函数调用时，将实参的值也就是 2000 和 2004 地址空间里的值传给 swap 函数的形式参数 a、b。要注意的是，这两对 a、b 只是名字相同而已，它们分别代表不同的内存单元。假设 swap 中参数 a、b 的内存单元地址分别是 3000 和 3004，则函数调用参数传递如图 6-1 所示。

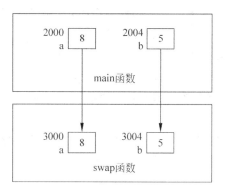

图 6-1 函数"传值"调用

通过图 6-1 可以看出在被调函数 swap 中的确实现了两个数的交换,但主调函数实参 a、b 内存单元里的内容没有改变,因此 main 函数输出结果如此。

6.5 函数的调用

6.5.1 函数调用的方式

在 C 语言中,可以用以下 3 种方式调用函数:

(1) 函数表达式:有返回值的函数调用作为表达式中的一个操作数出现在表达式中参与运算。例如 z=max(x,y)是一个赋值表达式,把 max 的返回值赋予变量 z。

(2) 函数语句:函数调用的一般形式加上分号即构成函数语句。例如 printf ("%d", a);scanf ("%d",&b);swap(a,b);都是以函数语句的方式调用函数。

(3) 函数实参:函数调用作为另一个函数调用的实际参数出现。这种情况是把该函数的返回值作为实参进行传递,因此要求该函数必须是有返回值的。例如 printf("%d",max (x,y));即是把 max 调用的返回值又作为 printf 函数的实参来使用的。在函数调用中还应该注意的一个问题是求值顺序的问题。所谓求值顺序是指对实参列表中各量是自左至右使用呢? 还是自右至左使用? 对此,各系统的规定不一定相同。需要实际上机操作判断结合性。

【例 6-4】 函数调用作函数的实参。

```c
#include<stdio.h>
void main()
{   int max(int a,int b);
    int a,b,c,z;
    printf("input three numbers:\n");
    scanf("%d%d%d",&a,&b,&c);
    z=max(max(a,b),c);          //函数调用的返回值作为函数的实参
    printf("最大的数是%d\n",z);
}
int max(int a,int b)
{
    return a>b?a:b;
}
```

执行结果：

```
input three numbers:
8 9 6
最大的数是9
```

说明：函数调用如果没有返回值，加个分号就是函数调用语句；如果函数有返回值，就与函数类型相同的变量一样使用，只是形式为"标识符（实参）"罢了。

6.5.2 函数的嵌套调用

C语言中不允许做嵌套的函数定义。因此各函数之间是平行的，只是有主调函数和被调函数之分。但是C语言允许在一个函数的定义中出现对另一个函数的调用。这样就出现了函数的嵌套调用。即在被调函数中又调用其他函数。这与其他语言的子程序嵌套的情形是类似的。其关系可如图6-2所示。

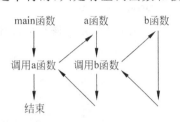

图 6-2　函数的嵌套调用

图 6-2 表示了两层嵌套的情形。其执行过程是：执行 main 函数中调用 a 函数的语句时，即转去执行 a 函数，在 a 函数定义中调用 b 函数时，又转去执行 b 函数，b 函数执行完毕返回 a 函数的断点继续执行，a 函数执行完毕返回 main 函数的断点继续执行。

【例 6-5】 计算三个数中最大数与最小数的差。

本题中用户需要编写三个自定义函数，第一个是求三个数最大数的函数 max，第二个是求三个数最小数的函数 min，第三个是求三个数中最大数与最小数的差的函数 diff。主函数 main 调用 diff 求三个数中最大数与最小数的差，而在 diff 中需要以这三个数为实参，调用 max 求出最大值，然后以这三个数为实参，调用 min 求出最小值，返回到 diff 继续执行，再返回主函数。

源程序：

```c
# include < stdio. h >
int diff( int x, int y, int z);
int max( int x, int y, int z);
int min( int x, int y, int z);
void main( )
{    int a,b,c,d;
     printf("Enter three numbers:\n");
     scanf(" %d %d %d",&a, &b,&c);
     d = diff(a,b,c);
     printf("Difference is %d\n",d);
}
int diff(int x, int y, int z)        //求三个数中的最大数与最小数的差
{
     return max(x,y,z) – min(x,y,z);
}
int max(int x, int y, int z)        //求三个数中的最大数
{
     int r;
     r = x > y?x:y;
     return r > z?r:z;
```

```
}
int min(int x, int y, int z)          //求三个数中的最小数
{
    int r;
    r = x < y?x:y;
    return r < z?r:z;
}
```

执行结果:

```
Enter three numbers:
15 56 45
Difference is 41
```

用图 6-3 表示求函数值 diff 的嵌套调用。

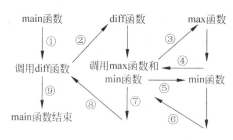

图 6-3　嵌套调用

在程序中,函数 diff、max 和 min 都在主函数之前声明,在主函数之后进行定义,故在主函数中可以直接进行调用。经过图 6-3 所示过程,由函数的嵌套调用实现了题目的要求。

6.5.3　函数的递归调用

一个函数在它的函数体内直接或间接调用它自身称为递归调用。这种函数称为递归函数。C 语言允许函数的递归调用。递归调用有直接递归和间接递归两种。所谓直接递归是指函数 f 直接调用自身,即主调函数也是被调函数。而间接递归是指函数 f1 通过另一个函数 f2 去调用 f1。直接递归和间接递归调用的示意图如图 6-4 和图 6-5 所示。

图 6-4　直接递归调用

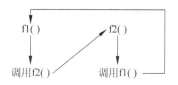

图 6-5　间接递归调用

例如有函数 f 如下:

```
int f(int x)
{
    int y;
    z = f(y);
    return z;
}
```

这个函数是一个递归函数。但是运行该函数将无休止地调用其自身，这当然是不正确的。为了防止递归调用无终止地进行，必须在函数内有终止递归调用的条件。常用的办法是加条件判断，满足某种条件后就不再作递归调用，然后逐层返回即回推赋值。下面举例说明递归调用的执行过程。

【例 6-6】 用递归法计算 n!

用递归法计算 n! 可用下述公式表示：

$$n! = \begin{cases} 1 & (n=0,1) \\ n*(n-1)! & (n>1) \end{cases}$$

按公式可编程如下：

```c
#include<stdio.h>
long fact(int n);
void main()
{
    int n;
    long y;
    printf("\ninput a inteager number:\n");
    scanf("%d",&n);
    y=fact(n);
    printf("%d!=%ld\n",n,y);
}
long fact(int n)
{
    long f;
    if(n<0) printf("n<0,input error");
    else if(n==0||n==1) f=1;
    else f=fact(n-1)*n;
    return(f);
}
```

执行结果：

```
input a inteager number:
4
4!=24
```

程序中给出的函数 fact 是一个递归函数。主函数调用 fact 后即进入函数 fact 执行，如果 n<0,n==0 或 n==1 时都将结束函数的执行，否则就递归调用 fact 函数自身。由于每次递归调用的实参为 n−1，即把 n−1 的值赋予形参 n，最后当 n−1 的值为 1 时再作递归调用，形参 n 的值也为 1，将使递归终止。然后可逐层退回，回推赋值。

下面再举例说明该过程。设执行本程序时输入为 4，即求 4!。在主函数中的调用语句即为 y=fact(4)，进入 fact 函数后，由于 n=4，不等于 0 或 1，故应执行 f=fact(n−1)*n，即 f=fact(4−1)*4。该语句对 fact 作递归调用即 fact(3)。

进行 4 次递归调用后，fact 函数形参取得的值变为 1，故不再继续递归调用而开始逐层返回主调函数。fact(1)的函数返回值为 1，fact(2)的返回值为 1*2=2，fact(3)的返回值为 2*3=6，最后 fact(4)的返回值为 6*4=24。

上述递归调用和回推赋值借助于堆栈形象地用图 6-6 表示。

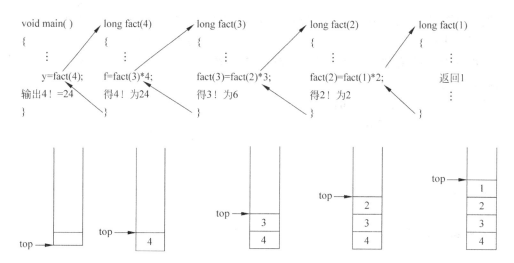

图 6-6　递归调用及堆栈变化示意图

例 6-6 也可以不用递归的方法来完成。如可以用递推法,即从 1 开始乘以 2,再乘以 3,……,直到 n。递推法比递归法更容易理解和实现。但是有些问题则只能用递归算法才能实现。典型的问题是 Hanoi 塔问题。见后面的进阶篇。

6.6　变量的作用域和生命周期

在讨论函数的形参变量时曾经提到,形参变量只在被调用期间才分配内存单元,调用结束立即释放。这一点表明形参变量只有在被调函数内才是有效的,离开该函数就不能再使用了。这种变量有效性的范围称为变量的作用域。不仅对于形参变量,C 语言中所有的变量都有自己的作用域。变量说明的方式不同,其作用域也不同。C 语言中的变量,按作用域范围可分为两种,即局部变量和全局变量。

程序中的变量都要占用一定的内存空间,但并不是所有的变量在程序开始执行时就占用内存。为了节省内存的使用,程序在运行过程中,只有在必要时才为变量分配内存。当变量占用内存时,变量才被生成。当变量不再有用时,程序将释放变量所占用的内存,变量就撤销了。变量从定义开始分配存储单元,到运行结束存储单元被收回,整个过程称为变量的生命周期。实际上就是变量占用内存的时间。

变量只能在其生命周期内被引用,变量的作用域直接影响变量的生命周期。作用域和生命周期是从空间和时间的角度来实现变量的特性的。

6.6.1　局部变量的作用域和生命周期

局部变量也称为内部变量。局部变量是在函数或复合语句内作定义说明的。其作用域仅限于函数内或复合语句内,离开作用域后再使用这种变量是非法的。局部变量生命周期是从函数或复合语句内变量定义分配内存时刻到函数调用结束或复合语句结束的时刻(静态局部变量除外)。一般来说,函数在被调用执行时,局部变量才被生成,当函数返回时,局部变量将被撤销。

例如：

```
int f1(int a)        /* 函数 f1 */
{
    int b,c;                a,b,c 有效
    …
}
int f2(int x)        /* 函数 f2 */
{
    int y,z;                x,y,z 有效
    …
}
void main()
{
    int m,n;                m,n 有效
    …
}
```

在函数 f1 内定义了三个变量，a 为形参，b,c 为一般变量。在 f1 的范围内 a,b,c 有效，或者说 a,b,c 变量的作用域限于 f1 内。同理，x,y,z 的作用域限于 f2 内。m,n 的作用域限于 main 函数内。关于局部变量的作用域还要说明以下 4 点：

（1）主函数中定义的变量也只能在主函数中使用，不能在其他函数中使用。同时，主函数中也不能使用其他函数中定义的变量。因为主函数也是一个函数，它与其他函数是平行关系。这一点是与其他语言不同的，应予以注意。

（2）形参变量是属于被调函数的局部变量，实参变量是属于主调函数的局部变量。

（3）允许在不同的函数中使用相同的变量名，因为它们属于不同的作用域，分配不同的内存单元，互不干扰，也不会发生混淆。如在前例中，形参和实参的变量名都为 n，是完全允许的。

（4）在复合语句中也可定义变量，其作用域只在复合语句范围内。

例如：

```
#include<stdio.h>
void main()
{
    int s,a;
    …
    {
      int b;
      s=a+b;
      …                      /* b 作用域 */
    }
    …                        /* s,a 作用域 */
}
```

【例 6-7】 局部变量的作用域。

```
#include<stdio.h>
void subf();
void main()
```

```
{
    int a,b;
    a = 3,b = 4;
    printf("main:a = % d,b = % d\n",a,b);
    subf();
    printf("main:a = % d,b = % d\n",a,b);
}
void subf()
{   int a,b;
    a = 6,b = 7;
    printf("subf:a = % d,b = % d\n",a,b);
}
```

执行结果:

```
main:a = 3,b = 4
subf:a = 6,b = 7
main:a = 3,b = 4
```

本程序在 main 中定义了 a,b 两个变量分别赋值为 3 和 4,这两个变量的作用域为 main 函数。而在 main 中又调用了 subf 函数,在 subf 函数内又定义两个变量 a,b,当发生函数调用时才为 subf 内的 a,b 分配内存单元,此程序赋值为 6 和 7,当执行完输出语句后,subf 执行完,此时 subf 内的 a,b 内存撤销,生存期结束。因此 main 中的 a,b 两个变量仍然是原先的值。由 main 定义的 a,b 只在 main 中起作用,而在 subf 内定义的 a,b 只在 subf 内起作用。因此 main 中的 a,b 与 subf 中 a,b 互不干扰,因此输出此结果,如图 6-7 所示。

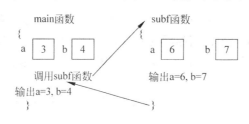

图 6-7　例 6-7 执行过程

6.6.2　全局变量的作用域和生命周期

全局变量也称为外部变量,它是在函数外部定义的变量。它不属于哪一个函数,它属于一个源程序文件或一个工程中多个源文件,本章介绍属于一个源程序文件的全局变量。其作用域是从全局变量定义处到程序文件的末尾,其生命周期与程序相同。

【例 6-8】　全局变量的作用域。

```
# include < stdio.h >
int a = 1,b = 2;                /* 全局变量 */
void f1()                       /* 函数 f1 */
{
    printf("a = % d,b = % d\n",a,b);
}
float x = 3,y = 4;              /* 全局变量 */
void f2()                       /* 函数 f2 */
```

```
{
    printf("x = % f,y = % f\n",x,y);
}
void main()                          / * 主函数 * /
{
    f1();
    f2();
    printf("a = % d,b = % d\n",a,b);
    printf("x = % f,y = % f\n",x,y);
}
```

执行结果：

```
a=1,b=2
x=3.000000,y=4.000000
a=1,b=2
x=3.000000,y=4.000000
```

从上例可以看出 a、b、x、y 都是在函数外部定义的外部变量,都是全局变量。但 x,y 定义在函数 f1 之后,而在 f1 内又没有对 x,y 的说明,所以它们在 f1 内无效。a,b 定义在源程序最前面,因此在函数 f1,f2 及 main 内不加说明也可使用。

【例 6-9】 输入正方体的长宽高 long,width,height。求体积及三个面 x * y,x * z,y * z 的面积。

```
# include < stdio. h >
int s1,s2,s3;
int vs( int a,int b,int c)
{
    int v;
    v = a * b * c;
    s1 = a * b;
    s2 = b * c;
    s3 = a * c;
    return v;
}
void main()
{
    int v,long,width,height;
    printf("\ninput length,width and height\n");
    scanf(" % d % d % d",&long,&width,&height);
    v = vs(long,width,height);
    printf("\nv = % d,s1 = % d,s2 = % ad,s3 = % d\n",v,s1,s2,s3);
}
```

执行结果：

```
input length,width and height
3 4 5

v=60,s1=12,s2=20,s3=15
```

对于全局变量需要说明：

(1)利用全局变量可以实现从被调函数返回多个值的功能,本例中相当于从被调函数 vs 中返回 s1、s2、s3 和 v 四个值,但这样加强了函数模块间的数据联系,使模块间的耦合性增强,因而使得这些函数的独立性降低。因此从模块化程序设计的"高内聚,低耦合"要求出发除非迫不得已,否则一般不用全局变量。

(2) 在同一源文件中,允许局部变量和全局变量同名。在局部变量的作用域(函数或复合语句)内,全局变量将被屏蔽而不起作用,要引用全局变量,则必须在变量名前面加上域解析符"::"(两个冒号)。

【例6-10】 外部变量与局部变量同名。

```
# include < stdio.h>
int a = 3, b = 5;                    / * a,b 为全局变量 * /
int max(int a, int b)                / * a,b 为局部变量 * /
{   int c;
    c = a > b?a:b;
    return(c);
}
void main()
{   int a = 8;
    printf(" % d\n", max(a,b));      //传的实参a是8,此时这个a屏蔽了全局变量a
    printf("part: a = % d\n",a);     //输出的是 main 中的局部变量
    printf("global: a = % d\n",::a); //输出的是全局变量

}
```

执行结果:

```
8
part: a=8
global: a=3
```

6.7 变量的存储类别

6.7.1 动态存储方式与静态存储方式

前面已经介绍了,从变量的作用域(即从空间)角度来分,可以分为局部变量和全局变量。

另一个角度,从变量值存在的操作时间(即生命周期)角度来分,可以分为动态存储方式和静态存储方式。

动态存储方式:是在程序运行期间,根据需要才动态地分配存储空间使用完毕即释放。如经常使用的复合语句块内定义的变量和函数的参数等。

静态存储方式:通常是在变量定义时就分配内存单元并一直保持不变,直至整个程序结束。前面的全局变量就属于静态存储方式。

针对两种不同的存储方式,C语言对内存储区的管理方式不同,动态存储区是使用堆栈来管理的,为函数动态分配和回收存储单元。而静态存储区相对固定,管理简单,它用于存放全局变量和静态变量,如图6-8所示。

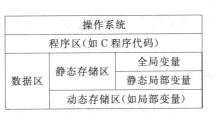

系统存储区	操作系统		
	程序区(如 C 程序代码)		
用户存储区	数据区	静态存储区	全局变量
			静态局部变量
		动态存储区(如局部变量)	

图 6-8 C 程序存储空间分布

全局变量全部存放在静态存储区,在程序开始执行时给全局变量分配存储区,程序执行完毕就释放。在程序执行过程中它们占据固定的存储单元,而不动态地进行分配和释放。

动态存储区存放以下数据:

(1) 函数形式参数;

(2) 自动变量(未加 static 声明的局部变量);

(3) 函数调用时的现场保护和返回地址;

对以上这些数据,在函数开始调用时分配动态存储空间,函数结束时释放这些空间。

在 C 语言中,对变量的存储类型说明有以下 4 种:

- auto(自动型);
- register(寄存器型);
- extern(外部型);
- static(静态型)。

auto(自动型)和 register(寄存器型)变量属于动态存储类别,extern(外部型)和 static(静态型)变量属于静态存储类别。现在变量的完整说明形式应为:

存储类别说明符 数据类型 变量名1,变量名2,…,变量名 n;

6.7.2 auto 变量

函数中的局部变量,如不专门声明为 static 存储类别,都是动态地分配存储空间的,数据存储在动态存储区中。函数中的形参和在函数中定义的变量(包括在复合语句中定义的变量)都属此类,在调用该函数时系统会给它们分配存储空间,在函数调用结束时就自动释放这些存储空间。这类局部变量称为自动变量。自动变量用关键字 auto 作存储类别的声明。关键字 auto 可以省略,auto 不写则隐含定为"自动存储类别",属于动态存储方式。

auto 变量的定义格式为:

[auto] 数据类型说明符 变量名1,变量名2,…,变量名 n;

例如:

```
int f(int a)                        /* 定义 f 函数,a 为参数 */
{ auto int b,c = 3;                  /* 定义 b,c 自动变量 */
  …
}
```

a 是形参，b、c 是自动变量，对 c 赋初值 3。执行完 f 函数后，自动释放 a、b、c 所占的存储单元。

6.7.3　用 static 声明局部变量

有时希望函数中的局部变量的值在函数调用结束后不消失而保留原值，这时就应该指定局部变量为"静态局部变量"，用关键字 static 进行声明。

【例 6-11】　考察静态局部变量的值。

```
# include < stdio. h >
int f( int a)
{   auto int b = 0;
    static int c = 3;
    b = b + 1;
    c = c + 1;
    return(a + b + c);
}
void main()
{ int a = 2, i;
    for(i = 0; i < 3; i++)
      printf(" % d ", f(a));
}
```

执行结果：

```
7  8  9
```

对静态局部变量的说明：

（1）静态局部变量属于静态存储类别，在静态存储区内分配存储单元。在程序整个运行期间都不释放。而自动变量（即动态局部变量）属于动态存储类别，占动态存储空间，函数调用结束后即释放。

（2）静态局部变量在编译时赋初值，即只赋初值一次；而对自动变量赋初值是在函数调用时进行，每调用一次函数重新给一次初值，相当于执行一次赋值语句。

（3）如果在定义局部变量时不赋初值的话，则对静态局部变量来说，编译时自动赋初值 0（对数值型变量）或 '\0'（对字符变量）。而对自动变量来说，如果不赋初值则它的值是一个不确定的机器数。

【例 6-12】　打印 1～5 的阶乘值。

```
# include < stdio. h >
int fac( int n)
{ static int f = 1;
    f = f * n;
    return(f);
}
void main()
{ int i;
    for(i = 1; i < = 5; i++)
    printf(" % d != % d\n", i, fac(i));
}
```

执行结果：

```
1!=1
2!=2
3!=6
4!=24
5!=120
```

6.7.4　register 变量

上述各变量都存放在存储器内,因此当对一个变量频繁读写时,必须要反复访问内存储器,从而花费大量的存取时间。为此,C 语言提供了另一种变量——寄存器变量。这种变量在 CPU 的寄存器中,使用时,不需要访问内存,而直接从寄存器中读写,这样可提高效率。寄存器变量的说明符是 register。对于循环次数较多的循环控制变量及循环体内反复使用的变量均可定义为寄存器变量。

【例 6-13】　使用寄存器变量。

```
# include < stdio.h>
int fac(int n)
{    register int i,f = 1;
     for(i = 1;i < = n;i++)
         f = f * i;
     return(f);
}
void main()
{    int i;
     for(i = 0;i < = 5;i++)
         printf(" % d!= % d\n",i,fac(i));
}
```

说明：

(1) 只有局部自动变量和形式参数可以作为寄存器变量。

(2) 一个计算机系统中的寄存器数目有限,不能定义任意多个寄存器变量。

局部静态变量不能定义为寄存器变量。

6.8　* 函数的进阶应用

利用三种基本控制结构能解决许多问题,将解决的问题抽象出模块即函数,真正实现面向函数的编程,提高代码的重用性。

【例 6-14】　用牛顿迭代法求方程的根。方程 $ax^3 + bx^2 + cx + d = 0$,系数 a、b、c、d 由主函数输入。求 x 在 1 附近的一个实根。求出根之后由主函数输出,函数曲线如图 6-9 所示。

牛顿迭代法：设 x_k 是方程 $f(x) = 0$ 的精确解 x^* 附近的一个近似解,过点 $p_k(x_k,f(x_k))$ 作 $f(x)$ 的切线。该切线方程为 $y = f(x_k) + f'(x_k)(x - x_k)$。它与 x 轴的交点是方程 $f(x_k) + f'(x_k)(x - x_k) = 0$ 的解,为 $x_{k+1} = x_k - \dfrac{f(x_k)}{f'(x_k)}$。这就是牛顿迭代法,牛顿迭代法比一般的迭代法收敛速度快。

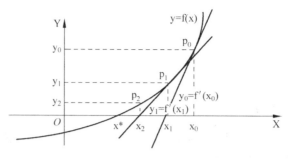

图 6-9　函数曲线

下面建立本题的迭代公式：

$f(x) = ax^3 + bx^2 + cx + d = 0$ 可求得 $f'(x) = 3ax^2 + 2bx + c$,根据牛顿迭代法公式得到本题的迭代公式：$x = x - \dfrac{ax^3 = bx^2 + cx + d}{3ax^2 + 2bx + c}$,设解的精度为 10^{-6}。

程序代码：

```c
#include <stdio.h>
#include <math.h>
float fun(float a,float b,float c,float d);
void main()
{
    float a,b,c,d;
    printf("a,b,c,d=");
    scanf("%f,%f,%f,%f",&a,&b,&c,&d);
    printf("x=%10.7f\n",fun(a,b,c,d));
}
float fun(float a,float b,float c,float d)
{
    float x=1,y;
    do
    {
        y=x;
        x=x-(a*x*x*x+b*x*x+c*x+d)/(3*a*x*x+2*b*x+c);
    }while(fabs(x-y)>=0.0000001);
    return x;
}
```

执行结果：

```
a,b,c,d=1,-3,-1,3
x= 1.0000000

a,b,c,d=0,1,-2,1
x=-1.#IND000
```

在调用 fun()函数时因为为 0,产生错误结果。

【例 6-15】 用梯形法求 $\displaystyle\int_a^b \sqrt{4-x^2}\, dx$ 的定积分,如图 6-10 所示。

定积分 $I = \displaystyle\int_a^b f(x)dx$ 的几何意义是计算 $y = f(x)$ 和直线 $y = 0$、$x = a$、$x = b$ 所围成的面

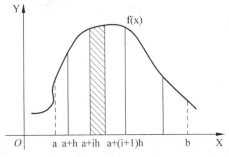

图 6-10　梯形法求定积分

积。利用牛顿-莱布尼茨公式 $\int_a^b f(x)dx = F(b) - F(a)$ 原函数 $F(x)$ 比较难确定，梯形法是一种简单的求定积分的近似方法。将曲顶梯形等分成宽为 h 的许多小曲顶梯形，当 h 很小时，每个小的曲顶梯形就可以看成是梯形，则第 i 个小梯形的面积为：

$$s_i = \frac{h}{2}[f(a+ih) + f(a+(i+1)h)]$$

令：$h = (b-a)/n$

于是有：$s = \sum_{i=0}^{n} \frac{h}{2}[f(a+ih) + f(a+(i+1)h)]$，当 n 较大时，定积分 s 可以近似地表示为：

$$s \approx \frac{h}{2}[f(a) + f(a+h) + f(a+2h) + \cdots + f(a+(n-1)h) + f(b)]$$

$$= \frac{h}{2}[f(a) + f(b)] + h\sum_{i=1}^{n-1} f(a+ih)$$

改写为迭代形式：

$$s = 0.5 * h * (f(a) + f(b))$$
$$s = s + h * f(a+i*h) \quad （控制：i=1；i \leq n-1；i++）$$

根据上述分析求定积分 $\int_a^b \sqrt{4-x^2}\,dx$。

实现代码：

```
#include <stdio.h>
#include <math.h>
void main()
{
    int i,n;
    float a,b;
    double s,h;
    printf("a,b,c = ");
    scanf("% f,% f,% d",&a,&b,&n);
    h = (b-a)/n;
    s = 0.5 * h * (sqrt(4.0-a*a) + sqrt(4.0-b*b));
    for(i = 1;i <= n-1;i++)
        s += sqrt(4.0-(a+i*h)*(a+i*h)) * h;
    printf("the value is % lf\n",s);
}
```

127

第 6 章

函数

执行结果：

```
a,b,c=0,2,1000
the value is 3.141555
```

再执行结果：

```
a,b,c=0,2,10000
the value is 3.141591
```

【例 6-16】 给出年、月、日,计算该日是这一年的第几天。

分析：根据输入的年份判断是否是闰年,根据输入的月份判断该年该月天数,根据输入的日期求出是该年的第几天。为此自定义 3 个函数 f()、mday()、yday()。

实现代码：

```c
#include <stdio.h>
int f(int y)                            //判断闰年
{
    return (y % 4 == 0 && y % 100!= 0 || y % 400 == 0);
}
int mday(int y, int m)                  //求出该月天数
{
    return 31 - ((m==4) + (m==6) + (m==9) + (m==11)) - (3 - f(y)) * (m==2);  //第 m 月的天数
}
int yday(int y, int m, int d)           //求出该天是该年的第多少天
{
    return (31 * ((m>1) + (m>3) + (m>5) + (m>7) + (m>8) + (m>10))
        + 30 * ((m>4) + (m>6) + (m>9) + (m>11)) + (28 + f(y) * (m>2)) + d);
    //这一天经历了完整的月份的总天数再加上输入的日期
}
void main()
{
    int y,m,d;                          //y 代表年份、m 代表月份、d 代表日期
    for(;;)
    {
        printf("Please Input y,m,d");
        scanf("%d, %d, %d",&y,&m,&d);
        if(m<1 || m>12 || d<1 || d>mday(y,m))  //日期合法性检验
        {
            printf("data error!\n");
            break;
        }
        printf("是 %d 年的第 %d 天\n",y,yday(y,m,d));
    }
}
```

【例 6-17】 函数的递归调用 Hanoi 塔问题。

一块板上有三根柱子 A、B、C。柱子 A 上套有 64 个大小不等的圆盘,大的在下,小的在上。要把这 64 个圆盘从柱子 A 移到柱子 C 上,每次只能移动一个圆盘,移动可以借助柱子 A、B、C 进行。但在任何时候,任何柱子上的圆盘都必须保持大盘在下,小盘在上。求移动的步骤。

递归满足两个条件：

(1) 有反复执行的过程(调用自身)。

(2) 有跳出反复执行过程的条件(递归出口)。

本题算法分析如下(设 A 上有 n 个盘子)：

如果 n＝1,则将圆盘从 A 直接移动到 C。

如果 n＝2,则：

(1) 将 A 上的 n－1(等于 1)个圆盘移到 B 上；

(2) 再将 A 上的一个圆盘移到 C 上；

(3) 最后将 B 上的 n－1(等于 1)个圆盘移到 C 上。

如果 n＝3,则：

(1) 将 A 上的 n－1(等于 2,令其为 n′)个圆盘移到 B(借助于 C),步骤如下：

① 将 A 上的 n′－1(等于 1)个圆盘移到 C 上。

② 将 A 上的一个圆盘移到 B。

③ 将 C 上的 n′－1(等于 1)个圆盘移到 B。

(2) 将 A 上的一个圆盘移到 C。

(3) 将 B 上的 n－1(等于 2,令其为 n′)个圆盘移到 C(借助 A),步骤如下：

① 将 B 上的 n′－1(等于 1)个圆盘移到 A。

② 将 B 上的一个圆盘移到 C。

③ 将 A 上的 n′－1(等于 1)个圆盘移到 C。

到此,完成了三个圆盘的移动过程。

从上面分析可以看出,当 n 大于等于 2 时,移动的过程可分解为以下三个步骤：

第一步　把 A 上的 n－1 个圆盘移到 B 上。

第二步　把 A 上的一个圆盘移到 C 上。

第三步　把 B 上的 n－1 个圆盘移到 C 上；其中第一步和第三步是雷同的。

当 n＝3 时,第一步和第三步又分解为雷同的三步,即把 n′－1 个圆盘从一个柱子移到另一个柱子上,这里的 n′＝n－1。显然这是一个递归过程,据此算法可编程如下：

```c
#include<stdio.h>
void move(int n,int x,int y,int z)
{   if(n==1)
        printf("%c-->%c\n",x,z);
    else
    {
        move(n-1,x,z,y);
        printf("%c-->%c\n",x,z);
        move(n-1,y,x,z);
    }
}
void main()
{
    int h;
    printf("\ninput number:\n");
```

```
        scanf(" % d",&h);
        printf("the step to moving % 2d diskes:\n",h);
        move(h,'a','b','c');
}
```

从程序中可以看出,move 函数是一个递归函数,它有 4 个形参 n、x、y、z。n 表示圆盘数,x、y、z 分别表示三根柱子。move 函数的功能是把 x 上的 n 个圆盘移动到 z 上。当 n=1 时,直接把 x 上的圆盘移至 z 上,输出 x→z。如 n!=1 则分为三步:递归调用 move 函数,把 n−1 个圆盘从 x 移到 y;输出 x→z;递归调用 move 函数,把 n−1 个圆盘从 y 移到 z。在递归调用过程中 n=n−1,故 n 的值逐次递减,最后 n=1 时,终止递归,逐层返回。当 n=4 时程序运行结果为:

```
input number:
4
the step to moving 4 diskes:
a→b
a→c
b→c
a→b
c→a
c→b
a→b
a→c
b→c
b→a
c→a
b→c
a→b
a→c
b→c
```

本 章 小 结

(1) 函数是组成 C 程序的基本单位,本章重点讲解有返回值和无返回值函数、有参和无参函数的使用。读者必须清楚有参函数的使用,当发生函数调用时,实参向形参传值,传值是单向的,即形参值的改变不影响实参。再就是函数的返回值,通过 return 语句返回的数值类型如果与函数定义时的类型不一致,则以函数类型为准。

(2) 变量的作用域:当全局变量与局部变量重名时,在函数内局部变量屏蔽全局变量,如果想使用全局变量用":: "。

(3) 存储类别:静态和动态存储类别。掌握 auto 和 static 的使用。主要区别是静态存储类别变量内存占用时间长,直到程序结束,该变量仅初始化一次。而动态存储,作用域一结束就释放内存,原值也丢失。

习　题　6

1. 选择题

(1) C语言是由(　　)构成的。

　　A. 主程序和子程序

　　B. 主函数和若干子函数

　　C. 一个主函数和一个其他函数

　　D. 主函数和子程序

(2) 以下说法中正确的是(　　)。

　　A. C语言程序总是从第一个函数开始执行

　　B. 在C语言程序中,要调用的函数必须在main()函数中定义

　　C. C语言程序总是从main()函数开始执行

　　D. C语言程序中的main()函数必须放在程序的开始部分

(3) 关于return语句,下列正确的说法是(　　)。

　　A. 在主函数和其他函数中均要出现

　　B. 必须在每个函数中出现

　　C. 可以在同一个函数中出现多次

　　D. 只能在除主函数之外的函数中出现一次

(4) 若有以下函数调用语句：fun(a+b,(x,y),fun(n+k,d,(a,b)));在此函数调用语句中实参的个数是(　　)。

　　A. 3　　　　　　　B. 4　　　　　　　C. 5　　　　　　　D. 6

(5) 在调用函数时,如果实参是基本数据类型变量,它与对应形参之间的数据传递方式是(　　)。

　　A. 地址传递

　　B. 单向值传递

　　C. 由实参传给形参,再由形参传回实参

　　D. 传递方式由用户指定

(6) 以下程序的输出结果是(　　)。

```
int fun(int x, int y, int z)
{ return z = x * x + y * y; }
void main()
{
    int a = 31;
    fun(5,2,a);
    printf("% d",a);
}
```

　　A. 0　　　　　　　B. 29　　　　　　　C. 31　　　　　　　D. 无定值

(7) int　fib(int　n)
　　　{

```
    if(n > 2)  return(fib(n - 1) + fib(n - 2));
    else   return(2);
}
void main()
{
    printf(" % d\n",fib(3));
}
```

该程序的输出结果是(   )。

   A. 2   B. 4   C. 6   D. 8

(8) 以下程序的输出结果是(   )。

```
# include < stdio. h >
int x = 3;
void main()
{
    int i;
    void incre();
    for (i = 1;i < x;i++) incre();
}
void incre()
{
    static int x = 1;
    x * = x + 1;
    printf(" % d",x);
}
```

   A. 3 3   B. 2 2   C. 2 6   D. 2 5

(9) 下面程序的输出是(   )。

```
# include < stdio. h >
int w = 3;
void main()
{
    int w = 10;
    int fun(int k);
    printf(" % d\n",fun(5) * w);
}
int fun(int k)
{
    if(k == 0) return w;
    return(fun(k - 1) * k);
}
```

   A. 360   B. 3600   C. 1080   D. 1200

(10) 以下程序的输出结果是(   )。

```
# include < stdio. h >
int   a,b;
void fun()
{
```

```
        a = 100; b = 200;
}
void main()
{
    int   a = 5,b = 7;
    fun();
    printf("%d%d\n",a,b);
}
```

    A. 100200   B. 57   C. 200100   D. 75

2. 编写两个函数,分别求出两个整数的最大公约数和最小公倍数,用主函数调用这两个函数,并输出结果,两个整数由键盘输入。

3. 编写一个判断素数的函数,在主函数中输入一个整数,输出是否是素数的信息。

4. 编写函数 fun,功能是计算下列级数的和,返回值为计算结果。在主函数中作相应调用并输出结果。$S = 1 + x + \dfrac{x^2}{2!} + \dfrac{x^3}{3!} + \cdots + \dfrac{x^n}{n!}$。

5. 编写一个函数,输入一个 4 位数,要求输出这 4 个数字,每两个数字间有一空格。如输入 2009,应输出"2 0 0 9"。

第7章　预处理命令

本章导读

预处理是 C 语言的一个重要特征。以改进程序设计环境,提高编译效率。C 语言在正式编译(语法分析)之前系统先对这些命令进行"预处理",进行宏替换和将包含的函数定义包含进源程序,然后整个源程序再进行通常的编译处理。

本章学习重点:

(1) 宏定义和宏替换。

(2) 文件包含。

(3) 了解条件编译。

7.1　概　　述

在前面各章中,已多次使用过以"♯"号开头的预处理命令。如包含命令♯include,宏定义命令♯define 等。在源程序中这些命令都放在函数之外,而且一般都放在源文件的前面,它们称为预处理部分。

所谓预处理是指在进行编译的第一遍扫描(词法扫描和语法分析)之前所做的工作。预处理是 C 语言的一个重要功能,它由预处理程序负责完成。当对一个源文件进行编译时,系统将自动引用预处理程序对源程序中的预处理部分做处理,处理完毕自动进入对源程序的编译。

C 语言提供了多种预处理功能,如宏定义、文件包含、条件编译等。合理地使用预处理功能编写的程序便于阅读、修改、移植和调试,也有利于模块化程序设计。本章介绍常用的几种预处理功能。

7.2　宏　定　义

在 C 语言源程序中允许用一个标识符来表示一个字符串,称为"宏"。被定义为"宏"的标识符称为"宏名"。在编译预处理时,对程序中所有出现的"宏名",都用宏定义中的字符串去代换,这称为"宏替换"或"宏展开"。

宏定义是由源程序中的宏定义命令完成的。宏替换是由预处理程序自动完成的。

在 C 语言中,"宏"分为有参数和无参数两种。下面分别讨论这两种"宏"的定义和调用。

7.2.1　无参宏定义

无参宏的宏名后不带参数,其定义的一般形式为:

> ♯define　标识符　字符串

其中的"♯"表示这是一条预处理命令。凡是以"♯"开头的均为预处理命令。"define"为宏定义命令。"标识符"为所定义的宏名。"字符串"可以是常数、表达式、格式串等。

在前面介绍过的符号常量的定义就是一种无参宏定义。此外,常对程序中反复使用的表达式进行宏定义。

例如:

♯define M (y * y + 3 * y)

它的作用是指定标识符 M 来代替表达式(y * y + 3 * y)。在编写源程序时,所有的(y * y + 3 * y)都可由 M 代替,而对源程序作编译时,将先由预处理程序进行宏替换,即用(y * y + 3 * y)表达式去置换所有的宏名 M,然后再进行编译。

【例 7-1】　不带参数宏的使用。

程序员输入的源程序

```
# include <stdio.h>
# define PI 3.1415926
void main()
{   float circle,area,r,vol;
    printf("input radius:");
    scanf("%f",&r);
    circle = 2.0 * PI * r;
    area = PI * r * r;
    vol = 4.0/3 * PI * r * r * r;
    printf("circle = %10.4f\n",circle);
    printf(" area = %10.4f\n",area);
    printf(" vol = %10.4f\n",vol);
}
```

预处理(宏替换)后的新源程序

```
# include <stdio.h>

void main()
{   float    circle,area,r,vol;
    printf("input radius:");
    scanf("%f",&r);
    circle = 2.0 * 3.1415926 * r;
    area = 3.1415926 * r * r;
    vol = 4.0/3 * 3.1415926 * r * r * r;
    printf(" circle = %10.4f\n",circle);
    printf(" area = %10.4f\n",area);
    printf(" vol = %10.4f\n",vol);
}
```

执行结果:

```
input radius:5
circle=    31.4159
area  =    78.5398
vol   =   523.5988
```

例 7-1 程序中首先进行宏定义,定义 PI 来替代 3.1415926,因为对于圆及球来说,圆周率是经常使用的一个常量,而且数值比较长,因此进行宏定义可使程序编辑变得方便。在 circle、area、vol 中作了宏调用。在预处理时经宏替换后如例 7-1 右侧所示。宏替换后才开始编译此源程序。

对于宏定义还要说明以下 5 点:

(1) 通常情况下,宏名用大写字母来定义,以便与变量名相区别。每位编程者都遵循一些常用的约定可以大大增强程序的可读性。

(2) 宏定义是用宏名来表示一个字符串,在宏展开时又以该字符串取代宏名,这只是一种简单的代换,字符串中可以含任何字符,可以是常数,也可以是表达式,预处理程序对它不作任何检查。如有错误,只能在编译已被宏展开后的源程序时发现。

(3) 宏定义不是说明或语句,在行末不必加分号,如加上分号则连分号也一起置换。

(4) 宏定义必须写在函数之外,其作用域为宏定义命令起到源程序结束。如要终止其作用域可使用♯undef 命令。

例如:

```
♯define PI 3.14159
void main()
{
    …
}
♯undef PI
f1()
{
    …
}
```

表示 PI 只在 main 函数中有效,在 f1 中无效。

(5) 宏名在源程序中若用引号括起来,则预处理程序不对其作宏代换。

【**例 7-2**】 宏名在源程序中被引号括起来不进行宏替换。

```
♯define OK 100
void main()
{
  printf("OK");
  printf("\n");
}
```

上例中定义宏名 OK 表示 100,但在 printf 语句中 OK 被引号括起来,因此不作宏代换。程序的运行结果为:OK。这表示把"OK"当字符串处理。

(6) 宏定义允许嵌套,在宏定义的字符串中可以使用已经定义的宏名。在宏展开时由预处理程序层层代换。

例如：

```
# define PI 3.1415926
# define S PI * y * y                          / * PI 是已定义的宏名 * /
```

对语句：

```
printf(" % f",S);
```

在宏替换后变为：

```
printf(" % f",3.1415926 * y * y);
```

（7）对"输出格式"作宏定义，可以减少书写麻烦。

【例 7-3】 就采用了（7）的那种方法。

```
# include < stdio. h >
# define P printf
# define D " % d\n"
# define F " % f\n"
void main( )
{
    int a = 5,c = 8,e = 11;
    float b = 3.8,d = 9.7,f = 21.08;
    P(D F,a,b);
    P(D F,c,d);
    P(D F,e,f);
}
```

执行结果：

```
5
3.800000
8
9.700000
11
21.080000
```

7.2.2 带参宏定义

C 语言允许宏带有参数。在宏定义中的参数称为形式参数，在宏调用中的参数称为实际参数。

对带参数的宏，有时也称为类函数宏。在调用中，不仅要宏展开，而且要用实参去代换形参。

带参宏定义的一般形式为：

> # define   宏名(形参表)   字符串

其中：

- 宏名同不带参的宏名，习惯用大写字母。
- 形参表由一个或多个参数构成。注意形参与函数形参的区别：参数只有参数名，没有数据类型。

- 在替换字符串中通常含有各个形参。

带参宏调用的一般形式为:

> 宏名(实参表);

例如:

```
#define M(y) y * y + 3 * y                  / * 宏定义 * /
   ...
k = M(5);                                   / * 宏调用 * /
   ...
```

在宏调用时,用实参 5 去代替形参 y,经预处理宏展开后的语句为:

```
k = 5 * 5 + 3 * 5
```

【例 7-4】 带参宏替换。

程序员输入的源程序

```
1    #include<stdio.h>
2    #define MAX(a,b) (a>b)?a:b
3    void main()
4    {
5      int x,y,max;
6      printf("input two numbers:    ");
7      scanf("%d%d",&x,&y);
8      max = MAX(x,y);
9      printf("max = %d\n",max);
10   }
```

预处理(宏替换)后的新源程序

```
#include<stdio.h>

void main()
{
    int x,y,max;
    printf("input two numbers: ");
    scanf("%d%d",&x,&y);
    max = (x>y)?x:y;
    printf("max = %d\n",max);
}
```

执行结果:

```
input two numbers:    8 6
max=8
```

上例程序的第 2 行进行带参宏定义,用宏名 MAX 表示条件表达式(a>b)? a:b,形参 a,b 均出现在条件表达式中。程序第 8 行 max＝MAX(x,y)为宏调用,实参 x,y 将代换形参 a,b。宏展开后该语句为:

```
max = (x > y)?x:y;
```

用于计算 x,y 中的大数。

对于带参的宏定义有以下问题需要说明:

(1) 带参宏定义中,宏名和形参表之间不能有空格出现。

例如把

```
#define MAX(a,b) (a>b)?a:b
```

写为

```
#define MAX (a,b) (a>b)?a:b
```

将被认为是无参宏定义,宏名 MAX 代表字符串(a,b) (a＞b)? a:b。宏展开时,宏调用语句

```
max = MAX(x,y);
```

将变为

```
max = (a,b)(a>b)?a:b(x,y);
```

这显然是错误的。

(2) 在带参宏定义中,形式参数不分配内存单元,因此不必作类型定义。而宏调用中的实参有具体的值。要用它们去代换形参,因此必须作类型说明。这是与函数中的情况不同的。在函数中,形参和实参是两个不同的量,各有自己的作用域,调用时要把实参值赋予形参,进行"值传递"。而在带参宏中,只是符号代换,不存在值传递的问题。

(3) 在宏定义中的形参是标识符,而宏调用中的实参可以是表达式。

【例 7-5】 表达式作为宏调用的实参。

程序员输入的源程序

```
1   #include<stdio.h>
2   #define SQ(y) (y)*(y)
3   void main(){
4     int a,sq;
5     printf("input a number:    ");
6     scanf("%d",&a);
7     sq = SQ(a+1);
8     printf("sq = %d\n",sq);
9   }
```

预处理(宏替换)后的新源程序

```
#include<stdio.h>

void main(){
  int a,sq;
  printf("input a number: ");
  scanf("%d",&a);
  sq = (a+1)*(a+1);
```

```
    printf("sq = % d\n",sq);
}
```

执行结果：

```
input a number:    5
sq=36
```

上例中第 2 行为宏定义，形参为 y。程序第 7 行宏调用中实参为 a＋1，是一个表达式，在宏展开时，用 a＋1 代换 y，再用(y) * (y)代换 SQ，得到如下语句：

```
sq = (a + 1) * (a + 1);
```

这与函数的调用是不同的，函数调用时要把实参表达式的值求出来再赋予形参。而宏替换中对实参表达式不作计算直接地照原样代换。

(4) 在宏定义中，字符串内的形参通常要用括号括起来以避免出错。在上例中的宏定义中(y) * (y)表达式的 y 都用括号括起来，因此结果是正确的。如果去掉括号，把程序改为以下例 7-6 形式。

【例 7-6】 进行宏替换的一个典型例子。

程序员输入的源程序

```
# include < stdio. h >
# define SQ(y) y * y
void main(){
    int a,sq;
    printf("input a number: ");
    scanf(" % d",&a);
    sq = SQ(a + 1);
    printf("sq = % d\n",sq);
}
```

预处理(宏替换)后的新源程序

```
# include < stdio. h >

void main(){
    int a,sq;
    printf("input a number: ");
    scanf(" % d",&a);
    sq = a + 1 * a + 1;
    printf("sq = % d\n",sq);
}
```

执行结果：

```
input a number:    5
sq=11
```

同样输入 5，但结果却是不一样的。因此，宏替换时一定注意替换字符串是否有括号的问题。

(5) 带参的宏和带参函数很相似，但有本质上的不同，除上面已谈到的各点外，把同一表达式用函数处理与用宏处理两者的结果有可能是不同的。

【例 7-7】 带参的函数和带参的宏的区别。

带参函数调用：

```
# include < stdio. h >
void main()
{
  int SQ(int y);
  int i = 1;
  while(i < = 5)
    printf(" % d\n",SQ(i++));
}
int SQ(int y)
{
  return((y) * (y));
}
```

带参的宏替换：

```
# include < stdio. h >
# define SQ(y) ((y) * (y))
void main()
{
  int i = 1;
  while(i < = 5)
    printf(" % d\n",SQ(i++));
}
```

执行结果：

```
1
4
9                              1
16                             9
25                             25
```

在例 7-7 中函数名为 SQ，形参为 y，函数体表达式为((y) * (y))。在例 7-7 中宏名为 SQ，形参也为 y，字符串表达式为((y) * (y))。例 7-7 的函数调用为 SQ(i++)，例 7-7 的宏调用为 SQ(i++)，实参也是相同的。从输出结果来看，却大不相同。

分析如下：在例 7-7 中，函数调用是把实参 i 值传给形参 y 后自增 1。然后输出函数值。因而要循环 5 次。输出 1～5 的平方值。而在例 7-7 中宏调用时，只作代换。SQ(i++)被代换为((i++) * (i++))。在第一次循环时，由于 i 等于 1，其计算过程为：先使用 i 的值，然后再自加 1 两次，因此表达式的结果也为 1，i 值为 3。在第二次循环时，i 值已有初值为3，按照第一次循环，先使用 i 的值，然后再自加 1 两次，因此表达式的乘积为 3×3＝9，然后 i变为 5。进入第三次循环，由于 i 值已为 5，所以这将是最后一次循环。计算表达式的值为5 * 5 等于 25。i 值最终变为 7，不再满足循环条件，停止循环。

从以上分析可以看出，函数调用和宏调用二者在形式上相似，在本质上是完全不同的。

7.3 文 件 包 含

文件包含是 C 预处理程序的另一个重要功能。

文件包含命令行的一般形式为：

> ♯ include"文件名"

在前面已多次用此命令包含过库函数的头文件。例如：

```
♯ include"stdio. h"
♯ include"math. h"
```

文件包含命令的功能是把指定的文件插入该命令行位置取代该命令行，从而把指定的文件和当前的源程序文件连成一个源文件。

在程序设计中，文件包含是很有用的。一个大的程序可以分为多个模块，由多个程序员分别编程。有些公用的符号常量或宏定义等可单独组成一个文件，在其他文件的开头用包含命令包含该文件即可使用。这样，可避免在每个文件开头都去书写那些公用量，从而节省时间，并减少出错。

对文件包含命令还要说明以下 3 点：

（1）包含命令中的文件名可以用双引号括起来，也可以用尖括号括起来。例如以下写法都是允许的：

```
♯ include"stdio. h"
♯ include<math. h>
```

但是这两种形式是有区别的：使用尖括号表示在包含文件目录中去查找（包含目录是由用户在设置环境时设置的），而不在源文件目录中去查找。

使用双引号则表示首先在当前的源文件目录中查找，若未找到才到包含目录中去查找。用户编程时可根据自己文件所在的目录来选择某一种命令形式。

（2）一个 include 命令只能指定一个被包含文件，若有多个文件要包含，则需用多个 include 命令。

（3）文件包含允许嵌套，即在一个被包含的文件中又可以包含另一个文件。

【例 7-8】 include 包含用户自定义的文件。

创建一个基于 Win32 Console Application 的名字为"文件包含"的工程。首先通过选择 new→file 下的 C/C++ Header Files 向该工程添加一个头文件，名字为"函数声明"，在该头文件中进行用户自定义函数的声明。如下代码：

```
void f1();
void f2();
```

然后再向工程添加源文件 f1、f2 和 main，代码如下：

```
//f1.cpp
♯ include<stdio. h>
```

```
void f1()
{
  printf("You Used f1.\n");
}
//f2.cpp
#include <stdio.h>
void f2()
{
  printf("You Used f2.\n");
}
//main.cpp
#include <stdio.h>        //<>包含 include 设置的头文件
#include "函数声明.h"      //" "包含用户自定义的头文件
void main()
{
  f1();
  f2();
}
```

工程资源窗口如图 7-1 所示。

图 7-1　工程资源窗口

执行结果：

```
You Used f1.
You Used f2.
```

7.4　*条件编译

预处理程序提供了条件编译的功能。可以按不同的条件去编译不同的程序部分,因而产生不同的目标代码文件。这对于程序的移植和调试是很有用的。

条件编译有三种形式,下面分别介绍:

1. 第 1 种形式

```
#ifdef   标识符
  程序段 1
#else
  程序段 2
#endif
```

它的功能是:如果标识符已被 #define 命令定义过则对程序段 1 进行编译;否则对程序段 2 进行编译。如果没有程序段 2(它为空),本格式中的 #else 可以没有,即可写为:

```
#ifdef   标识符
  程序段
#endif
```

【例 7-9】　#ifdef 形式的条件编译。

```
1   #include <stdio.h>
```

```
2    #define NUM 10
3    void main()
4    {
5        #ifdef NUM
6          printf("NUM is %d\n",NUM);
7        #else
8          printf("NUM is not seen!\n");
9        #endif
10   }
```

执行结果：

```
NUM is 10
```

由于在程序的第5行插入了条件编译预处理命令,因此要根据NUM是否被定义过来决定编译哪一个printf语句。而在程序的第1行已对NUM作过宏定义,因此应对第一个printf语句作编译故运行结果如上。

在程序的第1行宏定义中,定义NUM表示字符串10,其实也可以为任何字符串,甚至不给出任何字符串,写为：

```
#define NUM
```

也具有同样的意义。只有取消程序的第1行才会去编译第二个printf语句。读者可上机试作。

2. 第2种形式

```
#ifndef 标识符
    程序段1
#else
    程序段2
#endif
```

与第1种形式的区别是将"ifdef"改为"ifndef"。它的功能是：如果标识符未被#define命令定义过则对程序段1进行编译,否则对程序段2进行编译。这与第1种形式的功能正好相反。

【例7-10】 #ifndef形式的条件编译。

```
#include <stdio.h>
#define NUM 10
void main()
{
  #ifndef NUM
    printf("NUM is %d\n",NUM);
  #else
    printf("NUM is not seen!\n");
  #endif
}
```

执行结果：

NUM is not seen!

3. 第 3 种形式

```
#if 常量表达式
    程序段 1
#else
    程序段 2
#endif
```

它的功能是：如常量表达式的值为真（非 0），则对程序段 1 进行编译，否则对程序段 2 进行编译。因此可以使程序在不同条件下，完成不同的功能。

【例 7-11】 #if 形式的条件编译。

```
#include <stdio.h>
#define R 1
void main()
{
  float c,r,s;
  printf ("input a number: ");
  scanf(" % f",&c);
  #if R
    r = 3.14159 * c * c;
    printf("area of round is: % f\n",r);
  #else
    s = c * c;
    printf("area of square is: % f\n",s);
  #endif
}
```

本例中采用了第 3 种形式的条件编译。在程序第 1 行宏定义中，定义 R 为 1，因此在条件编译时，常量表达式的值为真，故计算并输出圆面积。

上面介绍的条件编译当然也可以用条件语句来实现。但是用条件语句将会对整个源程序进行编译，生成的目标代码程序很长，而采用条件编译，则根据条件只编译其中的程序段 1 或程序段 2，生成的目标程序较短。如果条件选择的程序段很长，采用条件编译的方法是十分必要的。

本 章 小 结

（1）预处理功能是 C 语言特有的功能，它是在对源程序正式编译前由预处理程序完成的。程序员在程序中用预处理命令来调用这些功能。

（2）宏定义是用一个标识符来表示一个字符串，这个字符串可以是常量、变量或表达式。在宏调用中将用该字符串代换宏名。

（3）宏定义可以带有参数，宏调用时是以实参代换形参，而不是"值传送"。

（4）为了避免宏代换时发生错误，宏定义中的字符串应加括号，字符串中出现的形式参数两边也应加括号。

（5）文件包含是预处理的一个重要功能，它可用来把多个源文件连接成一个源文件进行编译，结果将生成一个目标文件。

（6）条件编译允许只编译源程序中满足条件的程序段，使生成的目标程序较短，从而减少了内存的开销并提高了程序的效率。

（7）使用预处理功能便于程序的修改、阅读、移植和调试，也便于实现模块化程序设计。

习　题　7

1. 判断下面程序的执行结果：

```c
#include <stdio.h>
#define ADD(x) x + x
void main()
{
    int m = 1, n = 2, k = 3;
    int sum = ADD(m + n) * k;
    printf("sum = %d", sum);
}
```

2. 判断下面程序的执行结果：

```c
#include <stdio.h>
#define X 5
#define Y  X + 1
#define Z  Y * X/2
void main()
{
    int a = Y;;
    printf("%d, %d", Z, -- a);
}
```

第8章　　　　　数　　　组

本章导读：

前面章节介绍了基本数据类型、定义基本数据类型的变量在内存中占多大的空间，接下来又学习了表达式、语句和三种基本控制，然后学习了 C 程序的基本单位——函数。到此为止，可以解决简单的问题，涉及数据量不大，那么在实际学习中可能要解决大批量的数据，而且这些数据还要存储。这时我们可以借助数组，数组里的每一个元素实际上就是相同类型的简单变量，那么就可以在简单变量使用的基础上进行扩展来学习数组的本身特性即可。

本章遵循前面各种数据类型变量的讲解方式，按照数组的定义、在内存中的存放形式、引用和初始化的顺序讲解一维数组和二维数组。

本章学习重点：

(1) 理解数组元素在内存中的存放形式。

(2) 掌握一维数组和二维数组的定义、初始化和数组元素的引用。

(3) 掌握字符串与字符数组的区别。

(4) 掌握一维数组及数组元素作为函数的参数的使用。

(5) 掌握常用字符串库函数的用法。

在程序设计中，为了处理方便，把具有相同类型的若干变量按有序的形式组织起来。这些按序排列的同类数据元素的集合称为数组。在 C 语言中，数组属于构造数据类型。一个数组可以包含多个数组元素，这些数组元素可以是基本数据类型也可以是构造类型。因此按数组元素的类型不同，数组又可分为数值型数组、字符数组、指针数组、结构体数组等各种类别。本章介绍数值型数组和字符数组，其余的在后面各章陆续介绍。

8.1　一 维 数 组

8.1.1　一维数组的定义方式

在 C 语言中使用数组必须先进行定义，一维数组的定义方式为：

> 数组类型 数组名 [常量表达式];

其中：

- 数组类型是任何一种基本数据类型或构造数据类型。
- 数组名是用户定义的合法标识符，在一个作用域内不能与变量名相同。

• 方括号中的常量表达式表示数组元素的个数,也称为数组的长度。

例如:

```
int a[10];                    //说明整型数组 a,有 10 个元素
float b[10],c[20];            //说明实型数组 b,有 10 个元素,实型数组 c,有 20 个元素
char ch[20];                  //说明字符数组 ch,有 20 个元素
```

对于数组类型说明应注意以下 6 点:

(1) 数组类型实际上是指数组元素的取值类型。对于同一个数组,其所有元素的数据类型都是相同的。

(2) 数组名的书写规则应符合标识符的书写规定。

(3) 数组名不能与其他变量名相同。

例如

```
void main()
{
   int a;
   float a[10];
   …
}
```

是错误的。

(4) 方括号中常量表达式表示数组元素的个数,如 int a[5]表示数组 a 有 5 个元素。但是其下标从 0 开始计算。因此 5 个元素分别为 a[0],a[1],a[2],a[3],a[4]。

(5) 不能在方括号中用变量来表示元素的个数,但是可以是符号常数或常量表达式。

例如

```
#define FD 5
void main()
{
   int a[3 + 2],b[7 + FD];
   …
}
```

是合法的。

但是下述说明方式是错误的。

```
void main()
{
   int n = 5;
   int a[n];
   …
}
```

(6) 允许在同一个类型说明中,说明多个数组和多个变量。

例如:

```
int a,b,c,d,k1[10],k2[20];
```

8.1.2　一维数组在内存中的存放形式

数组在内存中是按照其下标有序地进行存放的。例如 int a[10];则系统将为数组 a 分配 10 个 int 型单元(每个单元 4 字节)的内存块,其中数组的第一个元素是 a[0],第二个元素是 a[1],…,最后一个元素是 a[9]。假设数组 a 的起始地址是 2000,则该数组元素在内存中的存放形式如图 8-1 所示。

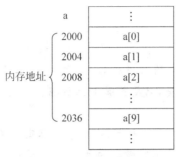

图 8-1　数组 a 的存放形式

数组定义后,申请到一块连续的内存空间,每个数组元素就相当于同类型的简单变量。

8.1.3　一维数组元素的引用

数组元素是组成数组的基本单元。数组元素也是一种变量,其标识方法为数组名后跟一个下标。下标表示了该元素在数组中的顺序号。

数组元素引用的一般形式为:

数组名[下标]

其中下标只能为整型常量变量或整型表达式。

例如:

```
int i,j;
a[5]
a[i+j]
a[i++]
```

都是合法的数组元素。

数组元素通常也称为下标变量。必须先定义数组,才能使用下标变量。在 C 语言中只能逐个地使用下标变量,而不能一次引用整个数组。

例如:

```
int a[10];          //定义
```

现在,输出数组 a 的 10 个元素必须使用循环语句逐个输出各下标变量:

```
for(i = 0; i < 10; i++)
    printf(" % d",a[i]);
```

而不能用一个语句输出整个数组。

下面的写法是错误的：

```
printf("%d",a);
```

注意：

（1）数组元素的下标不能越界。VC++ 6.0 编译器不能检查数组越界错误，因此编程者一定注意此问题。

例如：int a[10];　　　　　　　　//定义数组
　　　a[10] = 10;　　　　　　　 //引用越界,a[10]不是该数组的元素

（2）数组的定义与数组元素的引用在形式上非常相似，但它们的含义却完全不同，要注意二者的差异。无论什么标识符，只要前面加上数据类型就是进行定义。而对标识符的引用则不带数据类型符。

（3）数组名是数组变量在内存中的起始地址，一旦定义了数组变量，这个地址值就被固定，不能改变，实际上就是一个地址常量。因此：

```
int a[10];
a = 10;                       //错误,不能给常量赋值
a++;                          //错误,常量不能进行自加自减运算
```

【例 8-1】 数组元素的引用。

```
#include <stdio.h>
void main()
{
  int i,a[10];
  for(i=0;i<=9;i++)
      a[i] = i;
  for(i=9;i>=0;i--)
      printf("%d ",a[i]);
}
```

执行结果：

9 8 7 6 5 4 3 2 1 0

8.1.4　一维数组的初始化

给数组赋值的方法除了用赋值语句对数组元素逐个赋值外，还可采用初始化方法赋值。

数组初始化赋值是指在数组定义时给数组元素赋予初值。数组初始化是在编译阶段进行的。这样将减少运行时间,提高效率。

初始化赋值的一般形式为：

> 数组类型 数组名[常量表达式] = {值,值,…,值};

其中在{ }中的各数值即为各元素的初值,各值之间用逗号间隔。

例如：

```
int a[10] = { 0,1,2,3,4,5,6,7,8,9 };
```

相当于 a[0]＝0；a[1]＝1，...，a[9]＝9；

C 语言对数组的初始化赋值还有以下 3 点规定：

（1）可以只给部分元素赋初值。

当{ }中值的个数少于元素个数时，只给前面部分元素赋值。

例如：

```
int a[10] = {0,1,2,3,4};
```

表示只给 a[0]～a[4]5 个元素赋值，而后 5 个元素自动赋 0 值。

（2）只能给元素逐个赋值，不能给数组整体赋值。

例如给 10 个元素全部赋 1 值，只能写为：

```
int a[10] = {1,1,1,1,1,1,1,1,1,1};
```

而不能写为：

```
int a[10] = 1;
```

如果想使一个数组中全部元素值为 0，可以写成：

```
int a[10] = {0,0,0,0,0,0,0,0,0,0};
```

或

```
int a[10] = {0};
```

（3）如给全部元素赋值，则在数组说明中，可以不指定数组元素的个数。

例如：

```
int a[5] = {1,2,3,4,5};
```

也可写为：

```
int a[] = {1,2,3,4,5};
```

说明：给数组元素初始化，可以全部元素初始化，也可以部分元素初始化。当全部元素初始化时，可以不指定数组的大小；当部分元素初始化时，未被初始化的元素值为 0，必须指定大小。如数组元素未进行初始化，则为机器数。

8.1.5 一维数组程序举例

可以在程序执行过程中，对数组作动态赋值。这时可用循环语句配合 scanf 函数逐个对数组元素赋值。

【例 8-2】 编程输出 10 个整数中的最大值。

```
#include<stdio.h>
void main()
{
    int i,max,a[10];
    printf("input 10 numbers:\n");
    for(i = 0;i<10;i++)
```

```
        scanf(" % d",&a[i]);
    max = a[0];
    for(i = 1;i < 10;i++)
        if(a[i]> max) max = a[i];
    printf("maxmum = % d\n",max);
}
```

本例程序中第一个 for 语句逐个输入 10 个数到数组 a 中。然后把 a[0]送入 max 中。在第二个 for 语句中,从 a[1]到 a[9]逐个与 max 中的内容比较,若比 max 的值大,则把该下标变量送入 max 中,因此 max 总是在已比较过的下标变量中为最大者。比较结束,输出 max 的值。

【例 8-3】 利用数组计算菲波那契数列的前 10 项,即 1,1,2,3,5,…,55,并按每行打印 5 个数的格式输出。

用数组计算并存放菲波那契数列的前 10 项,有下列关系式成立:

f[0] = f[1] = 1
f[n] = f[n - 1] + f[n - 2]

源程序:

```
# include < stdio. h >
void main()
{
  int i;
  int fib[10] = {1,1};                    /* 数组初始化,生成菲波那契数列前两个数 */
  /* 计算菲波那契数列剩余的 8 个数 */
  for(i = 2;i < 10;i++)
    fib[i] = fib[i - 1] + fib[i - 2];
  /* 输出菲波那契数列 */
  for(i = 0;i < 10;i++)
  { printf(" % 6d",fib[i]);
    if((i + 1) % 5 == 0)
        printf("\n");
  }
}
```

执行结果:

```
1    1    2    3    5
8    13   21   34   55
```

【例 8-4】 用冒泡法对 10 个数进行排序(由小到大)。

冒泡法排序的思路:比较相邻两个数,如果前面的数大于后面的数,则进行交换,即较小的数调到前面,以此类推,第一轮比较完将最大的数调到最后,即最大数沉底。然后下一轮比较将第二大的数调到后面第二个位置上,依次 n 个数需要 n-1 轮比较,最后得到升序排列。以 6 个数排列为例,假设 6 个数分别是 9、8、7、6、4、3,冒泡法排序如图 8-2 所示。

通过分析,如果有 n 个数,则要进行 n-1 轮比较,用 j 表示比较的轮数,则在每一轮比较中要进行 n-j 次两两相邻比较,据此画出流程图 8-3。

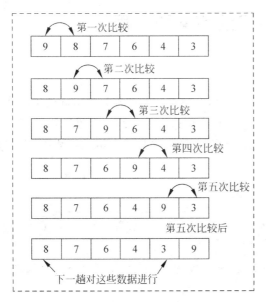

图 8-2 冒泡法排序第一轮比较示意图

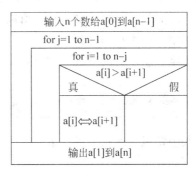

图 8-3 冒泡法排序流程图

源程序：

```c
#include <stdio.h>
#define NUM 10
void main()
{
    int i,j,t,a[NUM];
    printf("\n input 10 numbers:\n");
    for(i=0;i<NUM;i++)                  //生成数组里的每个元素
        scanf("%d",&a[i]);

    for(j=1;j<NUM;j++)                  //j变量控制比较轮数
        for(i=0;i<NUM-j;i++)            //i变量控制在每轮中两两比较次数
            if(a[i]>a[i+1])
            {   t=a[i];
                a[i]=a[i+1];
                a[i+1]=t;
            }
    printf("The sorted numbers :\n");
    for(i=0;i<NUM;i++)                  //输出数组里的每一个元素
        printf("%d ",a[i]);
    printf("\n");
}
```

执行结果：

```
input 10 numbers:
68 62 75 84 79 63 58 91 89 74
The sorted numbers :
58  62  63  68  74  75  79  84  89  91
```

8.2 二维数组的定义和引用

8.2.1 二维数组的定义

前面介绍的数组只有一个下标,称为一维数组,其数组元素也称为单下标变量。在实际问题中有很多量是二维的或多维的,因此 C 语言允许构造多维数组。多维数组元素有多个下标,以标识它在数组中的位置,所以也称为多下标变量。本节只介绍二维数组,多维数组可由二维数组类推而得到。

二维数组定义的一般形式是:

数组类型 数组名[常量表达式 1][常量表达式 2]

其中常量表达式 1 表示第一维下标的长度,常量表达式 2 表示第二维下标的长度。例如:

int a[3][4];

说明了一个 3 行 4 列的数组,数组名为 a,其下标变量的类型为整型。该数组的下标变量共有 3×4 个,即

a[0][0],a[0][1],a[0][2],a[0][3]
a[1][0],a[1][1],a[1][2],a[1][3]
a[2][0],a[2][1],a[2][2],a[2][3]

第一维的最大值是 2,第二维的最大值是 3。

8.2.2 二维数组在内存中的存放形式

二维数组在概念上是二维的,也就是下标在两个方向上变化,下标变量在数组中的位置也处于一个平面之中,而不是像一维数组只是一个向量。但是,实际的内存储器却是连续编址的,也就是说存储器单元是按一维线性排列的。如何在一维存储器中存放二维数组,可有两种方式:一种是按行排列,即放完一行之后顺次放入第二行。另一种是按列排列,即放完一列之后再顺次放入第二列。在 C 语言中,二维数组是按行排列的。

对于 int a[3][4];先存放 a[0]行,再存放 a[1]行,最后存放 a[2]行。每行中的 4 个元素也是依次存放。由于数组 a 说明为 int 类型,该类型占 4 个字节的内存空间,所以每个元素均占有 4 个字节。假设数组 a 的起始地址为 2000,则该二维数组在内存中如图 8-4 所示进行存储。

a[0]	a[0][0]	a[0][1]	a[0][2]	a[0][3]
a[1]	a[1][0]	a[1][1]	a[1][2]	a[1][3]
a[2]	a[2][0]	a[2][1]	a[2][2]	a[2][3]

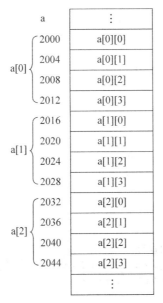

图 8-4 二维数组 a 的存放形式

8.2.3 二维数组元素的引用

二维数组的元素也称为双下标变量,其表示的形式为:

数组名[下标][下标]

其中下标应为整型常量、变量或整型表达式。

例如:

a[3][4]

表示 a 数组第 4 行第 5 列所对应的元素。

数组说明和下标变量在形式上有些相似,但这两者具有完全不同的含义。数组说明的方括号中给出的是某一维的长度,即可取下标的最大值;而数组元素中的下标是该元素在数组中的位置标识。前者只能是常量,后者可以是常量、变量或表达式。

【例 8-5】 一个学习小组有 5 个人,每个人有三门课的考试成绩(表 8-1)。求全组每科的平均成绩和各科总平均成绩。

表 8-1 考试成绩

	张	王	李	赵	周
Math	80	61	59	85	76
C	75	65	63	87	77
English	92	71	70	90	85

可设一个二维数组 a[3][5]存放三门课 5 个人的成绩。再设一个一维数组 v[3]存放所求得各分科平均成绩,设变量 average 为全组各科总平均成绩。编程如下:

```
# include < stdio. h >
void main()
{
    int i,j,s = 0,average,v[3],a[3][5];
    printf("input score\n");
    for(i = 0;i < 3;i++)
    {
        for(j = 0;j < 5;j++)
        { scanf(" % d",&a[i][j]);
            s = s + a[i][j];
        }
        v[i] = s/5;
        s = 0;
    }
    average = (v[0] + v[1] + v[2])/3;
    printf("math: % d\nc languag: % d\ndbase: % d\n",v[0],v[1],v[2]);
    printf("total average is: % d\n",average);
}
```

执行结果：

```
input score
80 61 59 85 76
75 65 63 87 77
92 71 70 90 85
math:72
c languag:73
dbase:81
total average is:75
```

程序中首先用了一个双重循环。在内循环中依次读入某一门课程的各个学生的成绩，并把这些成绩累加起来，退出内循环先将累加成绩和 s 除以 5 存到 v[i] 之中，得到该门课程的平均成绩，然后将统计成绩和变量 s 清 0。外循环共循环三次，分别求出三门课各自的平均成绩并存放在 v 数组之中。退出外循环之后，把 v[0]、v[1]、v[2] 相加除以 3 即得到各科总平均成绩。最后按题意输出各个成绩。

8.2.4 二维数组的初始化

二维数组初始化也是在类型说明时给各下标变量赋以初值。二维数组可按行分段赋值，也可按行连续赋初值。

例如对数组 a[5][3]：

（1）按行分段赋初值可写为：

int a[5][3] = { {80,75,92},{61,65,71},{59,63,70},{85,87,90},{76,77,85} };

（2）按行连续赋初值可写为：

int a[5][3] = { 80,75,92,61,65,71,59,63,70,85,87,90,76,77,85};

这两种赋初值的结果是完全相同的。

【例 8-6】 二维数组的初始化。

include < stdio. h >

```
void main()
{
    int i,j,s = 0,average,v[3];
    int a[5][3] = {{80,75,92},{61,65,71},{59,63,70},{85,87,90},{76,77,85}};
    for(i = 0;i < 3;i++)
    {
        for(j = 0;j < 5;j++)
            s = s + a[j][i];
        v[i] = s/5;
        s = 0;
    }
    average = (v[0] + v[1] + v[2])/3;
    printf("math: % d\nc languag: % d\nEnglish: % d\n",v[0],v[1],v[2]);
    printf("total average is: % d\n",average);
}
```

执行结果：

```
math:72
c languag:73
dFoxpro:81
total:75
```

对于二维数组初始化赋值还有以下说明：

（1）可以只对部分元素赋初值，未赋初值的元素自动取 0 值。

例如：

```
int a[3][3] = {{1},{2},{3}};
```

是对每一行的第 1 列元素赋值，未赋值的元素取 0 值。赋值后各元素的值为：

```
    1 0 0
    2 0 0
    3 0 0
```
int a [3][3] = {{0,1},{0,0,2},{3}};

赋值后的元素值为：

```
0 1 0
0 0 2
3 0 0
```

（2）如对全部元素赋初值，则第一维的长度可以不给出，无论何时第二维长度必须给出。

例如：

```
int a[3][3] = {1,2,3,4,5,6,7,8,9};
```

可以写为：

```
int a[][3] = {1,2,3,4,5,6,7,8,9};
```

（3）数组是一种构造数据类型。二维数组可以看作是由一维数组的嵌套而构成的。设一维数组的每个元素都又是一个数组，就组成了二维数组。当然，前提是各元素类型必须相同。根据这样的分析，一个二维数组也可以分解为多个一维数组。C 语言允许这种分解。

如二维数组 a[3][4]，可分解为三个一维数组，如图 8-4 所示其三个一维数组名分别为：

a[0]

a[1]

a[2]

对这三个一维数组不需另作说明即可使用。这三个一维数组都有 4 个元素，例如：一维数组 a[0] 的元素为 a[0][0]，a[0][1]，a[0][2]，a[0][3]。

必须强调的是，a[0]，a[1]，a[2] 不能当作下标变量使用，它们是数组名，不是一个单纯的下标变量。

8.2.5 二维数组程序举例

【例 8-7】 计算 3×3 方阵的主对角线元素之和。

分析：3×3 方阵的主对角线元素的下标特点是：两个下标均相等。

源程序：

```c
#include <stdio.h>
void main()
{
  int i,j,s = 0;
  int a[3][3] = {{1,2,3},{4,5,6},{7,8,9}};
  for(i = 0;i < 3;i++)
  {
      for(j = 0;j < 3;j++)
        if(i == j)
            s = s + a[i][j];
  }
  printf("Sum is: %d\n",s);
}
```

执行结果：

```
Sum is:15
```

既然已经知道主对角线元素的特点是行列下标值相同，则可改为一层循环解决。

```c
for(i = 0;i < 3;i++)
  {
  s = s + a[i][i];
  }
```

【例 8-8】 输入一个正整数 n(1<n≤6)，根据式子 a[i][j]＝i＊n+j+1 (0≤i≤n−1，0≤j≤n−1)生成一个 n×n 的方阵，将该方阵转置（行列互换）后输出。

例如：当 n＝3 时，有：

转置前： 转置后：

$$\begin{bmatrix} 1 & 2 & 3 \\ 4 & 5 & 6 \\ 7 & 8 & 9 \end{bmatrix} \qquad \begin{bmatrix} 1 & 4 & 7 \\ 2 & 5 & 8 \\ 3 & 6 & 9 \end{bmatrix}$$

由于 n≤6,取上限,定义一个 6×6 的二维数组 a,行列互换就是交换 a[i][j]＝a[j][i]。

```c
# include < stdio. h>
void main()
{
    int i,j,n,t;
    int a[6][6];
    printf("Enter n: ");
    scanf(" % d",&n);
    for(i = 0;i < n;i++)              //生成置换前的二维数组
        for(j = 0;j < n;j++)
            a[i][j] = i * n + j + 1;
    for(i = 0;i < n;i++)              //生成置换后的二维数组
        for(j = 0;j < n;j++)
            if(i <= j)               //以对角线为界,将上三角和下三角对应元素交换
            {
                t = a[i][j];
                a[i][j] = a[j][i];
                a[j][i] = t;
            }
    for(i = 0;i < n;i++)              //输出置换后的二维数组
    {
        for(j = 0;j < n;j++)
            printf(" % 3d ",a[i][j]);
        printf("\n");                //输出一行后换行
    }
}
```

执行结果:

```
Enter n: 4
   1    5    9   13
   2    6   10   14
   3    7   11   15
   4    8   12   16
```

8.3 字符数组和字符串

数组里存放的量可以是数值也可以是字符,用来存放字符量的数组称为字符数组。

8.3.1 字符数组的定义

形式与前面介绍的数值型数组相同,只是类型改为 char。
例如:

char c[10];

由于字符型和整型通用,也可以定义为 int c[10],但这时每个数组元素占 4 个字节的内存单元。

字符数组也可以是二维或多维数组。
例如:

char c[5][10];

即为二维字符数组。

8.3.2 字符数组在内存中的存放形式

例 char c[]={'C','h','i','n','a'};定义该字符数组后,在内存中分配一块连续空间,每个字符占一个字节,假设内存起始地址是2000。则该数组在内存中如图8-5所示存储。

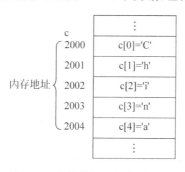

图 8-5 字符数组 c 的存放形式

8.3.3 字符数组的初始化

字符数组也允许在定义时作初始化赋值。
例如:

char c[10]={'c',' ','p','r','o','g','r','a','m'};

赋值后各元素的值为:

数组 C: c[0]的值为'c'
         c[1]的值为' '
         c[2]的值为'p'
         c[3]的值为'r'
         c[4]的值为'o'
         c[5]的值为'g'
         c[6]的值为'r'
         c[7]的值为'a'
         c[8]的值为'm'

其中 c[9]未赋值,由系统自动赋予 0(ASCII)值。
当对全体元素赋初值时也可以省去长度说明。
例如:

char c[]={'c',' ','p','r','o','g','r','a','m'};

这时 C 数组的长度自动定为9。

8.3.4 字符数组的应用

【例8-9】 二维字符数组元素的引用。

#include<stdio.h>

```
void main()
{
  int i,j;
  char a[][5] = {{'B','A','S','I','C',},{'d','B','A','S','E'}};
  for(i = 0;i < = 1;i++)
    {
      for(j = 0;j < = 4;j++)
          printf(" % c",a[i][j]);
      printf("\n");
    }
}
```

执行结果:

```
BASIC
dBASE
```

本例的二维字符数组由于在初始化时全部元素都赋以初值,因此一维下标的长度可以不加以说明。

8.3.5 字符串和字符串结束标志

前面章节介绍过字符串常量的概念。所谓字符串常量就是用双引号括起来的一组字符,而且系统自动添加'\0'作为字符串的结束标志。现又介绍了字符数组,因此可以将字符数组和字符串联系起来。实际上只要把结束符'\0'存入字符数组,就可把字符数组和字符串统一起来进行操作,进而可以用将要介绍的字符串常用函数操作字符数组。

C 语言允许用字符串的方式对数组作初始化赋值。

例如:

char c[] = {'C',' ','p','r','o','g','r','a','m'};

可写为:

char c[] = {"C program"};

或去掉{}写为:

char c[] = "C program";

用字符串方式赋值比用字符逐个赋值要多占一个字节,用于存放字符串结束标志'\0'。上面的数组 c 在内存中的实际存放情况为:

C		p	r	o	g	r	a	m	\0

'\0'是由 C 编译系统自动加上的。由于采用了'\0'标志,所以在用字符串赋初值时一般无须指定数组的长度,而由系统自行处理。

注意:字符串只能给数组进行初始化而不能给数组进行赋值。

8.3.6 字符数组的输入输出

在采用字符串方式后,字符数组的输入输出将变得简单方便。

除了上述用字符串赋初值的办法外,还可用 printf 函数和 scanf 函数一次性输出输入一个字符串,而不必使用循环语句逐个地输入输出每个字符。

【例 8-10】 字符数组用%s格式符控制输出。

```c
#include <stdio.h>
void main()
{
    char c[] = "BASIC\ndBASE";
    printf("%s\n",c);
}
```

注意:在本例的 printf 函数中,使用的格式字符串为"%s",表示输出的是一个字符串。而在输出表列中给出数组名则可。不能写为:

```c
printf("%s",c[]);
```

【例 8-11】 字符数组用%s格式符控制输入。

```c
#include <stdio.h>
void main()
{
    char st[15];
    printf("input string:\n");
    scanf("%s",st);
    printf("%s\n",st);
}
```

执行结果:

```
input string:
China
China
```

本例中由于定义数组长度为 15,因此输入的字符串长度必须小于 15,以留出一个字节用于存放字符串结束标志'\0'。应该说明的是,对一个字符数组,如果不作初始化赋值,则必须说明数组长度。还应该特别注意的是,当用 scanf 函数输入字符串时,字符串中不能含有空格,否则将以空格作为串的结束符。

例如,当输入的字符串中含有空格时,运行情况为:

```
input string:
this is a book
```

输出为:

```
this
```

从输出结果可以看出,空格以后的字符都未能输出。为了避免这种情况,可多设几个字符数组分段存放含空格的串。

程序可改写如例 8-12 所示。

【例 8-12】 例 8-11 的改进。

```c
#include <stdio.h>
void main()
```

```
{
    char st1[6],st2[6],st3[6],st4[6];
    printf("input string:\n");
    scanf("%s%s%s%s",st1,st2,st3,st4);    /*数组名代表数组的起始地址*/
    printf("%s %s %s %s\n",st1,st2,st3,st4);
}
```

执行结果：

```
input string:
I am a girl
I am a girl
```

本程序分别设了 4 个数组，输入的一行字符的空格分段分别装入 4 个数组。然后分别输出这 4 个数组中的字符串。

在前面介绍过，scanf 的各输入项必须以地址方式出现，如 &a,&b 等。但在前例中却是以数组名方式出现的，这是为什么呢？

这是由于在 C 语言中规定，数组名就代表了该数组的首地址。整个数组是以首地址开头的一块连续的内存单元。

如有字符数组 char c[10]，在内存可表示如下。

C[0]	C[1]	C[2]	C[3]	C[4]	C[5]	C[6]	C[7]	C[8]	C[9]

设数组 c 的首地址为 2000，也就是说 c[0]单元地址为 2000。则数组名 c 就代表这个首地址。因此，在 c 前面不能再加地址运算符 &。如写作 scanf("%s",&c)；则是错误的。在执行函数 printf("%s",c)时，按数组名 c 找到首地址，然后逐个输出数组中各个字符直到遇到字符串终止标志'\0'为止。

8.3.7 字符串处理函数

C 语言提供了丰富的字符串处理函数，大致可分为字符串的输入、输出、合并、修改、比较、转换、复制、搜索几类。使用这些函数可大大减轻编程的负担。用于输入输出的字符串函数，在使用前应包含头文件"stdio.h"，使用其他字符串函数则应包含头文件"string.h"。

下面介绍几个最常用的字符串函数。

1. 字符串输出函数 puts（Put String）

格式：puts（字符数组）

功能：把字符数组中的字符串输出到显示器。即在屏幕上显示该字符串。

【例 8-13】 输出函数 puts 的使用。

```
#include<stdio.h>
void main()
{
    char c[]="BASIC\ndBASE";
    puts(c);
}
```

从程序中可以看出，puts 函数中可以使用转义字符，因此输出结果成为两行。puts 函数完全可以由 printf 函数取代。当需要按一定格式输出时，通常使用 printf 函数。

2. 字符串输入函数 gets(Get String)

格式：gets（字符数组）

功能：从标准输入设备键盘上向参数字符数组输入一个字符串。本函数得到一个函数值，即为该字符数组的首地址。

【例 8-14】 输入函数 gets 的使用。

```
# include"stdio. h"
void main()
{
    char st[15];
    printf("input string:\n");
    gets(st);
    puts(st);
}
```

可以看出，当输入的字符串中含有空格时，输出仍为全部字符串。说明 gets 函数并不以空格作为字符串输入结束的标志，而只以回车作为输入结束。这是与 scanf 函数不同的。

3. 字符串连接函数 strcat(String Catenate)

格式：strcat（字符数组 1，字符数组 2）

功能：首先删去字符串 1 后的串结束标志'\0'，然后把字符数组 2 中的字符串连接到字符数组 1 中字符串的后面，结果放在字符数组 1 中，因此本函数返回值是字符数组 1 的首地址。

【例 8-15】 函数 strcat 的使用。

```
# include"stdio. h"
# include"string. h"
void main()
{
    static char st1[30] = "My name is ";
    char st2[10];
    printf("input your name:\n");
    gets(st2);
    strcat(st1,st2);
    puts(st1);
}
```

执行结果：

```
input your name:
Mary
My name is Mary
```

本程序把初始化赋值的字符数组与动态赋值的字符串连接起来。需要注意的是，字符数组 1 应定义足够的长度，否则不能全部装入被连接的字符串。

4. 字符串拷贝函数 strcpy(String Copy)

格式：strcpy（字符数组 1，字符串 2）

功能：把字符串 2 拷贝到字符数组 1 中，连同串结束标志"\0"也一并拷贝。这时相当于把一个字符串赋予一个字符数组。

【例 8-16】 拷贝函数 strcpy 的使用。

```
# include"stdio. h"
# include"string. h"
void main()
{
  char st1[15],st2[] = "C Language";
  strcpy(st1,st2);
  puts(st1);printf("\n");
}
```

执行结果：

C Language

本函数要求字符数组 1 应有足够的长度，否则不能全部装入所拷贝的字符串。

5. 字符串比较函数 strcmp（String Compare）

格式：strcmp(字符串 1,字符串 2)

功能：按照 ASCII 码顺序比较两个字符串的对应字符，直到第一次出现不同字符或全部比较完，结束比较并由函数返回比较结果。在 VC++ 6.0 下返回值为 $0,1,-1$，在其他编译软件环境下可能返回 ASCII 值的差。

字符串 1 = 字符串 2,返回值 = 0;
字符串 1 > 字符串 2,返回值为 1;
字符串 1 < 字符串 2,返回值为 -1.

本函数也可用于比较两个字符数组，或比较数组和字符串常量。

【例 8-17】 比较函数 strcmp 的使用。

```
# include"stdio. h"
# include"string. h"
void main()
{ int k;
  static char st1[15],st2[] = "C Language";
  printf("input a string:\n");
  gets(st1);
  k = strcmp(st1,st2);
  if(k == 0) printf("st1 = st2\n");
  if(k > 0) printf("st1 > st2, % d\n",k);
  if(k < 0) printf("st1 < st2, % d\n",k);
}
```

执行结果：

input a string:
JAVA
st1>st2,1

本程序中把输入的字符串和数组 st2 中的字符串比较，比较结果返回到 k 中，根据 k 值再输出结果提示串。当输入为 JAVA 时，由 ASCII 码可知"JAVA"大于"C Language"故 k=1,k>0 为真，输出结果"st1>st2"。

6. 测字符串长度函数 strlen(String Length)

格式：strlen(字符数组名)

功能：测字符串的实际长度(不含字符串结束标志'\0')并作为函数返回值。

【例 8-18】 符串长度函数 strlen 的使用。

```
# include"stdio.h"
# include"string.h"
void main()
{ int k;
  static char st[] = "C language";
  k = strlen(st);
  printf("The lenth of the string is % d\n",k);
}
```

执行结果：

```
The lenth of the string is 10
```

8.4　数组元素或数组名作为函数的参数

8.4.1　数组元素作为函数的参数

数组元素作为函数的参数，当发生函数调用时，参数进行的是"值传递"，因此形参和实参分别占用自己的内存单元。值是单向传递的。

【例 8-19】 有两个数组 a 和 b，各有 10 个元素，将它们对应地逐个比较(即 a[0]与 b[0]比，a[1]与 b[1]比，……)。如果 a 数组中的元素大于 b 数组中的相应元素的数目多于 b 数组中元素大于 a 数组中相应元素的数目(例如，a[i]>b[i]6 次，b[i]>a[i]3 次，其中 i 每次为不同的值)，则认为 a 数组大于 b 数组，并分别统计出两个数组相对应元素大于、等于、小于的次数。

源程序：

```
# include < stdio.h >
void main()
{
    int large( int x, int y);            //函数原型声明
    int a[10],b[10],i,n = 0,m = 0,k = 0;
    printf("Enter array a:\n");
    for(i = 0;i < 10;i++)                 //生成数组 a 里的每个元素
      scanf(" % d",&a[i]);
    printf("\n");
    printf("Enter array b:\n");
    for(i = 0;i < 10;i++)                 //生成数组 b 里的每个元素
      scanf(" % d",&b[i]);
    printf("\n");
    for(i = 0;i < 10;i++)
    {
```

```
            if(large(a[i],b[i]) == 1)
                n = n + 1;
            else
                if(large(a[i],b[i]) == 0)
                    m = m + 1;
                else
                    k = k + 1;
        }
        printf("a[i]>b[i] % d times\na[i] = b[i] % d times\na[i]<b[i] % d times\n",n,m,k);
        if(n > k)
            printf("array a is larger than array b\n");
        else
            if(n < k)
                printf("array a is smaller than array b\n");
            else
                printf("array a is equal to array b\n");
    }
    int large(int x, int y)
    {   int flag;
        if(x > y)
            flag = 1;
        else if(x < y)
            flag = -1;
        else flag = 0;
        return(flag);
    }
```

执行结果:

```
Enter array a:
4 8 9 7 3 11 5 6 12 10

Enter array b:
3 5 9 4 7 6 12 10 9 8

a[i]>b[i] 6 times
a[i]=b[i] 1 times
a[i]<b[i] 3 times
array a is larger than array b
```

8.4.2 数组名作为函数的参数

因为数组名代表的是数组的起始地址,一个数组一旦定义,再见到该数组名就代表数组的起始地址,是个地址常量。因此数组名作为函数的参数是"传址的"。这时形参和实参共同操作一块内存,关于传地址结合指针进一步学习。

【例8-20】 用选择法对数组中10个整数按由小到大排序。

选择法的思想是:先找出10个数中最小的数,然后与a[0]交换;再将a[1]到a[9]中最小的数与a[1]交换,……,每比较一轮,找出一个未经排序的数中最小的一个然后进行交换。10个数共比较9轮。以6个数排列为例,假设6个数分别是9、8、7、6、4、3,选择法排序如图8-6所示。

图 8-6　选择法排序第一轮比较示意图

源程序:

```c
#include <stdio.h>
void main()
{
    void sort(int a[],int n);
    int array[10],i;
    printf("enter the array\n");
    for(i = 0;i < 10;i++)
        scanf("%d",&array[i]);
    sort(array,10);                    //发生函数调用
    printf("the sorted array:\n");
    for(i = 0;i < 10;i++)
        printf("%5d",array[i]);
    printf("\n");
}
void sort(int a[],int n)
{ int i,j,k,t;                          //k记录最小值的下标
    for(i = 0;i < n - 1;i++)
    {    k = i;
        for(j = i + 1;j < n;j++)
            if(a[j] < a[k])
                k = j;
        t = a[k];
        a[k] = a[i];
        a[i] = t;
    }
}
```

执行结果：

```
enter the array
9 8 6 4 7 3 2 11 5 10
the sorted array:
    2   3   4   5   6   7   8   9   10  11
```

此程序中形参和实参均为数组名。发生函数调用时将实参数组的地址传给形参数组array,实际上数组 a 和 array 共同操作一块内存空间。因此,在被调函数里对 array 进行了排序,实际上就是对主调函数的参数 a 进行排序。

8.5　程 序 举 例

【例 8-21】　把一个整数按大小顺序插入已排好序的数组中。

为了把一个数按大小插入已排好序的数组中,应首先确定排序是从大到小还是从小到大进行的。设排序是从大到小进行的,则可把欲插入的数与数组中各数逐个比较,当找到第一个比插入数小的元素 i 时,该元素位置即为插入位置(①找插入位置)。然后从数组最后一个元素开始到元素 i 为止,逐个向后移动一个单元(②移动数据)。最后把待插入数值赋予元素 i 位置即可(③插入数据)。如果被插入数比所有的元素值都小则插入最后位置。

源程序:

```c
#include"stdio.h"
void main()
{
    int i,j,p,q,s,n,a[11] = {127,3,6,28,54,68,87,105,162,18};
    for(i = 0;i<10;i++)
    {
        p = i;q = a[i];
        for(j = i+1;j<10;j++)
            if(q<a[j]) {p = j;q = a[j];}
            if(p!= i)
                {
                    s = a[i];
                    a[i] = a[p];
                    a[p] = s;
                }
        printf("%d ",a[i]);
    }
    printf("\ninput number:\n");
    scanf("%d",&n);
    for(i = 0;i<10;i++)
        if(n>a[i])
        {
            for(s = 9;s>= i;s--)
                a[s+1] = a[s];
            break;
        }
    a[i] = n;
    for(i = 0;i<= 10;i++)
```

```
        printf(" % d ",a[i]);
    printf("\n");
}
```

执行结果:

```
162 127 105 87 68 54 28 18 6 3
input number:
57
162 127 105 87 68 57 54 28 18 6 3
```

【例 8-22】 打印九九乘法表(下三角)。

本题的编程思路是:九九乘法表是一个二维表格,因此用二维数组进行表示。那么一共 9 行,每一行只显示到对角线即可,因此外层循环(用 i 变量控制)9 次,内层循环(用 j 变量控制)应该是从 1 到 i。程序如下:

```
#include"stdio.h"
void main()
{
    int i,j,a[9][9];
    for(i = 1;i < 10;i++)            //生成乘法口诀表
    {
        for(j = 1;j <= i;j++)
            a[i][j] = i * j;
    }
     printf("\nMultiple Table Is:\n");
     for(i = 1;i < 10;i++)
     {
        for(j = 1;j <= i;j++)            //输出下三角小九九乘法表
            printf(" % d * % d = % 2d ",i,j,a[i][j]);
        printf("\n");
     }
}
```

执行结果:

```
Multiple Table Is:
1*1= 1
2*1= 2  2*2= 4
3*1= 3  3*2= 6  3*3= 9
4*1= 4  4*2= 8  4*3=12  4*4=16
5*1= 5  5*2=10  5*3=15  5*4=20  5*5=25
6*1= 6  6*2=12  6*3=18  6*4=24  6*5=30  6*6=36
7*1= 7  7*2=14  7*3=21  7*4=28  7*5=35  7*6=42  7*7=49
8*1= 8  8*2=16  8*3=24  8*4=32  8*5=40  8*6=48  8*7=56  8*8=64
9*1= 9  9*2=18  9*3=27  9*4=36  9*5=45  9*6=54  9*7=63  9*8=72  9*9=81
```

【例 8-23】 输入五个国家的名称按字母顺序排列输出。

本题编程思路如下:五个国家名应由一个二维字符数组来处理。然而 C 语言规定可以把一个二维数组当成多个一维数组处理。因此本题又可以按五个一维数组处理,而每一个一维数组就是一个国家名字符串。用字符串比较函数比较各一维数组的大小,并排序,输出结果即可。

编程如下:

```
# include "stdio.h"
# include "string.h"
void main()
```

```
{
    char st[20],cs[5][20];
    int i,j,p;
    printf("input country's name:\n");
    for(i = 0;i < 5;i++)
        gets(cs[i]);                    //cs[i]相当于数组名
    printf("\n");
    for(i = 0;i < 5;i++)
    {
        p = i;
        strcpy(st,cs[i]);
        for(j = i + 1;j < 5;j++)
            if(strcmp(cs[j],st)< 0)
            {
                p = j;
                strcpy(st,cs[j]);
            }
        if(p!= i)
        {   strcpy(st,cs[i]);
            strcpy(cs[i],cs[p]);
            strcpy(cs[p],st);
        }
        puts(cs[i]);
    }
    printf("\n");
}
```

执行结果:

```
input country's name:
China
Japan
England
USA
Russian

China
England
Japan
Russian
USA
```

本程序的第一个 for 语句中,用 gets 函数输入五个国家名字符串。上面说过 C 语言允许把一个二维数组按多个一维数组处理,本程序说明 cs[5][20]为二维字符数组,可分为五个一维数组 cs[0],cs[1],cs[2],cs[3],cs[4]。因此在 gets 函数中使用 cs[i]是合法的。在第二个 for 语句中又嵌套了一个 for 语句组成双重循环。这个双重循环完成按字母顺序排序的工作。在外层循环中把字符数组 cs[i]中的国名字符串拷贝到数组 st 中,并把下标 i 赋予 P。进入内层循环后,把 st 与 cs[i]以后的各字符串作比较,若有比 st 小者则把该字符串拷贝到 st 中,并把其下标赋予 p。内循环完成后如 p 不等于 i 说明有比 cs[i]更小的字符串出现,因此交换 cs[i]和 st 的内容。至此已确定了数组 cs 的第 i 号元素的排序值。然后输出该字符串。在外循环全部完成之后即完成全部排序和输出。

本 章 小 结

（1）数组是程序设计中最常用的数据结构。数组可分为数值数组（整型数组、实型数组），字符数组以及后面将要介绍的指针数组，结构体数组等。

（2）数组可以是一维的、二维的或多维的。

（3）数组定义由类型说明符、数组名、数组长度（数组元素个数）三部分组成。数组元素又称为下标变量。数组的类型是指下标变量取值的类型。

（4）对数组的赋值可以用数组初始化赋值，输入函数动态赋值和赋值语句赋值三种方法实现。对数值数组不能用赋值语句整体赋值、输入或输出，而必须用循环语句逐个对数组元素进行操作。

（5）对数组元素的操作一般情况下是操作数组的下标，寻找解决问题的下标规律。例如方阵的主对角线两个坐标的关系等。

（6）对于二维数组，一般都是外层循环控制行，内层循环控制列。

（7）字符串只能给字符数组进行初始化，不能赋值。

（8）字符数组间不能赋值，只能通过 strcpy 函数进行复制。

（9）对数组进行初始化时，部分初始化对数值型数组而言，未被初始化的元素为 0；对字符型数组而言，未被初始化元素为'\0'。

习 题 8

1. 选择题

（1）若有定义：int bb[8]；。则以下表达式中不能代表数组元 bb[1]的地址的是（　　）。

    A. &bb[0]+1   B. &bb[1]   C. &bb[0]++   D. bb+1

（2）假定 int 类型变量占用两个字节，其有定义：int x[10]={0,2,4};，则数组 x 在内存中所占字节数是（　　）。

    A. 3   B. 6   C. 10   D. 20

（3）若有数组定义：char array [ ]="China";则数组 array 所占的空间为（　　）。

    A. 4 个字节   B. 5 个字节   C. 6 个字节   D. 7 个字节

（4）执行下面的程序段后，变量 k 中的值为（　　）。

```
int k = 3,s[2];
s[0] = k; k = s[1] * 10;
```

    A. 不定值   B. 33   C. 30   D. 10

（5）若有以下说明：

```
int a[12] = {1,2,3,4,5,6,7,8,9,10,11,12};
char c = 'a',d,g;
```

则数值为 4 的表达式是（　　）

    A. a[g-c]   B. a[4]   C. a['d'-'c']   D. a['d'-c]

(6) 若有定义和语句：

```
char s[10];s = "abcd";printf(" % s\n",s);
```

则结果是(以下⌣代表空格)(　　)。

  A. 输出 abcd   B. 输出 a

  C. 输出 abcd⌣⌣⌣⌣   D. 编译不通过

(7) 在定义 int m[ ][3]={1,2,3,4,5,6}; 后,m[1][0]的值是(　　)。

  A. 4   B. 1   C. 2   D. 5

(8) 若二维数组 c 有 m 列,则计算任一元素 c[i][j]在数组中位置的公式为(　　)。
(假设 c[0][0]位于数组的第一个位置)

  A. $i*m+j$ B. $j*m+i$ C. $i*m+j-1$ D. $i*m+j+1$

(9) 若说明：int a[2][3]；则对 a 数组元素的正确引用是(　　)。

  A. a(1,2)   B. a[1,3]   C. a[1>2][! 1]   D. a[2][0]

(10) 设有 static char str[ ]="Beijing";
则执行 printf("%d\n",strlen(strcpy(str,"China")));后的输出结果为(　　)。

  A. 5   B. 7   C. 12   D. 14

(11) 若有以下程序段：

```
char str[ ] = "ab\n\012\\\"";
printf(" % d",strlen(str));
```

上面程序段的输出结果是(　　)。

  A. 3   B. 4   C. 6   D. 12

(12) 下面程序运行后,输出结果是(　　)。

```
# include < stdio. h>
void main()
{
  char ch[7] = { "65ab21"};
  int i,s = 0;
  for(i = 0;ch[i]> = '0'&&ch[i]< = '9';i += 2)
  s = 10 * s + ch[i] - '0';
  printf(" % d\n",s);
}
```

  A. 12ba56   B. 6521   C. 6   D. 62

(13) 运行下面的程序,如果从键盘输入 ABC 时,输出结果是(　　)。

```
# include"stdio. h"
# include< string. h>
void main()
{
  char ss[10] = "12345";
  strcat(ss,"6789");
  gets(ss);printf(" % s\n",ss);
}
```

A. ABC   B. ABC9   C. 123456ABC D. ABC456789

(14) 以下程序运行后,输出结果是( )。

```
#include"stdio.h"
#include<string.h>
void main()
{
    char ch[3][5] = {"AAAA","BBB","CC"};
    printf("\"%s\"\n",ch[1]);
}
```

A. "AAAA"   B. "BBB"   C. "BBBCC"   D. "CC"

(15) 以下程序运行后,输出结果是( )。

```
#include"stdio.h"
#include<string.h>
void main()
{
    char arr[2][4];
    strcpy(arr[0],"you");
    strcpy(arr[1],"me");
    arr[0][3] = '&';
    printf("%s\n",arr);
}
```

A. you&me   B. you   C. me   D. err

2. 将一个数组中的元素按逆序重新存放并输出。例如,原来顺序为 1,2,3,4,5。要改为 5,4,3,2,1。

3. 输出以下杨辉三角形(要求输出 10 行)。

```
1
1  2
1  2  1
1  3  3  1
1  4  6  4  1
1  5  10  10  5  1
```

4. 有 15 个数按由大到小顺序存放在一个数组中,输入一个数,要求用折半查找法找出该数是数组中第几个元素的值。如果该数不在数组中,则打印出"无此数"。

5. 有一篇文章,共有 3 行文字,每行有 80 个字符。要求分别统计出其中英文大写字母、小写字母、数字、空格以及其他字符的个数。

6. 打印以下图案:

```
*****
 *****
  *****
   *****
    *****
```

7. m 个人的成绩存放在整型数组 score 中,请编写函数 fun,它的功能是:将低于平均分的人数作为函数值返回主函数,并将低于平均分的分数存放在主函数定义的数组 below 中。

8. 编写一个函数,将两个字符串连接。

9. 编写一个函数,输入一行字符,将此字符串中最长的单词输出。

10. 编写一个程序,将字符数组 s2 中的全部字符拷贝到字符组 s1 中,不用 strcpy 函数。拷贝时,'\0'也要拷贝过去。'\0'后面的字符不拷贝。

第9章　　　　　　　　　指　针

本章导语：

指针是 C 语言中的一个重要概念，也是 C 语言的一个重要特色。指针在动态分配内存、数组和字符串操作上具有较强的优势。指针变量是一种特殊的量，是保存地址值的变量。

本章学习重点：

(1) 指针的概念。

(2) 指向变量的指针变量的应用。

(3) 指向数组的指针变量的应用。

(4) 字符串与指针。

(5) 指针变量作函数的函数。

9.1　地址和指针的基本概念

在计算机中，所有的数据都是存放在存储器中的。一般把存储器中的一个字节称为一个内存单元，不同的数据类型所占用的内存单元个数不等，如整型量占 4 个单元，字符量占 1 个单元等，在前面已有详细的介绍。为了正确地访问这些内存单元，必须为每个内存单元编上号，内存单元的编号也叫做地址。然后根据内存单元的编号或地址即可准确地找到要访问的内存单元。通常也把这个地址称为指针。内存单元的指针和内存单元的内容是两个不同的概念。可以用一个通俗的例子来说明它们之间的关系。我们到银行去存取款时，银行工作人员将根据我们的账号去找我们的存款单，找到之后在存单上写入存款、取款的金额。在这里，账号就是存单的指针，存款数是存单的内容。对于一个内存单元来说，单元的地址即为指针，其中存放的数据才是该单元的内容。在 C 语言中，允许用一个变量来存放地址，这种变量称为指针变量。因此，一个指针变量的值就是某个内存单元的地址或称为某内存单元的指针。

图 9-1 中，设有字符变量 c，其内容为'K'(ASCII 码为十进制数 75)，c 占用了 011A 号单元(地址用十六进制数表示)。设有指针变量 p，内容为 011A，即指针变量 p 的内存空间保存的是变量 c 的地址。这种情况称为 P 指向变量 c，或说 P 是指向变量 c 的指针变量。

图 9-1　地址与指针

严格地说，一个指针是一个地址，是一个常量。而一个指针变量却可以被赋予不同的指针值，是变量。但常把指针变量简称为指针。为了避免混淆，我们约定："指针"是指地址，是常量,"指针变量"是指取值为地址的变量。定义指针的目的是为了通过指针去访问它所指向的内存单元。

　　既然指针变量的值是一个地址,那么这个地址不仅可以是变量的地址,也可以是其他数据结构的地址。在一个指针变量中存放一个数组或一个函数的首地址有何意义呢?因为数组或函数都是连续存放的。通过访问指针变量取得了数组或函数的首地址,也就找到了该数组或函数。这样一来,凡是出现数组、函数的地方都可以用一个指针变量来表示,只要该指针变量中赋予数组或函数的首地址即可。这样做将会使程序的概念十分清楚,程序本身也精练,高效。在 C 语言中,一种数据类型或数据结构往往都占有一组连续的内存单元。用"地址"这个概念并不能很好地描述一种数据类型或数据结构,而"指针"虽然实际上也是一个地址,但它却是一个数据结构的首地址,它是"指向"一个数据结构的,因而概念更为清楚,表示更为明确。这也是引入"指针"概念的一个重要原因。

9.2　变量的指针和指向变量的指针变量

　　变量的指针就是变量的地址。存放变量地址的变量是指针变量。即在 C 语言中,允许用一个变量来存放地址,这种变量称为指针变量。存放一个简单变量地址的指针变量就称为是指向变量的指针变量。

　　为了表示指针变量和它所指向的变量之间的关系,在程序中用"＊"符号表示"指向",例如,i_pointer 代表指针变量,而 ＊i_pointer 是 i_pointer 所指向的变量。

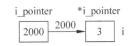

图 9-2　指针 i_pointer 和 ＊i_pointer

　　因此,下面两个语句作用相同:

```
i = 3;
＊i_pointer = 3;
```

　　第二个语句的含义是将 3 赋给指针变量 i_pointer 所指向的变量。

9.2.1　定义一个指针变量

　　对指针变量的定义包括以下 3 个内容。
　　(1) 指针标识说明 ＊:即定义变量为一个指针变量。
　　(2) 指针变量名。
　　(3) 变量值(指针)所指向的变量的数据类型。
　　其一般形式为:

```
类型说明符　＊变量名;
```

　　其中,＊ 表示这是定义一个指针变量,变量名即为定义的指针变量名,类型说明符表示本指针变量所指向的变量的数据类型。

例如： int * p1;

表示 p1 是一个指针变量,它的值是某个整型变量的地址。或者说 p1 指向一个整型变量。至于 p1 究竟指向哪一个整型变量,应由向 p1 赋予的地址来决定。

再如：

```
int * p2;                      /* p2 是指向整型变量的指针变量 */
float * p3;                    /* p3 是指向浮点变量的指针变量 */
char * p4;                     /* p4 是指向字符变量的指针变量 */
```

应该注意的是,一个指针变量只能指向同类型的变量,如 P3 只能指向浮点型变量,不能时而指向一个浮点型变量,时而又指向一个字符型变量。

9.2.2 指针变量在内存中的表示

作为变量,在使用时必须分配内存空间,因此指针变量也不例外。指针变量也占用内存空间,如图 9-3 所示。

例如：

```
int a = 3;
int * p = &a;
```

假设变量 a 的内存地址是 2000,变量 p 的内存地址是 3000。则指针变量 p 内存里保存的是 a 的地址 2000,这是区别于其他变量的地方。

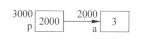

图 9-3 指针变量的存放形式

9.2.3 指针变量的引用

指针变量同普通变量一样,使用之前不仅要定义说明,而且指针变量必须赋予具体的值。这样该指针变量才指向明确,未经赋值的指针变量不能使用,可能会造成系统混乱,甚至死机。指针变量的赋值只能赋予地址,绝不能赋予任何其他数据,否则将引起错误。在 C 语言中,变量的地址是由编译系统分配的,对用户完全不透明,用户不知道变量的具体地址。

两个有关的运算符如下。

(1) &:取地址运算符。

(2) *：指针运算符(或称“间接访问”运算符)。

C 语言中提供了地址运算符 & 来表示变量的地址。

其一般形式为：

&变量名;

如 &a 表示变量 a 的地址,&b 表示变量 b 的地址。变量本身必须预先说明。

设有指向整型变量的指针变量 p,如要把整型变量 a 的地址赋予 p 可以有以下两种方式：

(1) 指针变量初始化的方法

```
int a;
```

```
int * p = &a;
```

（2）赋值语句的方法

```
int a;
int * p;
p = &a;
```

不允许把一个整数赋予指针变量，故下面的赋值是错误的：

```
int * p;
p = 1000;                          //错误,因为用户不知道内存地址为 2000 内是什么内容,
```
因此对其操作危险,被赋值的指针变量前不能再加" * "说明符,如写为 * p = &a 也是错误的

假设：

```
int i = 50, x;
int * ip;
```

定义了两个整型变量 i, x, 还定义了一个指向整型数的指针变量 ip。i, x 中可存放整数，而 ip 中只能存放整型变量的地址。可以把 i 的地址赋给 ip：

```
ip = &i;
```

此时指针变量 ip 指向整型变量 i，假设变量 i 的地址为 2000，这个赋值可形象理解为图 9-4 所示的联系。

以后便可以通过指针变量 ip 间接访问变量 i，例如：

```
x = * ip;
```

运算符 * 访问以 ip 为地址的存储区域，而 ip 中存放的是变量 i 的地址，因此，* ip 访问的是地址为 2000 的存储区域（因为是整数，实际上是从 2000 开始的 4 个字节），它就是 i 所占用的存储区域，所以上面的赋值表达式等价于

```
x = i;
```

另外，指针变量和一般变量一样，存放在它们之中的值是可以改变的，也就是说可以改变它们的指向，假设

```
int i, j, * p1, * p2;
i = 100;
j = 200;
p1 = &i;
p2 = &j;
```

则建立如图 9-5 所示的联系。

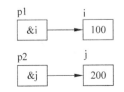

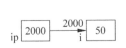

图 9-4 指针变量与其所指向的变量　　　　图 9-5 指针变量 p1 和 p2 分别指向变量 i、j

这时赋值表达式：

p2 = p1

就使 p2 与 p1 指向同一对象 i,此时 * p2 就等价于 i,而不是 j,如图 9-6 所示。
如果执行如下表达式：

* p2 = * p1;

则表示把 p1 指向的内容赋给 p2 所指的区域,此时就变成图 9-7 所示。

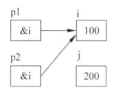

图 9-6　指针变量 p1 和 p2 都指向变量 i

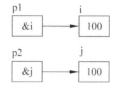

图 9-7　执行 * p2＝ * p1 的结果

　　通过指针访问它所指向的一个变量是以间接访问的形式进行的,所以比直接访问一个变量要费时间,而且不直观,因为通过指针要访问哪一个变量,取决于指针的值(即指向),例如" * p2＝ * p1;"实际上就是"j＝i;",前者不仅速度慢而且目的不明。但由于指针是变量,我们可以通过改变它们的指向,以间接访问不同的变量,这给程序员带来灵活性,也使程序代码编写得更为简洁和有效。

　　指针变量可出现在表达式中,设

int x,y, * px = &x;

指针变量 px 指向整数 x,则 * px 可出现在 x 能出现的任何地方。例如：

```
y = * px + 5;              /* 表示把 x 的内容加 5 并赋给 y */
y = ++ * px;              /* px 的内容加上 1 之后赋给 y, ++ * px 相当于 ++( * px) */
y = * px++;              /* 相当于 y = * px; px++ */
```

【例 9-1】　指向变量的指针变量应用。

```
# include < stdio. h >
void main()
{ int a,b;
  int  * pointer_1, * pointer_2;
  a = 100;b = 10;
  pointer_1 = &a;
  pointer_2 = &b;
  printf(" % d, % d\n",a,b);
  printf(" % d, % d\n", * pointer_1, * pointer_2);
}
```

执行结果：

```
100,10
100,10
```

对程序的说明：

（1）在开头处虽然定义了两个指针变量 pointer_1 和 pointer_2，但它们并未指向任何一个整型变量。只是提供两个指针变量，规定它们可以指向整型变量。程序第 6、7 行的作用就是使 pointer_1 指向 a，pointer_2 指向 b，如图 9-8 所示。

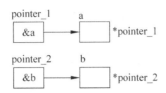

图 9-8　指针 pointer_1 和 pointer_2 的指向

（2）最后一行的 * pointer_1 和 * pointer_2 就是变量 a 和 b。最后两个 printf 函数作用是相同的。

（3）程序中有两处出现 * pointer_1 和 * pointer_2，请区分它们的不同含义。

（4）程序第 6、7 行的"pointer_1＝&a"和"pointer_2＝&b"不能写成" * pointer_1＝&a"和" * pointer_2＝&b"。

请对下面关于"&"和" * "的问题进行考虑：

（1）如果已经执行了"pointer_1＝&a；"语句，则 & * pointer_1 是什么含义？

（2） * &a 含义是什么？

（3）（ * pointer_1）＋＋和 pointer_1＋＋的区别是什么？

【例 9-2】　输入 a 和 b 两个整数，按先大后小的顺序输出 a 和 b。

```
# include < stdio. h>
void main()
{ int * p1, * p2, * p,a,b;
  scanf(" % d, % d",&a,&b);
  p1 = &a;p2 = &b;
  if(a < b)
  { p = p1;p1 = p2;p2 = p; }
  printf("\na = % d,b = % d\n",a,b);
  printf("max = % d,min = % d\n", * p1, * p2);
}
```

执行结果：

```
8,12

a=8,b=12
max=12,min=8
```

9.2.4　指针变量作为函数参数

函数的参数不仅可以是整型、实型、字符型变量、数组或数组元素，还可以是指针类型，当发生函数调用时，是将实参的地址值传递给被调函数的形参中。

【例 9-3】　使输入的两个整数按大小顺序输出。现用函数处理，而且用指针类型的数据作函数参数。

```
# include <stdio.h>
void swap(int * p1,int * p2)      /* 交换两个指针变量中的内容 */
{   int temp;
    temp = * p1;
     * p1 = * p2;
     * p2 = temp;
}
void main()
{
  int a,b;
  int * pointer_1, * pointer_2;
  scanf(" % d, % d",&a,&b);
  pointer_1 = &a;pointer_2 = &b;
  if(a < b) swap(pointer_1,pointer_2);
  printf("\n % d, % d\n",a,b);
}
```

执行结果：

9,12

12,9

程序的说明：

swap 是用户定义的函数,它的作用是交换两个变量(a 和 b)的值。swap 函数的形参 p1、p2 是指针变量。程序运行时,先执行 main 函数,输入 a 和 b 的值。然后将 a 和 b 的地址分别赋给指针变量 pointer_1 和 pointer_2,使 pointer_1 指向 a,pointer_2 指向 b,如图 9-9 所示。

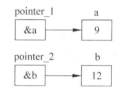

图 9-9 函数调用前指针所指向变量的情形

接着执行 if 语句,由于 a<b,因此执行 swap 函数。注意实参 pointer_1 和 pointer_2 是指针变量,在函数调用时,将实参变量的值传递给形参变量。采取的依然是"值传递"方式。因此虚实结合后形参 p1 的值为 &a,p2 的值为 &b。这时 p1 和 pointer_1 指向变量 a,p2 和 pointer_2 指向变量 b,变化如图 9-10 所示。

接着执行 swap 函数的函数体使 * p1 和 * p2 的值互换,也就是使 a 和 b 的值互换,如图 9-11 所示。

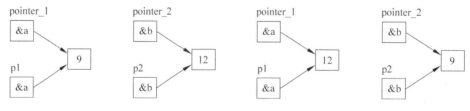

图 9-10 参数调用传"地址值"   图 9-11 交换 * p1 和 * p2 后的情形

函数调用结束后,p1 和 p2 不复存在(已释放),如图 9-12 所示。

最后在 main 函数中输出的 a 和 b 的值是已经交换过的值。

请注意交换 * p1 和 * p2 的值是如何实现的。请找出下列程序段的错误：

```
void swap(int * p1, int * p2)
{   int * temp;
    * temp = * p1;                    /* 此语句有问题 */
    * p1 = * p2;
    * p2 = temp;
}
```

错误的原因是：指针变量 temp 指向不明确。这是使用指针变量的大忌。

【例 9-4】 请注意，不能企图通过改变指针形参的值而使指针实参的值改变。

```
# include < stdio.h >
void swap(int * p1, int * p2)
{   int * p;
    p = p1;
    p1 = p2;
    p2 = p;
}
void main()
{
    int a, b;
    int * pointer_1, * pointer_2;
    scanf(" % d, % d", &a, &b);
    pointer_1 = &a; pointer_2 = &b;
    if(a < b) swap(pointer_1, pointer_2);
    printf("\n % d, % d\n", * pointer_1, * pointer_2);
}
```

执行结果：

9,12

9,12

其中的问题在于不能实现如图 9-13(d)所示的步骤。假设变量 a 的地址是 2000，b 的地址是 2004，详细如图 9-13 所示。

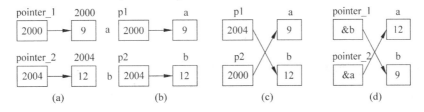

图 9-13 交换形参两个指针变量的值不会影响实参指针变量

9.3 数组的指针和指向数组的指针变量

一个变量有一个地址，一个数组包含若干元素，每个数组元素都在内存中占用存储单元，它们都有相应的地址。所谓数组的指针是指数组的起始地址，数组元素的指针是数组元素的地址。

9.3.1 指向数组元素的指针变量

一个数组是由连续的一块内存单元组成的。数组名就是这块连续内存单元的首地址。一个数组也是由各个数组元素(下标变量)组成的。每个数组元素按其类型不同占有几个连续的内存单元。一个数组元素的首地址也是指它所占有的几个内存单元的首地址。

定义一个指向数组元素的指针变量的方法,与以前介绍的指向变量的指针变量相同。例如:

```
int a[10];              /*定义 a 为包含 10 个整型数据的数组 */
int *p;                 /*定义 p 为指向整型变量的指针 */
```

应当注意,因为数组为 int 型,所以指针变量也应为指向 int 型的指针变量。下面是对指针变量赋值:

```
p = &a[0];
```

把 a[0]元素的地址赋给指针变量 p。也就是说,p 指向 a 数组的第 0 号元素,如图 9-14 所示。

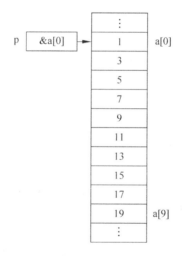

图 9-14 指针 p 指向 a[0]

C 语言规定,数组名代表数组的首地址,也就是第 0 号元素的地址。因此,下面两个语句等价:

```
p = &a[0]; ⟺ p = a;
```

在定义指针变量时可以赋给初值:

```
int *p = &a[0];
```

它等效于:

```
int *p;
p = &a[0];
```

当然定义时也可以写成：

```
int * p = a;
```

从图 9-14 中可以看出有以下关系：p，a，&a[0]均指向同一单元，它们是数组 a 的首地址，也是 0 号元素 a[0]的首地址。应该说明的是 p 是变量，而 a，&a[0]都是常量。在编程时应予以注意。

数组指针变量说明的一般形式为：

> 类型说明符 数组名[];
> 类型说明符 ＊指针变量名＝数组名;

其中类型说明符表示所指数组的类型。从一般形式可以看出指向数组的指针变量和指向普通变量的指针变量的说明是相同的。

9.3.2 通过指针引用数组元素

C 语言规定：如果指针变量 p 已指向数组中的一个元素，则 p＋1 指向同一数组中的下一个元素。

引入指针变量后，就可以用两种方法来访问数组元素了。

如果 p 的初值为 &a[0]，则：

(1) p＋i 和 a＋i 就是 a[i]的地址，或者说它们指向 a 数组的第 i 个元素，如图 9-15 所示。

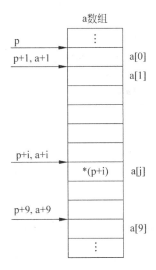

图 9-15 指针变量 p 与数组 a 的关系

(2) ＊(p＋i)或 ＊(a＋i)就是 p＋i 或 a＋i 所指向的数组元素，即 a[i]。例如，＊(p＋5)或 ＊(a＋5)就是 a[5]。

(3) 指向数组的指针变量也可以带下标，如 p[i]与 ＊(p＋i)等价。

根据以上叙述，引用一个数组元素可以用：

(1) 下标法，即用 a[i]形式访问数组元素。在前面介绍数组时都是采用这种方法。

(2) 指针法,即采用 *(a+i) 或 *(p+i) 形式,用间接访问的方法来访问数组元素,其中 a 是数组名,p 是指向数组的指针变量,其初值 p＝a。

【例 9-5】 输出数组中的全部元素。(下标法)

```c
#include <stdio.h>
void main()
{
    int a[5],i;
    for(i = 0;i < 5;i++)
        a[i] = i;
    for(i = 0;i < 5;i++)
        printf("a[ % d] = % d\n",i,a[i]);
}
```

执行结果:

```
a[0]=0
a[1]=1
a[2]=2
a[3]=3
a[4]=4
```

【例 9-6】 输出数组中的全部元素。(通过数组名计算元素的地址,找出元素的值)

```c
#include <stdio.h>
void main()
{
    int a[5],i;
    for(i = 0;i < 5;i++)
        * (a + i) = i;
    for(i = 0;i < 5;i++)
        printf("a[ % d] = % d\n",i, * (a + i));
}
```

执行结果:

```
a[0]=0
a[1]=1
a[2]=2
a[3]=3
a[4]=4
```

【例 9-7】 输出数组中的全部元素。(用指针变量指向元素)

```c
#include <stdio.h>
void main()
{
    int a[5],i, * p;
    p = a;
    for(i = 0;i < 5;i++)
        * (p + i) = i;
    for(i = 0;i < 5;i++)
        printf("a[ % d] = % d\n",i, * (p + i));
}
```

执行结果：

```
a[0]=0
a[1]=1
a[2]=2
a[3]=3
a[4]=4
```

【例 9-8】 输出数组中的全部元素。(用指针变量自加运算间接引用数组元素)

```
#include <stdio.h>
void main()
{
  int a[5],i, * p = a;
  for(i = 0;i < 5;)
  {
    * p = i;
    printf("a[ % d] = % d\n",i++, * (p++));
  }
}
```

执行结果：

```
a[0]=0
a[1]=1
a[2]=2
a[3]=3
a[4]=4
```

使用指向数组的指针变量要注意的几个问题：

(1) 指针变量可以实现本身的值的改变。如 p++是合法的；而 a++是错误的。因为 a 是数组名,它是数组的首地址,是常量。

(2) 要注意指针变量的当前值,请看下面的程序。

【例 9-9】 找出错误。

```
#include <stdio.h>
void main()
{
  int * p,i,a[5];
  p = a;
  for(i = 0;i < 5;i++)
    * p++ = i;
  for(i = 0;i < 5;i++)
    printf("a[ % d] = % d\n",i, * p++);
}
```

执行结果：

```
a[0]=-858993460
a[1]=-858993460
a[2]=-858993460
a[3]=-858993460
a[4]=-858993460
```

【例 9-10】 改正例 9-9。

```
#include <stdio.h>
void main()
```

```
{
  int * p,i,a[5];
  p = a;
  for(i = 0;i < 5;i++)
    * p++ = i;
  p = a;                        //指针又重新指到数组的起始地址
  for(i = 0;i < 5;i++)
    printf("a[ % d] = % d\n",i, * p++);
}
```

执行结果：

```
a[0]=0
a[1]=1
a[2]=2
a[3]=3
a[4]=4
```

（3）从例 9-10 可以看出，虽然定义数组时指定它包含 5 个元素，但指针变量可以指到数组以后的内存单元，系统并不认为非法。

（4）* p++，由于++和 * 同优先级，结合方向自右而左，等价于 * (p++)。

（5）* (p++)与 * (++p)作用不同。若 p 的初值为 a，则 * (p++)等价于 a[0]，* (++p)等价于 a[1]。

（6）(* p)++表示 p 所指向的元素值加 1。

（7）如果 p 当前指向 a 数组中的第 i 个元素，则

```
* (p--)相当于 a[i--];
* (++p)相当于 a[++i];
* (--p)相当于 a[--i]
```

9.3.3　数组名作函数参数

数组名可以作函数的实参和形参。例如：

```
void main()
{    int array[10];
     …
     f(array,10);
     …
}

void f(int arr[],int n);
{
     …
}
```

array 为实参数组名，arr 为形参数组名。在学习指针变量之后就更容易理解这个问题了。数组名就是数组的首地址，实参向形参传送数组名实际上就是传送数组的地址，形参得到该地址后也指向同一数组，在被调函数中操作的数组实际上就是实参的数组。这就好像同一件物品有两个彼此不同的名称一样，如图 9-16 所示。

同样，指针变量的值也是地址，而指向数组的指针变量的值即为数组的首地址，当然也

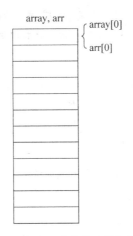

array, arr
{ array[0]
{ arr[0]

图 9-16   实参和形参均为数组的情形

可作为函数的参数使用。

【例 9-11】　数组的首地址传给指针变量。

```
#include <stdio.h>
float aver(float * pa);            /* 函数的原型声明 */
void main()
{
  float sco[5],av, * sp;
  int i;
  sp = sco;
  printf("\ninput 5 scores:\n");
  for(i = 0;i < 5;i++)
  scanf(" % f",&sco[i]);
  av = aver(sp);                    /* 函数的调用,将数组的首地址传给形参(指针变量) */
  printf("average score is % 5.2f\n",av);
}
float aver(float * pa)
{
  int i;
  float av,s = 0;
  for(i = 0;i < 5;i++) s = s + * pa++;
  av = s/5;
  return av;
}
```

执行结果:

```
input 5 scores:
3.1 2.5 6.5 4.3 6.9
average score is  4.66
```

【例 9-12】　将数组 a 中的 n 个整数按相反顺序存放。

算法为:将 a[0] 与 a[n−1] 对换,再将 a[1] 与 a[n−2] 对换,……,直到将 a[(n−1)/2] 与 a[(n−1−(n−1)/2)] 对换。现用循环处理此问题,设两个"位置指示变量"i 和 j,i 的初值为 0,j 的初值为 n−1。将 a[i]与 a[j]交换,然后使 i 的值加 1,j 的值减 1,再将 a[i]与 a[j]
交换,直到 i＝(n−1)/2 为止,该算法(对称折叠)实现过程如图 9-17 所示。

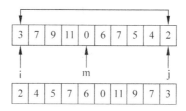

图 9-17　对称折叠算法实现过程

程序如下:

```c
# include < stdio. h>
void inv(int x[ ], int n)             /* 形参 x 是数组名 */
{
   int temp, i, j, m = (n - 1)/2;
   for(i = 0; i <= m; i++)
   {  j = n - 1 - i;
       temp = x[i]; x[i] = x[j]; x[j] = temp;
   }
}
void main()
{    int i, a[10] = {3, 7, 9, 11, 0, 6, 7, 5, 4, 2};
     printf("The original array:\n");
     for(i = 0; i < 10; i++)
        printf(" % d,", a[i]);
     printf("\n");
     inv(a, 10);
     printf("The array has benn inverted:\n");
     for(i = 0; i < 10; i++)
        printf(" % d,", a[i]);
     printf("\n");
}
```

执行结果:

```
The original array:
3,7,9,11,0,6,7,5,4,2,
The array has benn inverted:
2,4,5,7,6,0,11,9,7,3,
```

对此程序可以做一些改动。将函数 inv 中的形参 x 改成指针变量。

【例 9-13】 对例 9-12 可以做一些改动。将函数 inv 中的形参 x 改成指针变量。

程序如下:

```c
# include < stdio. h>
void inv(int * x, int n)                /* 形参 x 为指针变量 */
{
    int * p, temp, * i, * j, m = (n - 1)/2;
    i = x; j = x + n - 1; p = x + m;
    for( ; i <= p; i++, j-- )
```

```
        {
          temp = * i; * i = * j; * j = temp;
        }
    }
void main()
{    int i,a[10] = {3,7,9,11,0,6,7,5,4,2};
     printf("The original array:\n");
     for(i = 0;i < 10;i++)
         printf(" % d,",a[i]);
     printf("\n");
     inv(a,10);
     printf("The array has benn inverted:\n");
     for(i = 0;i < 10;i++)
          printf(" % d,",a[i]);
     printf("\n");
}
```

运行情况与前一程序相同。

归纳起来,如果有一个实参数组,想在函数中改变此数组的元素的值,实参与形参的对应关系有以下 4 种:

(1) 形参和实参都是数组名。

```
void main()                      f( int x[ ],int n)
{    int a[10];                  {
     …                               …
     f(a,10)                     }
     …
}
```

数组 a 和 x 实际是同一数组。

(2) 实参用数组,形参用指针变量。

```
void main()                          f(a,10)
{    int a[10];                      …
     …                               f( int  * x,int n)
{                                    }
     …
}
```

(3) 实参、形参都用指针变量。

(4) 实参为指针变量,形参为数组名。

【例 9-14】 用实参指针变量改写将 n 个整数按相反顺序存放。

```
# include < stdio. h >
void inv( int  * x,int n)
{   int  * p,m,temp,* i, * j;
    m = (n - 1)/2;
    i = x;j = x + n - 1;p = x + m;
    for(;i < = p;i++,j -- )
      {temp = * i; * i = * j; * j = temp;}
```

```
    }
void main()
{    int i,arr[10] = {3,7,9,11,0,6,7,5,4,2}, * p;
     p = arr;
     printf("The original array:\n");
     for(i = 0;i < 10;i++,p++)
         printf(" % d,", * p);
     printf("\n");
     p = arr;
     inv(p,10);
     printf("The array has benn inverted:\n");
     for(p = arr;p < arr + 10;p++)
         printf(" % d,", * p);
     printf("\n");
}
```

执行结果：

```
The original array:
3,7,9,11,0,6,7,5,4,2,
The array has benn inverted:
2,4,5,7,6,0,11,9,7,3,
```

注意：main 函数中的指针变量 p 是有确定值的。即如果用指针变量作实参，必须先使指针变量有确定值，指向一个已定义的数组。

【例 9-15】 用选择法对 10 个整数排序。

```
# include < stdio. h >
void main()
{   int * p,i,a[10] = {3,7,9,11,0,6,7,5,4,2};
    void sort(int x[ ],int n);
    printf("The original array:\n");
    for(i = 0;i < 10;i++)
        printf(" % d,",a[i]);
    printf("\n");
    p = a;
    sort(p,10);
    for(p = a,i = 0;i < 10;i++)
    {    printf(" % d ", * p);
         p++;
    }
    printf("\n");
}
void sort(int x[ ],int n)
{    int i,j,k,t;
     for(i = 0;i < n - 1;i++)
     { k = i;
         for(j = i + 1;j < n;j++)
             if(x[j]> x[k])k = j;
         if(k!= i)
             {    t = x[i];
                  x[i] = x[k];
                  x[k] = t;
```

```
        }
    }
}
```

说明：函数 sort 用数组名作为形参，也可改为用指针变量，这时函数的首部可以改为：
sort(int * x,int n)其他可一律不改。

9.4 字符串的指针和指向字符串的指针变量

9.4.1 字符串的表示形式

在 C 语言中，可以用两种方法访问一个字符串。

（1）用字符数组存放一个字符串，然后输出该字符串。

【例 9-16】 字符数组存放字符串。

```
# include < stdio. h>
void main()
{
    char string[] = "I love China!";
    printf(" % s\n",string);
}
```

执行结果：

I love China!

说明：和前面介绍的数组属性一样，string 是数组名，它代表字符数组的首地址，如图 9-18 所示。

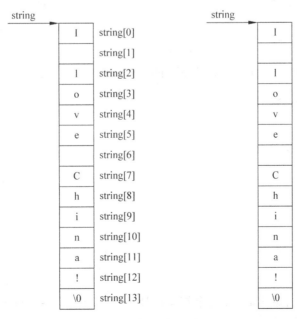

图 9-18 字符数组存放字符串

(2) 指向字符串的指针变量(字符串指针变量)。

【例 9-17】 字符串指针变量。

```
# include <stdio.h>
void main()
{
    char * string = "I love China!";
    printf("%s\n",string);
}
```

字符串指针变量的定义说明与指向字符变量的指针变量说明是相同的。只能按对指针变量的赋值不同来区别。对指向字符变量的指针变量应赋予该字符变量的地址。

例如:

```
char c, * p = &c;
```

表示 p 是一个指向字符变量 c 的指针变量。

而

```
char * s = "C Language";
```

则表示 s 是一个指向字符串的指针变量。把字符串的首地址赋予 s。

上例中,首先定义 string 是一个字符指针变量,然后把字符串的首地址赋予 string(应写出整个字符串,以便编译系统把该串装入连续的一块内存单元),并把首地址送入 string。程序中的:

```
char * ps = "C Language";
```

等效于:

```
char * ps;
ps = "C Language";
```

【例 9-18】 输出字符串中 n 个字符后的所有字符。

```
# include <stdio.h>
void main()
{
  char * ps = "this is a book";
  int n = 10;
  ps = ps + n;
  printf("%s\n",ps);
}
```

执行结果:

```
book
```

在程序中对 ps 初始化时,即把字符串首地址赋予 ps,当 ps＝ps＋10 之后,ps 指向字符"b",因此输出为"book"。

【例9-19】 在输入的字符串中查找有无'k'字符。

```c
#include <stdio.h>
void main()
{
  char st[20], * ps;
  int i;
  printf("input a string:\n");
  ps = st;
  scanf(" %s",ps);
  for(i = 0;ps[i]!= '\0';i++)
    if(ps[i] == 'k')
    {
        printf("there is a 'k' in the string\n");
        break;
    }
  if(ps[i] == '\0') printf("There is no 'k' in the string\n");
}
```

执行结果：

```
input a string:
kfhnbkjdjkk
there is a 'k' in the string
```

【例9-20】 本例是把字符串指针作为函数参数来使用。要求把一个字符串的内容复制到另一个字符串中,并且不能使用 strcpy 函数。函数 cprstr 的形参为两个字符指针变量。pss 指向源字符串,pds 指向目标字符串。注意表达式(* pds= * pss)!='\0'的用法。

```c
cpystr(char  * pss,char  * pds){
  while(( * pds = * pss)!= '\0'){
      pds++;
      pss++; }
}
void main()
{
  char * pa = "CHINA",b[10], * pb;
  pb = b;
  cpystr(pa,pb);
  printf("string a = %s\nstring b = %s\n",pa,pb);
}
```

执行结果：

```
string a=CHINA
string b=CHINA
```

在本例中,程序完成了两项工作:一是把 pss 指向的源字符串复制到 pds 所指向的目标字符串中,二是判断所复制的字符是否为'\0',若是则表明源字符串结束,不再循环。否则,pds 和 pss 都加1,指向下一字符。在主函数中,以指针变量 pa、pb 为实参,分别取得确定值后调用 cprstr 函数。由于采用的指针变量 pa 和 pss,pb 和 pds 均指向同一字符串,因此在主函数和 cprstr 函数中均可使用这些字符串。也可以把 cprstr 函数简化为以下形式:

```
cprstr(char * pss,char * pds)
  {while (( * pds + + = * pss + + )! = '\0');}
```

即把指针的移动和赋值合并在一个语句中。进一步分析还可发现'\0'的ASCII码为0，对于while语句只看表达式的值为非0就循环，为0则结束循环，因此也可省去"!＝'\0'"这一判断部分，而写为以下形式：

```
cprstr (char * pss,char * pds)
    {while ( * pdss++ = * pss++);}
```

表达式的意义可解释为：源字符向目标字符赋值，移动指针，若所赋值为非0则循环，否则结束循环。这样使程序更加简洁。

【例 9-21】 简化后的程序如下：

```
# include < stdio. h>
void cpystr(char * pss,char * pds)
{
    while( * pds++ = * pss++);
}
void main()
{
  char * pa = "CHINA",b[10], * pb;
  pb = b;
  cpystr(pa,pb);
  printf("string a = % s\nstring b = % s\n",pa,pb);
}
```

执行结果：

```
string a=CHINA
string b=CHINA
```

9.4.2　使用字符串指针变量与字符数组的区别

用字符数组和字符串指针变量都可实现字符串的存储和运算。但是两者是有区别的。在使用时应注意以下几个问题：

（1）字符串指针变量本身是一个变量，用于存放字符串的首地址。而字符串本身是存放在以该首地址开始的一块连续的内存空间中，并以'\0'作为串的结束标志，字符串是常量。字符数组是由若干个数组元素组成的，它可用来存放整个字符串。

（2）对字符串指针方式

```
char * ps = "C Language";
```

可以写为

```
char * ps;
ps = "C Language";
```

而对数组方式

```
static char st[] = {"C Language"};
```

不能写为

```
char st[20];
st = {"C Language"};
```

而只能对字符数组的各元素逐个赋值。

从以上几点可以看出字符串指针变量与字符数组在使用时的区别,同时也可看出使用指针变量更加方便。

前面说过,当一个指针变量在未取得确定地址前使用是危险的,容易引起错误。但是对指针变量直接赋值是可以的。因为 C 系统对指针变量赋值时要给以确定的地址。

因此,

```
char *ps = "C Langage";
```

或

```
char *ps;
ps = "C Language";
```

都是合法的。

说明:字符串既可以给字符串指针初始化又可以赋值。

9.5   *函数指针变量

在 C 语言中,一个函数总是占用一段连续的内存区,而函数名就是该函数所占内存区的首地址。我们可以把函数的这个首地址(或称入口地址)赋予一个指针变量,使该指针变量指向该函数。然后通过指针变量就可以找到并调用这个函数。我们把这种指向函数的指针变量称为"函数指针变量"。

函数指针变量定义的一般形式为:

```
类型说明符 (*指针变量名)();
```

其中"类型说明符"表示被指函数的返回值的类型。"(*指针变量名)"表示"*"后面的变量是定义的指针变量。最后的空括号表示指针变量所指的是一个函数。

例如

```
int (*pf)();
```

表示 pf 是一个指向函数入口的指针变量,该函数的返回值(函数类型)是整型。

9.6   *指针型函数

前面介绍过,所谓函数类型是指函数返回值的类型。在 C 语言中允许一个函数的返回值是一个指针(即地址),这种返回指针值的函数称为指针型函数。

定义指针型函数的一般形式为:

```
类型说明符  * 函数名(形参表)
{
    …                                    / * 函数体 * /
}
```

其中函数名之前加了"*"号表明这是一个指针型函数,即返回值是一个指针。类型说明符表示了返回的指针值所指向的数据类型。

例如:

```
int  * ap( int x, int y)
{
    …                                    / * 函数体 * /
}
```

表示 ap 是一个返回指针值的指针型函数,它返回的指针指向一个整型变量。

应该特别注意的是函数指针变量和指针型函数这两者在写法和意义上的区别。如 int(* p)()和 int * p()是两个完全不同的量。

int (* p)()是一个变量说明,说明 p 是一个指向函数入口的指针变量,该函数的返回值是整型量,(* p)的两边的括号不能少。

int * p()则不是变量说明而是函数说明,说明 p 是一个指针型函数,其返回值是一个指向整型量的指针,* p 两边没有括号。作为函数说明,在括号内最好写入形式参数,这样便于与变量说明区别。

对于指针型函数定义,int * p()只是函数头部分,一般还应该有函数体部分。

9.7 指针数组和指向指针的指针变量

9.7.1 指针数组的概念

一个数组的元素值为指针则是指针数组。指针数组是一组有序的指针的集合。指针数组的所有元素都必须是具有相同存储类型和指向相同数据类型的指针变量。

指针数组说明的一般形式为:

```
类型说明符  * 数组名[数组长度]
```

例如:

```
int  * pa[3]
```

表示 pa 是一个指针数组,它有三个数组元素,每个元素值都是一个指针,指向整型变量。

【例 9-22】 通常可用一个指针数组来指向一个二维数组。指针数组中的每个元素被赋予二维数组每一行的首地址,因此也可理解为指向一个一维数组。

源程序:

```
# include < stdio. h>
```

```
void main()
{
  int a[3][3] = {1,2,3,4,5,6,7,8,9};
  int * pa[3] = {a[0],a[1],a[2]};
  int * p = a[0];
  int i;
  for(i = 0;i<3;i++)
      printf("%d,%d,%d\n",a[i][2-i], * a[i], * ( * (a+i)+i));
  for(i = 0;i<3;i++)
      printf("%d,%d,%d\n", * pa[i],p[i], * (p+i));
}
```

执行结果：

```
3,1,1
5,4,5
7,7,9
1,1,1
4,2,2
7,3,3
```

本例程序中,pa 是一个指针数组,三个元素分别指向二维数组 a 的各行。然后用循环语句输出指定的数组元素。其中 * a[i]表示 i 行 0 列元素值; * (* (a+i)+i)表示 i 行 i 列的元素值; * pa[i]表示 i 行 0 列元素值;由于 p 与 a[0]相同,故 p[i]表示 0 行 i 列的值; * (p+i)表示 0 行 i 列的值。读者可仔细领会元素值的各种不同的表示方法。

指针数组也常用来表示一组字符串,这时指针数组的每个元素被赋予一个字符串的首地址。指向字符串的指针数组的初始化更为简单。例如采用指针数组来表示一组字符串。其初始化赋值为：

```
char * name[] = {"Illegal day",
                "Monday",
                "Tuesday",
                "Wednesday",
                "Thursday",
                "Friday",
                "Saturday",
                "Sunday"};
```

完成这个初始化赋值之后,name[0]即指向字符串"Illegal day",name[1]指向"Monday",…

从 name 数组可以看到,name 数组的每一个元素是一个指针型数据,其值为地址。name 是一个数据,它的每一个元素都有相应的地址。数组名 name 代表该指针数组的首地址。name+1 是 mane[1]的地址。name+1 就是指向指针型数据的指针(地址)。还可以设置一个指针变量 p,使它指向指针数组元素。p 就是指向指针型数据的指针变量。

9.7.2 指向指针的指针变量

如果一个指针变量存放的又是另一个指针变量的地址,则称这个指针变量为指向指针的指针变量。

在前面已经介绍过,通过指针访问变量称为间接访问。由于指针变量直接指向变量,所以称为"单级间址"。而如果通过指向指针的指针变量来访问变量则构成"二级间址"。如图 9-19 所示。

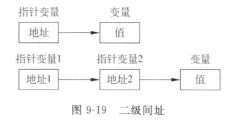

图 9-19　二级间址

怎样定义一个指向指针型数据的指针变量呢？如下：

```
char ** p;
```

p 前面有两个 * 号,相当于 * (* p)。显然 * p 是指针变量的定义形式,如果没有最前面的 * ,那就是定义了一个指向字符数据的指针变量。现在它前面又有一个 * 号,表示指针变量 p 是指向一个字符指针型变量的。 * p 就是 p 所指向的另一个指针变量。

从图 9-20 可以看到,name 是一个指针数组,它的每一个元素是一个指针型数据,它的每一个元素都有相应的地址。数组名 name 代表该指针数组的首地址。name+1 是 name[1] 的地址。name+1 就是指向指针型数据的指针(地址)。还可以设置一个指针变量 p,使它指向指针数组元素。p 就是指向指针型数据的指针变量。

图 9-20　指向指针的指针变量 p 与字符指针数组

如果有：

```
p = name + 2;
printf(" % o\n", * p);
printf(" % s\n", * p);
```

则第一个 printf 函数语句输出 name[2] 的值(它是一个地址),第二个 printf 函数语句以字符串形式(%s)输出字符串"Great Wall"。

【例 9-23】　使用指向指针的指针。

```
# include < stdio. h >
void main()
{   char * name[] = {"Follow me","BASIC","Great Wall","FORTRAN","Computer desigh"};
    char ** p;
    int i;
    for(i = 0; i < 5; i++)
```

```
{    p = name + i;
     printf(" % s\n", * p);
   }
}
```

执行结果：

```
Follow me
BASIC
Great Wall
FORTRAN
Computer desighn
```

说明：

p 是指向指针的指针变量。

【例 9-24】　一个指针数组的元素指向数据的简单例子。

```
# include < stdio. h >
void main()
{    static int a[5] = {1,3,5,7,9};
     int * num[5] = {&a[0],&a[1],&a[2],&a[3],&a[4]};
     int ** p,i;
     p = num;
     for(i = 0;i < 5;i++)
     {
         printf(" % d\t", ** p);
         p++;
     }
}
```

执行结果：

```
1      3      5      7      9
```

说明：

指针数组的元素只能存放地址。

9.7.3　main 函数的参数

前面介绍的 main 函数都是不带参数的。因此 main 后的括号都是空括号。实际上，main 函数可以带参数，这个参数可以认为是 main 函数的形式参数。C 语言规定 main 函数的参数只能有两个，习惯上这两个参数写为 argc 和 argv。因此，main 函数的函数头可写为：

```
main (argc,argv)
```

C 语言还规定 argc（第一个形参）必须是整型变量，argv（第二个形参）必须是指向字符串的指针数组。加上形参说明后，main 函数的函数头应写为：

```
main (int argc,char * argv[])
```

由于 main 函数不能被其他函数调用，因此不可能在程序内部取得实际值。那么，在何处把实参值赋予 main 函数的形参呢？实际上，main 函数的参数值是从操作系统命令行上获得的。当我们要运行一个可执行文件时,在 DOS 提示符下输入文件名,再输入实际参数即可把这些实参传送到 main 的形参中去。

DOS 提示符下命令行的一般形式为:

C:\>可执行文件名 参数 参数…;

但是应该特别注意的是,main 的两个形参和命令行中的参数在位置上不是一一对应的。因为 main 的形参只有两个,而命令行中的参数个数原则上未加限制。argc 参数表示了命令行中参数的个数(注意:文件名本身也算一个参数),argc 的值是在输入命令行时由系统按实际参数的个数自动赋予的。

例如有命令行为:

C:\> E25 BASIC foxpro FORTRAN

由于文件名 E25 本身也算一个参数,所以共有 4 个参数,因此 argc 取得的值为 4。argv 参数是字符串指针数组,其各元素值为命令行中各字符串(参数均按字符串处理)的首地址。指针数组的长度即为参数个数。数组元素初值由系统自动赋予,其表示如图 9-21 所示。

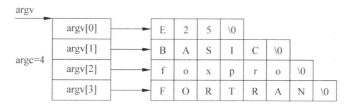

图 9-21 命令行参数的意义

【例 9-25】 命令行参数的应用。

```c
#include<stdio.h>
void main(int argc,char * argv[])
{
    while(argc-->1)
        printf("%d %s\n",argc, * ++argv);
}
```

本例是显示命令行中输入的参数。如果上例的可执行文件名为 E25. exe,存放在 D:\cpro\E25\Debug 内,因此输入的命令行为:

D:\cpro\E25\Debug > E25 BASIC foxpro FORTRAN

执行结果:

```
D:\cpro\E25\Debug>E25 Basic foxpro FORTRAN
3  Basic
2  foxpro
1  FORTRAN
```

该行共有 4 个参数,执行 main 时,argc 的初值即为 4。argv 的 4 个元素分为 4 个字符串的首地址。执行 while 语句,每循环一次 argv 值减 1,当 argv 等于 1 时停止循环,共循环三次,因此共可输出三个参数。在 printf 函数中,由于打印项 * ++argv 是先加 1 再打印,故第一次打印的是 argv[1]所指的字符串 BASIC。第二、三次循环分别打印后两个字符串。而参数 E25 是文件名,不必输出。

9.8 指针的数据类型和指针运算

9.8.1 指针的数据类型

根据指针变量所指向的地址空间存储内容的不同,常用的有以下几种指针定义形式,具体含义如表 9-1 所示。

表 9-1 各种形式的指针定义及含义

定　义	含　义
int i;	定义整型变量 i
int * p	p 为指向整型数据的指针变量
int a[n];	定义整型数组 a,它有 n 个元素
int * p[n];	定义指针数组 p,它由 n 个指向整型数据的指针元素组成
int (* p)[n];	p 为指向含 n 个元素的一维数组的指针变量
int f();	f 为带回整型函数值的函数
int * p();	p 为带回一个指针的函数,该指针指向整型数据
int (* p)();	p 为指向函数的指针,该函数返回一个整型值
int ** p;	p 是一个指针变量,它指向一个指向整型数据的指针变量

9.8.2 指针运算

现把全部指针运算列出如下:

(1) 指针变量加(减)一个整数:

例如:p++、p－－、p+i、p－i、p+=i、p－=i

一个指针变量加(减)一个整数并不是简单地将原值加(减)一个整数,而是将该指针变量的原值(是一个地址)和它指向的变量所占用的内存单元字节数加(减)。

(2) 指针变量赋值:将一个变量的地址赋给一个指针变量。

p = &a;	(将变量 a 的地址赋给 p)
p = array;	(将数组 array 的首地址赋给 p)
p = &array[i];	(将数组 array 第 i 个元素的地址赋给 p)
p = max;	(max 为已定义的函数,将 max 的入口地址赋给 p)
p1 = p2;	(p1 和 p2 都是指针变量,将 p2 的值赋给 p1)

注意:不能如下:

p = 1000;

(3) 指针变量可以有空值,即该指针变量不指向任何变量:

p = NULL;

(4) 两个指针变量可以相减:如果两个指针变量指向同一个数组的元素,则两个指针变量值之差是两个指针之间的元素个数。

（5）两个指针变量比较：如果两个指针变量指向同一个数组的元素，则两个指针变量可以进行比较。指向前面的元素的指针变量"小于"指向后面的元素的指针变量。

9.8.3　void 指针类型

ANSI 新标准增加了一种"void"指针类型，即可定义一个指针变量，但不指定它是指向哪一种类型数据。

9.9　*数组与指针进阶应用

一旦定义数组后，再见到数组名即代表该数组的起始地址，而指针变量又是保存内存地址的变量，这样，经常通过指向数组的指针变量将数组和指针联合起来一起使用。本章主要针对字符数组和字符串联合使用。

9.9.1　数组和指针的区别

首先对于编译器而言，一个数组是一个地址，一个指针是一个地址的地址。

数组要么在静态存储区被创建（如全局数组），要么在栈上被创建。数组名对应着（而不是指向）一块内存，其起始地址与容量在生存期内保持不变，只有数组的内容可以改变。

例如：

```
void main(void)
{
    int a[10];
    a ++;                  //错误,a是数组的起始地址,是常量,不能变化
}
```

指针可以随时指向任意类型的内存块，使用远比数组灵活，但也更危险。具体区别见表 9-2。

表 9-2　指针和数组的区别

数　　　组	指　　　针
保存数据	保存地址
直接访问数据	间接访问数据
用于存储数目固定且类型相同的数据	通常用于动态数据结构
由编译器自动分配和删除	动态分配和删除,相关函数为 malloc() 和 free()

9.9.2　数组和指针的联系

1. 字符指针和字符数组用字符串初始化

尽管看上去一样，底层机制却不同。

指针在定义的时候，编译器并不会为指针所指向的对象分配内存空间，它只是分配指针变量的空间。除非以一个字符串常量对其进行初始化。

下面的定义创建了一个字符串常量（为其分配了内存空间）。

```
char * p = "abcd";
```

在 ANSI C 中,初始化指针时所指向的字符串被定义为只读,对其内容不可以修改。如果想通过指针修改字符串的时候,则会产生未定义的行为,如图 9-22 所提示的错误。

图 9-22　初始化指针时所指向的字符串被定义为只读

数组也可以用字符串常量进行初始化,但是其内容可以被修改,如图 9-23 所示。

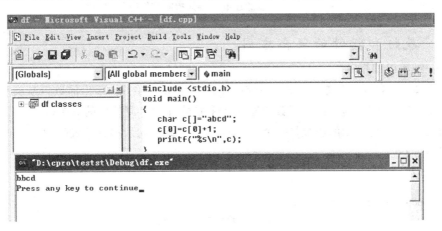

图 9-23　字符串给数组初始化后可修改字符串

2. 字符数组内容的复制和比较

不能对数组进行字符复制和比较,对于两个数组 a,b,不能用 b=a 进行复制,而应当使用标准库函数 strcpy()。也不能使用 if(b==a)进行比较,应当使用 strcmp()。而对于指针 p,如果要想将数组 a 中的内容复制,要先申请一块内存区域,然后使用 strcpy()进行拷贝。

【例 9-26】　内容的复制和比较。

```
# include < stdio.h >
```

```
#include<malloc.h>
#include<string.h>
void main()
{ char a[]="hello";
    char b[10];
    strcpy(b,a);                    //不能使用 b=a;
    if(strcmp(b,a)==0)              //不能使用 if(b==a)
        printf("Copy1 Successed!\n");
    char * p=NULL;
    p=(char *)malloc(sizeof(char *) * (strlen(a)+1));
    strcpy(p,a);
    if(strcmp(p,a)==0)
        printf("Copy2 Successed!\n");
}
```

执行结果：

```
Copy1 Successed!
Copy2 Successed!
```

3. 计算数组的内存容量

用运算符 sizeof()可以计算出数组的容量(字节数)。如下例：

```
char a[]="abcdef";
char * p=a;
sizeof(a)=7;
sizeof(p)=4;              /*p的内存容量是其指针变量本身所分配的空间大小为4字节不
                          能通过p求得其指向数组空间的大小*/
```

9.9.3 数组和指针的联合应用

1. 一维数组和指针

【例9-27】 有 n 个整数,使前面各数顺序向后移 m 个位置,移出的数再从头移入。编写一个函数实现以上功能,在主函数中输入 n 个整数并输出调整后的 n 个数。

分析：实现这种移动的函数是一个双循环,外循环确定向后移的位置(i=0;i<m;i++),内循环进行移位。

实现代码如下：

```
#include<stdio.h>
#include<stdlib.h>          //exit 函数所在的头文件
#define N 100
void fun(int * x,int n,int m);
void main()
{
    int m,n,i,a[N], * p;
    printf("Please Input n and m:\n");
    scanf("%d%d",&n,&m);
    if(n<2||n>N||m<1)
        exit(EXIT_FAILURE);    //EXIT_FAILURE 参数,表示没有成功地执行一个程序
    if(m>n)
```

```
        m % = n;
    for(p = a,i = 0;i < n;i++)
    {
        printf("a[ % d] = ",i);
        scanf(" % d",p++);        //scanf(" % d",&a[i]);
    }
    for(p = a,i = 0;i < n;i++)
        printf(" % 5d", * p++);
    printf("\n");
    fun(a,n,m);
    for(p = a,i = 0;i < n;i++)
        printf(" % 5d", * p++);
    printf("\n");
}
void fun(int  * x,int n,int m)
{
    int i,j,k;
    for(i = 0;i < m;i++)
    {
        k = x[n - 1];
        for(j = n - 1;j > 0;j -- )       //将前面 n - 1 个数向后移动
            x[j] = x[j - 1];
        x[0] = k;                        //将最后一个数移到前面
    }
}
```

```
Please Input n and m:
6 2
a[0]=6
a[1]=5
a[2]=4
a[3]=3
a[4]=2
a[5]=1
    6    5    4    3    2    1
    2    1    6    5    4    3
```

2. 指向多维数组的指针和指针变量

本节以二维数组为例介绍指向多维数组的指针变量。

1) 多维数组的地址

设有整型二维数组 a[3][4]如下：

```
0   1   2   3
4   5   6   7
8   9   10  11
```

它的定义为：

int a[3][4] = {{0,1,2,3},{4,5,6,7},{8,9,10,11}}

设数组 a 的首地址为 2000,各下标变量的首地址(int 占 4 个字节)及其值如图 9-24 所示。
前面介绍过,C 语言允许把一个二维数组分解为多个一维数组来处理。因此数组 a 可分解为三个一维数组,即 a[0],a[1],a[2]。每一个一维数组又含有 4 个元素,如图 9-25 所示。

2000 0	2004 1	2008 2	2012 3
2016 4	2020 5	2024 6	2028 7
2032 8	2036 9	2040 10	2044 11

图 9-24 二维数组 a[3][4]的存储

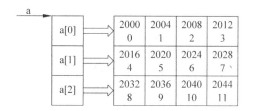

图 9-25 二维数组 a[3][4]转化为三个一维数组

例如 a[0]数组,含有 a[0][0]、a[0][1]、a[0][2]、a[0][3] 4 个元素。

数组及数组元素的地址表示如下:从二维数组的角度来看,a 是二维数组名,a 代表整个二维数组的首地址,也是二维数组 0 行的首地址,等于 2000。a+1 代表第一行的首地址,等于 2016,如图 9-26 所示。

a[0]是第一个一维数组的数组名和首地址,因此也为 2000。*(a+0)或 *a 是与 a[0]等效的,它表示一维数组 a[0]0 号元素的首地址,也为 2000。&a[0][0]是二维数组 a 的 0 行 0 列元素首地址,同样是 2000。因此,a、a[0]、*(a+0)、*a、&a[0][0]是相等的。

同理,a+1 是二维数组下标为 1 行的首地址,等于 2016。a[1]是第二个一维数组的数组名和首地址,因此也为 2016。&a[1][0]是二维数组 a 的下标为 1 行 0 列元素地址,也是 2016。因此 a+1、a[1]、*(a+1)、&a[1][0]是等同的。

由此可得出:a+i、a[i]、*(a+i)、&a[i][0]是等同的。

此外,&a[i]和 a[i]也是等同的。因为在二维数组中不能把 &a[i]理解为元素 a[i]的地址,不存在元素 a[i]。C 语言规定,它是一种地址计算方法,表示数组 a 下标为 i 行首地址。由此,我们得出:a[i]、&a[i]、*(a+i)和 a+i 也都是等同的。

另外,a[0]也可以看成是 a[0]+0,是一维数组 a[0]的 0 列元素的首地址,而 a[0]+1则是 a[0]的 1 列元素首地址,由此可得出 a[i]+j 则是一维数组 a[i]的 j 列元素首地址,它等于 &a[i][j],如图 9-27 所示。

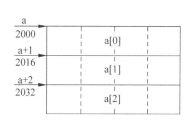

图 9-26 二维数组的每行起始地址

a[0]	a[0]+1	a[0]+2	a[0]+3
2000 0	2004 1	2008 2	2012 3
2016 4	2020 5	2024 6	2028 7
2032 8	2036 9	2040 10	2044 11

图 9-27 二维数组各种表示方法对照

由 a[i]= *(a+i)得 a[i]+j= *(a+i)+j。由于 *(a+i)+j 是二维数组 a 的 i 行 j 列元素的首地址,所以,该元素的值等于 *(*(a+i)+j)。

【例 9-28】 二维数组和指针。

```
#include<stdio.h>
```

```
void main()
{    int a[3][4]={0,1,2,3,4,5,6,7,8,9,10,11};
     printf("%d,",a);
     printf("%d,",*a);
     printf("%d,",a[0]);
     printf("%d,",&a[0]);
     printf("%d\n",&a[0][0]);
     printf("%d,",a+1);
     printf("%d,",*(a+1));
     printf("%d,",a[1]);
     printf("%d,",&a[1]);
     printf("%d\n",&a[1][0]);
     printf("%d,",a+2);
     printf("%d,",*(a+2));
     printf("%d,",a[2]);
     printf("%d,",&a[2]);
     printf("%d\n",&a[2][0]);
     printf("%d,",a[1]+1);
     printf("%d\n",*(a+1)+1);
     printf("%d,%d\n",*(a[1]+1),*(*(a+1)+1));
}
```

执行结果：

```
1245008,1245008,1245008,1245008,1245008
1245024,1245024,1245024,1245024,1245024
1245040,1245040,1245040,1245040,1245040
1245028,1245028
5,5
```

说明：

前三行输出的都是每一行的首地址，有 5 种表示形式。第 4 行是根据下标为 1 行的第 2 个(下标为 1 列)元素的首地址，第 5 行通过二维数组指针输出元素。

2) 指向多维数组的指针变量

把二维数组 a 分解为一维数组 a[0]、a[1]、a[2]之后，设 p 为指向二维数组的指针变量。可定义为：

int (*p)[4]

它表示 p 是一个指针变量，它指向包含 4 个元素的一维数组。若指向第一个一维数组 a[0]，其值等于 a,a[0]或 &a[0][0]等。而 p+i 则指向一维数组 a[i]。从前面的分析可得出 *(p+i)+j 是二维数组 i 行 j 列的元素的地址，而 *(*(p+i)+j)则是 i 行 j 列元素的值。

二维数组指针变量说明的一般形式为：

> 类型说明符 (*指针变量名)[长度]

其中"类型说明符"为所指向数组的数据类型。"*"表示其后的变量是指针类型。"长度"表示二维数组分解为多个一维数组时，一维数组的长度，也就是二维数组的列数。应注意"(*指针变量名)"两边的括号不可少，如缺少括号则表示是指针数组(本章后面介绍)，意义就完全不同了。

【例 9-29】 二维数组指针变量的使用。

```
#include<stdio.h>
void main()
{
    int a[3][4] = {0,1,2,3,4,5,6,7,8,9,10,11};
    int( * p)[4];
    int i,j;
    p = a;
    for(i = 0;i < 3;i++)
    { for(j = 0;j < 4;j++)
            printf(" % 2d ", * ( * (p + i) + j));
        printf("\n");
    }
}
```

执行结果：

```
0   1   2   3
4   5   6   7
8   9   10  11
```

3. 指针数组和数组指针

指针数组：首先它是一个数组,数组的元素都是指针,数组占多少个字节由数组本身决定。它是"存储指针的数组"的简称。

例如：int * a[4]指针数组。

表示：数组 a 中的元素都为 int 型指针。

元素表示：* a[i] * (a[i])是一样的,因为[]优先级高于 * 。

数组指针：首先它是一个指针,它指向一个数组。在 32 位系统下永远是占 4 个字节,至于它指向的数组占多少字节,不知道。它是"指向数组的指针"的简称。

例如：int (* a)[4]数组指针。

表示：指向数组 a 的指针。

元素表示：(* a)[i]。

【例 9-30】 指针数组和数组指针的应用。

```
#include<stdio.h>
void main()
{
    int c[4] = {1,2,3,4};
    int * a[4];                 //指针数组
    int ( * b)[4];              //数组指针
    b = &c;
    //将数组 c 中的元素赋给数组 a
    for(int i = 0;i < 4;i++)
    {
        a[i] = &c[i];
    }
    //输出看下结果
```

```
    printf("%d\n", *a[1]);        //输出2
    printf("%d\n",(*b)[2]);       //输出3
}
```

执行结果：

2
3

本 章 小 结

(1) 指针是 C 语言区别于其他语言的一个显著特点。可以说临时申请动态内存是指针存在的必要性,使解决问题变得更灵活。

(2) 指针变量必须先初始化或赋值,使其指向明确,否则操作指针无实际意义,而且很危险。

(3) 有了指针,我们访问一个变量就有两种方式：直接访问和间接访问。

(4) 指针变量根据它所指向的内容决定是指向什么的指针变量。指针变量通常与数组相联系,特别是指针变量与字符串结合使用,给编程带来了很高效率。

(5) 通过指针变量作为函数的参数,实参、形参共同操作一块内存,实现值的双向传递。

(6) 字符串可以给指针变量初始化,也可以给指针变量赋值,意即该指针指向字符串。

习 题 9

选择题

(1) 若有说明：int a=2, *p=&a, *q=p;,则以下非法的赋值语句是(   )。

 A. p=q;   B. *p=*q;   C. a=*q;   D. q=a;

(2) 若定义：int a=511, *b=&a;,则 printf("%d\n", *b);的输出结果为(   )。

 A. 无确定值   B. a 的地址   C. 512   D. 511

(3) 已有定义 int a=2, *p1=&a, *p2=&a;下面不能正确执行的赋值语句是(   )。

 A. a=*p1+*p2;   B. p1=a;

 C. p1=p2;   D. a=*p1*(*p2);

(4) 若有语句 int *p,a=10;p=&a;下面均代表地址的一组选项是(   )。

 A. a,p,*&a   B. &*a,&a,*p

 C. *&p,*p,&a   D. &a,&*p,p

(5) 若有说明：int *p,a=1,b;以下正确的程序段是(   )。

 A. p=&b;   B. scanf("%d",&b);

  scanf("%d",&p);   *p=b;

 C. p=&b;   D. p=&b;

  scanf("%d",*p);   *p=a;

(6) 有如下语句：int m=6,n=9, *p, *q; p=&m; q=&n;如图 9-28(a)所示,若要实现图 9-28(b)所示的存储结构,可选用的赋值语句是(   )。

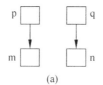

(a)   (b)

图 9-28　m、n 的存储

A. ＊p＝＊q;　　　　B. p＝＊q;　　　　C. p＝q;　　　　D. ＊p＝q;

(7) 下面程序中,for 循环的执行次数是(　　　)。

```
char ＊ s = "\ta\018bc";
for (; ＊ s!= '\0'; s++) printf(" ＊ ");
```

A. 9　　　　　　　B. 5　　　　　　　C. 6　　　　　　　D. 7

(8) 下面程序的运行结果是(　　　)。

```
char ＊ s = "abcde";
s += 2;
printf(" ％ d",s);
```

A. cde　　　　　　　　　　　　　　B. 字符'c'

C. 字符'c'的地址　　　　　　　　　D. 无确定的输出结果

(9) 以下正确的程序是(　　　)。

A. char s[20];
    scanf("％s",＆s);

B. char ＊ s;
    scanf("％s",s);

C. char s[20];
    scanf("％s",＆s[2]);

D. char s[20], ＊ t＝s;
    scanf("％s",t[2]);

(10) 下面程序的运行结果是(　　　)。

```
# include "stdio. h"
void main()
{
    char s[] = "example!", ＊ t;
    t = s;
    while( ＊ t!= 'p')
     { printf(" ％ c", ＊ t－32);
        t++;}
}
```

A. EXAMPLE!　　　B. example!　　　C. EXAM　　　　D. example!

(11) 下列程序的输出结果是(　　　)。

```
# include "stdio. h"
void main()
{
    int a[] = {1,2,3,4,5,6,7,8,9,0}, ＊ p;
    p = a;
    printf(" ％ d\n", ＊ p＋9);
}
```

A. 0   B. 1   C. 10   D. 9

(12) 有以下程序

```
#include "string.h"
#include "stdio.h"
void main()
{
    char * p = "abcde\0fghjik\0";
    printf("%d\n",strlen(p));
}
```

程序运行后的输出结果是（   ）。

A. 12   B. 15   C. 6   D. 5

(13) 下列程序的输出结果是（   ）。

```
#include "stdio.h"
void fun(int * x,int * y)
{
    printf("%d%d", * x, * y);
    * x = 3;
    * y = 4;
}
void main()
{
    int x = 1,y = 2;
    fun(&y,&x);
    printf("%d %d",x,y);
}
```

A. 2 1 4 3   B. 1 2 1 2   C. 1 2 3 4   D. 2 1 1 2

第 10 章　结构体与共用体

本章导读:

从数据类型角度我们学习了基本数据类型,以及由多个具有相同类型的变量组成的构造数据类型——数组。但在实际应用中,仅有这些数据类型还不能更好地解决所有问题。为此,引入了用户自定义数据类型,也就是结构体这种构造数据类型。既然结构体是一种数据类型,那么它就像基本数据类型一样,可以定义结构体变量、数组、指针以及作为函数参数。只不过使用起来有自己的特殊规定而已。

本章学习重点:

(1) 结构体类型的定义。

(2) 结构体变量的定义、引用和赋值。

(3) 结构体数组。

(4) 结构体指针变量。

(5) 结构体变量或结构体指针变量作为函数的参数的应用。

(6) 链表的简单操作。

(7) 公用体和枚举类型。

10.1　定义一个结构体的一般形式

在实际问题中,一组数据往往具有不同的数据类型。例如,在学生登记表中,姓名应为字符型;学号可为整型或字符型;年龄应为整型;性别应为字符型;成绩可为整型或实型。显然不能用一个数组来存放这一组数据,因为数组中各元素的类型和长度都必须一致,以便于编译系统处理。为了解决这个问题,C 语言中给出了另一种构造数据类型——"结构"(structure)或叫"结构体"。它相当于其他高级语言中的记录。"结构"是一种构造类型,它是由若干"成员"组成的。每一个成员可以是一个基本数据类型或者又是一个构造类型。结构体既然是一种"构造"而成的数据类型,那么在说明和使用之前必须先定义它,也就是构造它,如同在调用函数之前要先声明和定义函数一样。

定义一个结构体的一般形式为:

```
struct 结构体名
{成员表列};
```

成员表列由若干个成员组成,每个成员都是该结构体的一个组成部分。对每个成员也必须作类型说明,其形式为:

成员名的命名应符合标识符的书写规定。例如：

```
struct stu
{
    int num;                       //学号
    char name[20];                 //姓名
    char sex;                      //性别
    float score;                   //成绩
};
```

在这个结构体定义中，结构体名为 stu，该结构由 4 个成员组成。第一个成员为 num，整型变量；第二个成员为 name，字符数组；第三个成员为 sex，字符变量；第四个成员为 score，实型变量。应注意在括号后的分号是不可少的。结构体定义之后，即可进行变量说明。凡说明为结构体 stu 的变量都由上述 4 个成员组成。由此可见，结构体是一种复杂的数据类型，是数目固定、类型不同的若干有序变量的集合。

10.2　结构体变量的说明

说明结构体变量有以下三种方法，见表 10-1。以上面定义的 stu 为例来加以说明。

表 10-1　结构体变量的定义形式

先定义结构体，再说明结构体变量	在定义结构体类型的同时说明结构体变量	直接说明结构体变量

struct 结构体名
{
　成员表列
};
struct 结构体名 变量名 1，变量名 2，…，变量名 n
	struct 结构体名
	{
	　成员表列
	}结构体变量名表列；
		struct
		{
		　成员表列
		}结构体变量名表列；

以上面定义的 stu 为例针对三种定义变量形式来具体说明。

（1）先定义结构体，再说明结构体变量。

例如：

```
struct stu
{
    int num;
    char name[20];
    char sex;
    float score;
};
struct stu boy1,boy2;
```

说明了两个变量 boy1 和 boy2 为 stu 结构体类型，像其他类型一样，可以同时定义一个或多个该结构体类型的变量。

（2）在定义结构体类型的同时说明结构体变量。

例如：

```
struct stu
{
    int num;
    char name[20];
    char sex;
    float score;
}boy1,boy2;
```

（3）直接说明结构体变量。

例如：

```
struct
{
    int num;
    char name[20];
    char sex;
    float score;
}boy1,boy2;
```

第（3）种方法与第（2）种方法的区别在于第（3）种方法中省去了结构体名，而直接给出结构体变量。三种方法中说明的 boy1、boy2 变量都具有图 10-1 所示的结构。

图 10-1　结构体的各成员

说明了 boy1、boy2 变量为 stu 类型后，即可向这两个变量中的各个成员赋值。在上述 stu 结构体定义中，所有的成员都是基本数据类型或数组类型。

成员也可以又是一个结构体类型，即构成了嵌套的结构体。例如，图 10-2 给出了另一个数据结构。

num	name	sex	birthday			score
			month	day	year	

图 10-2　结构体的嵌套

按图 10-2 可给出以下结构定义：

```
struct date
{
    int month;
    int day;
    int year;
};
struct
```

```
{
    int num;
    char name[20];
    char sex;
    struct date birthday;
    float score;
}boy1,boy2;
```

首先定义一个结构体 date,由 month(月)、day(日)、year(年)三个成员组成。在定义并说明变量 boy1 和 boy2 时,其中的成员 birthday 被说明为 data 结构体类型。成员名可与程序中其他变量同名,互不干扰。

(4) 类型定义符 typedef。

上述定义结构体类型书写起来比较麻烦,为此 C 语言允许由用户为数据类型取"别名"。类型定义符 typedef 即可用来完成此功能。

例如,有整型量 a,b,其说明如下:

```
int a,b;
```

其中 int 是整型变量的类型说明符。int 的完整写法为 integer,为了增加程序的可读性,可把整型说明符用 typedef 定义为:

```
typedef int INTEGER
```

这以后就可用 INTEGER 来代替 int 作整型变量的类型说明了。

例如:

```
INTEGER a,b;
```

它等效于:

```
int a,b;
```

用 typedef 定义数组、指针、结构体等类型将带来很大的方便,不仅使程序书写简单而且使意义更为明确,因而增强了可读性。

例如:

```
typedef struct
{   char name[20];
    int age;
    char sex;
} STU;
```

定义 STU 表示 stu 的结构体类型,然后可用 STU 来说明结构体变量:

```
STU body1,body2;
```

typedef 定义的一般形式为:

```
typedef 原类型名 新类型名
```

结构体与共用体

其中原类型名中含有定义部分,新类型名一般用大写表示,以便于区别。

又如:表示二维坐标平面上的一个点(x,y)

```
typedef struct
{   float x;
    float y;
}POINT;
```

接下来定义两个点 p1,p2:

```
POINT p1,p2;                            //此语句即可实现
```

有了 typedef,以后就可以像使用基本数据类型一样来定义某种结构体类型的变量、数组和指针变量了。在编程时,一般将结构体定义部分放在一个头文件中,在使用该结构体的源文件中包含这个头文件即可。

有时也可用宏定义来代替 typedef 的功能,但是宏定义是由预处理完成的,而 typedef 则是在编译时完成的,后者更为灵活方便。

10.3　结构体成员变量的表示方法

在程序中使用结构体变量时,往往不把它作为一个整体来使用。在 ANSI C 中除了允许具有相同类型的结构体变量相互赋值以外,一般对结构体变量的使用,包括赋值、输入、输出、运算等都是通过结构体变量的成员来实现的。

表示结构体变量成员的一般形式是:

结构体变量名.成员名

例如:

```
boy1.num                                即第一个人的学号
boy2.sex                                即第二个人的性别
```

如果成员本身又是一个结构体则必须逐级找到最低级的成员才能使用。

例如:

```
boy1.birthday.month
```

即第一个人出生的月份成员可以在程序中单独使用,与普通变量完全相同。

10.4　结构体变量的赋值

结构体变量的赋值就是给各成员赋值。可用输入语句或赋值语句来完成。结构体变量不能进行整体赋值。相同类型的结构体变量之间可以赋值。

例如:

```
typedef struct
{
```

```
        float x;
        float y;
}POINT;
POINT p1,p2;
p1 = {3.5,6};                        //整体赋值发生错误
```

给结构体变量整体赋值编译错误。

但可以给成员变量赋值。例如：p1. x＝3.5;等。

也可以结构体变量之间赋值. 例如：p2＝p1;。

【例 10-1】 给结构体变量赋值并输出其值。

```
# include < stdio. h >
void main()
{
    struct stu
    {
        int num;
        char * name;
        char sex;
        float score;
    } boy1,boy2;
    boy1. num = 102;
    boy1. name = "Zhang ping";
    printf("input sex and score\n");
    scanf(" % c % f",&boy1. sex,&boy1. score);
    boy2 = boy1;
    printf("Number = % d\nName = % s\n",boy2. num,boy2. name);
    printf("Sex = % c\nScore = % f\n",boy2. sex,boy2. score);
}
```

执行结果：

```
input sex and score
F 89.5
Number=102
Name=Zhang ping
Sex=F
Score=89.500000
```

本程序中用赋值语句给 num 和 name 两个成员赋值，name 是一个字符串指针变量。用 scanf 函数动态地输入 sex 和 score 成员值，然后把 boy1 的所有成员的值整体赋予 boy2。最后分别输出 boy2 的各个成员值。本例表示了结构体变量的赋值、输入和输出的方法。

【例 10-2】 定义一个结构体变量(包括年、月、日),计算给定日期是该年的第几天。

```
# include < stdio. h >
# include < stdlib. h >
void main()
{
    struct date
        { int y,m,d;}da;
    int f,n,p,a[12] = {31,28,31,30,31,30,31,31,30,31,30,31};
    printf("y,m,d = ");
    scanf(" % d, % d, % d",&da. y,&da. m,&da. d);
```

```
    f = da. y % 4 == 0 &&da. y % 100!= 0 || da. y % 400 == 0;
    if(da.m < 1 || da.m > 12) exit(0);
    a[1] += f;
    if(da.d < 1 || da.d > a[da.m - 1]) exit(0);
    for(n = da. d, p = 1;p < da. m;p++)
        n += a[p - 1];
    printf("n = % d\n",n);
}
```

执行结果：

```
y,m,d=2013,10,7
n=280
```

【例 10-3】 从键盘输入任意两个日期(包括年、月、日)，编程计算它们之间相隔的天数。

```
# include < stdio. h>
# include < stdlib. h>
struct date
{ int y,m,d;
};
int f(int y)
{
    return (y % 4 == 0 && y % 100!= 0 || y % 400 == 0);
}
int mday(int y, int m)
{
    return (31 - ((m == 4) + (m == 6) + (m == 9) + (m == 11)) - (3 - f(y)) * (m == 2));
}
int yday(int y, int m, int d)
{
    return(d + 31 * ((m > 1) + (m > 3) + (m > 5) + (m > 7) + (m > 8) + (m > 10))
        + 30 * ((m > 4) + (m > 6) + (m > 9) + (m > 11)) + (28 + f(y)) * (m > 2));
}
int yend(int y, int m, int d)
{
    return (365 + f(y) - yday(y,m,d));
}
void main()
{
    struct date p,q;
    int n,i;
    for(;;)
    {
        printf("y1,m1,d1 = ");
        scanf(" % d, % d, % d",&p. y, &p. m, &p. d);
        if(p.m < 1 || p.m > 12 || p.d < 1 || p.d > mday(p.y, p.m))
        {
            printf("The End. \n");
            exit(0);
        }
        printf("y2,m2,d2 = ");
        scanf(" % d, % d, % d",&q. y, &q. m, &q. d);
```

```
    if(q.m < 1 ‖ q.m > 12 ‖ q.d < 1 ‖ q.d > mday(q.y,q.m))
        exit(0);
    if(p.y > q.y ‖ p.y == q.y && p.m > q.m ‖ p.y == q.y &&
        p.m == q.m && p.d > q.d)
    {
        n = p.y; p.y = q.y; q.y = n;
        n = p.m; p.m = q.m; q.m = n;
        n = p.d; p.d = q.d; q.d = n;
    }
    if(p.y == q.y)
        n = yday(q.y,q.m,q.d) - yday(p.y,p.m,p.d);
    else
    {
        n = yend(p.y,p.m,p.d) + yday(q.y,q.m,q.d);
        for(i = p.y + 1;i < q.y;i++)
            n += 365 + f(i);
    }
    printf("%d-%d-%d---%d-%d-%d n=%d\n",p.y,p.m,p.d,q.y,q.m,q.d,n);
    }
}
```

执行结果:

```
y1,m1,d1=2013,10,7
y2,m2,d2=2014,2,24
2013-10-7---2014-2-24 n=140
y1,m1,d1=0,0,0
The End.
```

10.5　结构体变量的初始化

与其他类型变量一样,对结构体变量可以在定义时进行初始化赋值。

【例 10-4】　对结构体变量初始化。各成员变量的存储如图 10-3 所示。

boy1	num	name	sex	score
	102	Zhang ping	M	78.5

图 10-3　boy1 在内存中的存储

```
# include < stdio.h>
void main()
{
    struct stu                              /* 定义结构体 */
    {
        int num;
        char * name;
        char sex;
        float score;
    }boy2,boy1 = {102,"Zhang ping",'M',78.5};   /* boy1 初始化 */
    boy2 = boy1;                                 /* 结构体变量赋值 */
    printf("Number = %d\nName = %s\n",boy2.num,boy2.name);
    printf("Sex = %c\nScore = %f\n",boy2.sex,boy2.score);
}
```

执行结果：

```
Number=102
Name=Zhang ping
Sex=M
Score=78.500000
```

本例中，boy2、boy1 均被定义为结构体变量，并对 boy1 作了初始化赋值。在 main 函数中，把 boy1 的值整体赋予 boy2，然后用两个 printf 语句输出 boy2 各成员的值。

10.6 结构体数组

10.6.1 结构体数组的定义

数组的元素也可以是结构体类型的。因此可以构成结构体数组。结构体数组的每一个元素都是具有相同结构体类型的下标变量的集合。在实际应用中，经常用结构体数组来表示具有相同数据结构的一个群体。如一个班的学生档案，一个车间职工的工资表等。

结构体数组定义的方法和结构体变量相似，只需说明它为数组类型即可。

（1）先定义结构体，再说明结构体数组。

例如：

```
struct stu
{
    int num;
    char * name;
    char sex;
    float score;
};
struct stu boy[5];
```

定义了一个结构数组 boy，共有 5 个元素 boy[0]～boy[4]。每个数组元素都具有 struct stu 的结构形式。对结构体数组可以作初始化赋值。

（2）在定义结构体类型的同时说明结构体数组。

例如：

```
struct stu
{
    int num;
    char * name;
    char sex;
    float score;
}boy[5];
```

（3）直接说明结构体数组。

例如：

```
struct
{
    int num;
```

```
        char name[20];
        char sex;
        float score;
}stu1[5],stu2[10];
```

10.6.2 结构体数组的初始化

与普通数组一样,结构体数组也可在定义时进行初始化。根据定义结构体数组形式有三种,则初始化的格式也有三种。以第一种为例,初始化的格式为:

```
struct 结构体类型名
{ … };
struct 结构体类型名 结构体数组[size] = {{初值表 1},{初值表 2},…,
{初值表 n}};
```

10.6.3 结构体数组元素的引用

结构体数组与其他类型的数组一样,主要是引用数组的元素,而结构体数组元素又是由成员组成的。因此结构体数组元素的引用格式为:

```
结构体数组名[下标].成员名;
```

10.6.4 结构体数组的应用

【例 10-5】 计算学生的平均成绩和不及格的人数。学生信息如图 10-4 所示。

```
# include < stdio. h >
        ⋮
struct stu
{
        int num;
        char * name;
        char sex;
        float score;
}boy[5] = {
                {101,"Li ping",'M',45},
                {102,"Zhang ping",'M',62.5},
                {103,"He fang",'F',92.5},
                {104,"Cheng ling",'F',87},
                {105,"Wang ming",'M',58},
            };
void main()
{
        int i,c = 0;
        float ave,s = 0;
        for(i = 0;i < 5;i++)
            {
```

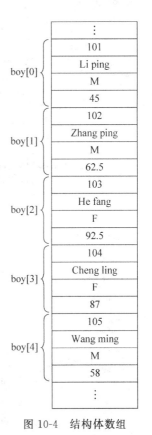

图 10-4 结构体数组

第10章

结构体与共用体

```
            s += boy[i].score;
            if(boy[i].score < 60) c += 1;
        }
    printf("s = % f\n",s);
    ave = s/5;
    printf("average = % f\ncount = % d\n",ave,c);
}
```

执行结果：

```
s=345.000000
average=69.000000
count=2
```

本例程序中定义了一个结构体数组 boy，共 5 个元素，并作了初始化赋值。在 main 函数中用 for 语句逐个累加各元素的 score 成员值存于 s 之中，如 score 的值小于 60（不及格）即计数器 C 加 1，循环完毕后计算平均成绩，并输出全班总分、平均分及不及格人数。

【例 10-6】 建立同学通讯录。

```
#include "stdio.h"
#define NUM 3
struct mem
{
    char name[10];
    char phone[12];
};
void main()
{
    struct mem man[NUM];
    int i;
    for(i = 0; i < NUM; i++)
     {
        printf("input name:\n");
        gets(man[i].name);
        printf("input phone:\n");
        gets(man[i].phone);
     }
    printf("name\t\t\tphone\n\n");
    for(i = 0; i < NUM; i++)
        printf(" % s\t\t\t % s\n",man[i].name,man[i].phone);
}
```

执行结果：

```
input name:
Mary
input phone:
555555
input name:
Tom
input phone:
666666
input name:
Jack
input phone:
888888
name                    phone

Mary                    555555
Tom                     666666
Jack                    888888
```

本程序中定义了一个结构体 mem，它有两个成员 name 和 phone 用来表示姓名和电话号码。在主函数中定义 man 为具有 mem 类型的结构体数组。在 for 语句中，用 gets 函数分别输入各个元素中两个成员的值。然后又在 for 语句中用 printf 语句输出各元素中两个成员值。

10.7　结构体指针变量的说明和使用

10.7.1　指向结构体变量的指针变量

一个指针变量当用来指向一个结构体变量时，称为结构体指针变量。结构体指针变量中的值是所指向的结构体变量的首地址。通过结构体指针即可访问该结构体变量，这与数组指针和函数指针的情况是相同的。

结构体指针变量说明的一般形式为：

struct 结构体名 * 结构体指针变量名

例如，在前面的例题中定义了 stu 这个结构体，如要说明一个指向 stu 的指针变量 pstu，可写为：

struct stu * pstu;

当然也可在定义 stu 结构体时同时说明 pstu。与前面讨论的各类指针变量相同，结构体指针变量也必须要先赋值后才能使用。

赋值是把结构体变量的首地址赋予该指针变量，不能把结构体名赋予该指针变量。如果 boy 是被说明为 stu 类型的结构体变量，则

pstu = &boy

是正确的，而

pstu = &stu

是错误的。

结构体名和结构体变量是两个不同的概念，不能混淆。结构体名只能表示一个结构形式，是用户自定义的数据类型，与基本数据类型一样，编译系统并不对它分配内存空间。只有当某变量被说明为这种类型的结构体变量时，才对该变量分配存储空间。因此上面 &stu 这种写法是错误的，不可能去取一个结构体名的首地址。有了结构体指针变量，就能更方便地访问结构体变量的各个成员。

其访问的一般形式为：

(* 结构体指针变量).成员名

或

结构体指针变量->成员名

例如：

 (* pstu).num

或

 pstu - > num

  应该注意(* pstu)两侧的括号不可少,因为成员符".”的优先级高于" * ”。如去掉括号写作 * pstu.num 则等效于 * (pstu.num),这样,意义就完全不对了。

  下面通过例子来说明结构体指针变量的具体说明和使用方法。

  【例 10-7】 结构体指针变量的使用。

```
#include"stdio.h"
struct stu
    {
        int num;
        char * name;
        char sex;
        float score;
    } boy1 = {102,"Zhang ping",'M',78.5}, * pstu;
void main()
{
    pstu = &boy1;
    printf("Number = % d\nName = % s\n",boy1.num,boy1.name);
    printf("Sex = % c\nScore = % f\n\n",boy1.sex,boy1.score);
    printf("Number = % d\nName = % s\n",( * pstu).num,( * pstu).name);
    printf("Sex = % c\nScore = % f\n\n",( * pstu).sex,( * pstu).score);
    printf("Number = % d\nName = % s\n",pstu - >num,pstu - >name);
    printf("Sex = % c\nScore = % f\n\n",pstu - >sex,pstu - >score);
}
```

执行结果：

```
Number=102
Name=Zhang ping
Sex=M
Score=78.500000

Number=102
Name=Zhang ping
Sex=M
Score=78.500000

Number=102
Name=Zhang ping
Sex=M
Score=78.500000
```

  本例程序定义了一个结构体类型 stu,定义了 stu 的变量 boy1 并作了初始化赋值,还定义了一个指向 stu 类型的结构体指针变量 pstu。在 main 函数中,pstu 被赋予 boy1 的地址,因此 pstu 指向 boy1,如图 10-5 所示。

  然后在 printf 语句内用三种形式输出 boy1 的各个成员值。从运行结果可以看出：

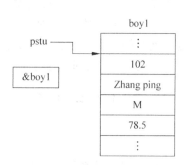

图 10-5　结构体指针变量

```
结构体变量.成员名
(*结构体指针变量).成员名
结构体指针变量->成员名
```

这三种用于表示结构体成员的形式是完全等效的。

10.7.2　指向结构体数组的指针

指针变量可以指向一个结构体数组,这时结构体指针变量的值是整个结构体数组的首地址。结构体指针变量也可指向结构体数组的一个元素,这时结构体指针变量的值是该结构体数组元素的首地址。

设 ps 为指向结构体数组的指针变量,则 ps 也指向该结构体数组的 0 号下标元素,ps+1 指向 1 号下标元素,ps+i 则指向 i 号下标元素。这与普通数组的情况是一致的,如图 10-6 所示。

【例 10-8】　用指针变量输出结构体数组。

```
# include "stdio.h"
struct stu
{
    int num;
    char * name;
    char sex;
    float score;
}boy[5] = {
            {101,"Zhou ping",'M',45},
            {102,"Zhang ping",'M',62.5},
            {103,"Liou fang",'F',92.5},
            {104,"Cheng ling",'F',87},
            {105,"Wang ming",'M',58},
        };
void main()
{
    struct stu * ps;
    printf("No\tName\t\t\tSex\tScore\t\n");
    for(ps = boy;ps < boy + 5;ps++)
        printf(" % d\t % s\t\t\t % c\t % f\t\n",
        ps -> num,ps -> name,ps -> sex,ps -> score);
}
```

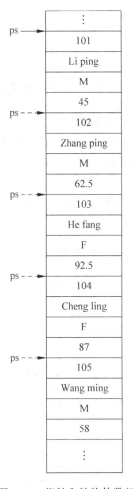

图 10-6　指针和结构体数组

执行结果:

```
No       Name             Sex     Score
101      Zhou ping        M       45.000000
102      Zhang ping       M       62.500000
103      Liou fang        F       92.500000
104      Cheng ling       F       87.000000
105      Wang ming        M       58.000000
```

在程序中,定义了 stu 结构体类型的数组 boy 并作了初始化赋值。在 main 函数内定义 ps 为指向 stu 类型的指针。在循环语句 for 的表达式 1 中,ps 被赋予 boy 的首地址,然后循

结构体与共用体

环 5 次,输出 boy 数组中各成员值。

应该注意的是,一个结构体指针变量虽然可以用来访问结构体变量或结构体数组元素的成员,但是,不能使它指向一个成员。也就是说不允许取一个成员的地址来赋予它。因此,下面的赋值是错误的。

```
ps = &boy[1]. sex;
```

而只能是:

```
ps = boy;(赋予数组首地址)
```

或

```
ps = &boy[0];(赋予 0 号元素首地址)
```

10.7.3 结构体变量和指针变量作函数参数

在 ANSI C 标准中允许用结构体变量作函数参数。但是发生函数调用时参数是"值传递",因此要将全部成员逐个传送,特别是成员为数组时将会使传送的时间和空间开销很大,严重地降低了程序的效率。因此最好的办法就是使用指针,即用指针变量作函数参数进行传送。这时由实参传向形参的只是地址,从而减少了时间和空间的开销。

【例 10-9】 计算一组学生的平均成绩和不及格人数。用结构体指针变量作函数参数编程。

```
# include "stdio. h"
struct stu
{    int num;
     char * name;
     char sex;
     float score;}boy[5] =
     {
         {101,"Li ping",'M',45},
         {102,"Zhang ping",'M',62.5},
         {103,"He fang",'F',92.5},
         {104,"Cheng ling",'F',87},
         {105,"Wang ming",'M',58},
     };
void main()
{    struct stu * ps;
     void ave(struct stu * ps);
     ps = boy;
     ave(ps);
}
void ave(struct stu * ps)
{    int c = 0,i;
     float ave,s = 0;
     for(i = 0;i < 5;i++,ps++)
       {
         s += ps - > score;
         if(ps - > score < 60) c += 1;
       }
```

```
        printf("s = % f\n",s);
        ave = s/5;
        printf("average = % f\ncount = % d\n",ave,c);
}
```

执行结果：

```
s=345.000000
average=69.000000
count=2
```

本程序中定义了函数 ave,其形参为结构体指针变量 ps。boy 被定义为结构体数组,因此在整个源程序中有效。在 main 函数中定义说明了结构体指针变量 ps,并把 boy 的首地址赋予它,使 ps 指向 boy 数组。然后以 ps 作实参调用函数 ave。在函数 ave 中完成计算平均成绩和统计不及格人数的工作并输出结果。

由于本程序全部采用指针变量作运算和处理,故速度更快,程序效率更高。

10.8 动态存储分配

在第 8 章中,曾介绍过数组的长度是预先定义好的,在整个程序中固定不变。C 语言中不允许动态数组类型。

例如:

```
int n;
scanf(" % d",&n);
int a[n];
```

用变量表示长度,想对数组的大小作动态说明,这是错误的。但是在实际的编程中,往往会发生这种情况,即所需的内存空间取决于实际输入的数据,而无法预先确定。对于这种问题,用数组的办法很难解决。为了解决上述问题,C 语言提供了一些内存管理函数,这些内存管理函数可以按需要动态地分配内存空间,也可把不再使用的空间回收待用,为有效地利用内存资源提供了手段。

常用的内存管理函数有以下三个,使用时要包含头文件♯include "malloc. h"。

1. 分配内存空间函数 malloc

调用形式:

> (类型说明符 *)malloc(unsigned size)

功能:在内存的动态存储区中分配一块长度为 size 字节的连续区域。函数的返回值为该区域的首地址。

"类型说明符"表示把该区域用于何种数据类型。

(类型说明符 *)表示把返回值强制转换为该类型指针。

size 是一个无符号数。

例如:

```
pc = (char * )malloc(100);
```

结构体与共用体

表示分配 100 个字节的内存空间,并强制转换为字符数组类型,函数的返回值为指向该字符数组的指针,把该指针赋予指针变量 pc。

2. 分配内存空间函数 calloc()

calloc 也用于分配内存空间。

调用形式:

> (类型说明符 *)calloc(unsigned n, unsigned size)

功能:在内存动态存储区中分配 n 块长度为 size 字节的连续区域。函数的返回值为该区域的首地址。

(类型说明符 *)用于强制类型转换。

> calloc 函数与 malloc 函数的区别仅在于一次可以分配 n 块区域

例如:

> ps = (struet stu *)calloc(2, sizeof(struct stu));

其中的 sizeof(struct stu)是求 stu 的结构体类型长度。因此该语句的意思是:按 stu 的长度分配两块连续区域,强制转换为 stu 类型,并把其首地址赋予指针变量 ps。

3. 释放内存空间函数 free

调用形式:

> free(void * ptr);

功能:释放 ptr 所指向的一块内存空间,ptr 是一个任意类型的指针变量,它指向被释放区域的首地址。被释放区应是由 malloc 或 calloc 函数所分配的区域。

【例 10-10】 分配一块区域,输入一个学生数据。

```
# include "stdio. h"
# include "malloc. h"
void main()
{
    struct stu
    {
        int num;
        char * name;
        char sex;
        float score;
    } * ps;
    ps = (struct stu * )malloc(sizeof(struct stu));
    ps -> num = 102;
    ps -> name = "Zhang ping";
    ps -> sex = 'M';
    ps -> score = 62.5;
    printf("Number = % d\nName = % s\n", ps -> num, ps -> name);
    printf("Sex = % c\nScore = % f\n", ps -> sex, ps -> score);
```

```
        free(ps);
}
```

执行结果：

```
Number=102
Name=Zhang ping
Sex=M
Score=62.500000
```

本例中,定义了结构体 stu,定义了 stu 类型指针变量 ps,然后分配一块 stu 大小的内存区,并把首地址赋予 ps,使 ps 指向该区域。再以 ps 为指向结构体的指针变量对各成员赋值,并用 printf 输出各成员值。最后用 free 函数释放 ps 指向的内存空间。整个程序包含了申请内存空间、使用内存空间、释放内存空间三个步骤,实现存储空间的动态分配。

10.9　链表的概念

在例 10-10 中采用了动态分配的办法为一个结构体分配内存空间。每一次分配一块空间可用来存放一个学生的数据,我们可称为一个结点。有多少个学生就应该申请分配多少块内存空间,也就是说要建立多少个结点。当然用结构体数组也可以完成上述工作,但如果预先不能准确把握学生人数,也就无法确定数组大小。而且当学生留级、退学之后也不能把该元素占用的空间从数组中释放出来。

用动态存储的方法可以很好地解决这些问题。有一个学生就分配一个结点,无须预先确定学生的准确人数,某学生退学,可删去该结点,并释放该结点占用的存储空间。从而节约了宝贵的内存资源。另一方面,用数组的方法必须占用一块连续的内存区域。而使用动态分配时,每个结点之间可以是不连续的(结点内是连续的)。结点之间的联系可以用指针实现。即在结点结构体中定义一个成员项用来存放下一结点的首地址,这个用于存放地址的成员,常把它称为指针域。

可在第一个结点的指针域内存入第二个结点的首地址,在第二个结点的指针域内又存放第三个结点的首地址,如此串连下去直到最后一个结点。最后一个结点因无后续结点连接,其指针域赋为 NULL。这样一种连接方式在数据结构中称为"链表"。

图 10-7 为一简单链表的示意图。

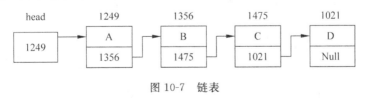

图 10-7　链表

图中,第 0 个结点(head)称为头结点(表头),它存放有第一个结点的首地址,它没有数据,只是一个指针变量。以下的每个结点都分为两个域,一个是数据域,存放各种实际的数据,如学号 num,姓名 name,性别 sex 和成绩 score 等。另一个域为指针域,存放下一结点的首地址。链表中的每一个结点都是同一种结构体类型。最后一个结点的指针域是 NULL 称为尾结点。其中在链表中,前面结点称为相邻后面结点的前驱,后面结点称为它的后继。如结点 N_i 和 N_{i+1},N_i 称为 N_{i+1} 的前驱,N_{i+1} 称为 N_i 的后继。

例如,一个存放学生学号和成绩的结点应定义为下面结构体:

```
struct stu
{ int num;
  int score;
  struct stu * next;
}
```

前两个成员项组成数据域,后一个成员项 next 构成指针域,它是一个指向 stu 类型的指针变量。

链表的基本操作有以下 4 种:

(1) 创建链表;

(2) 链表结点的查找与输出;

(3) 插入一个结点;

(4) 删除一个结点。

10.9.1 创建动态链表

创建链表是指从无到有地建立起一个链表,即向空链表中依次插入若干结点,并保持结点之间的前驱和后继关系。

基本思想:首先创建一个头结点,让头结点 head 和尾结点 tail 都指向该结点,并设置该结点的指针域为 NULL。然后创建一个结点,用指针 pNew 指向它,并将实际数据放在该结点的数据域,其指针域为 NULL;最后将该结点插入到 tail 所指向结点的后面,在数据结构中也叫尾插法。

【例 10-11】 建立一个 n 个结点的动态链表,存放学生数据。为简单起见,我们假定学生数据结构中只有学号和年龄两项。可编写一个建立链表的函数 CreatLList。

具体操作见图 10-8。

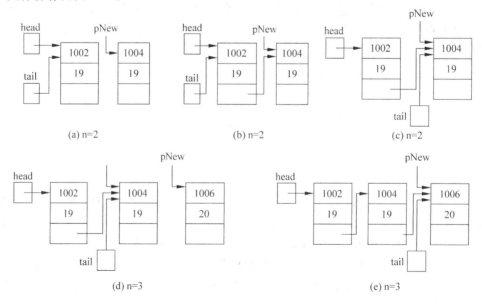

图 10-8 建立链表的过程

程序如下：

```
#include "stdio.h"
#include "malloc.h"
struct stu
{    int num;
     int age;
     struct stu * next;
};
typedef struct stu STUDENT;
STUDENT * CreatLList (int n)              //返回链表的头结点
{
     STUDENT * head, * tail, * pNew;
     int i;
     for(i = 0;i < n;i++)
     {
        pNew = (STUDENT * ) malloc(sizeof(STUDENT));      //申请结构体大小的内存空间
        printf("input Number and Age\n");
        scanf(" % d % d",&pNew – > num,&pNew – > age);
        if(i == 0)                    //该链表以前没有结点
           tail = head = pNew;
         else tail – > next = pNew;        //当不是链表的头结点时
         pNew – > next = NULL;
         tail = pNew;
     }
     return(head);
}
```

对于结构体类型的使用要习惯用 typedef 定义类型，简化书写，这里用 STUDENT 表示结构体类型。与结构体经常一起使用的运算符还有 sizeof，sizeof（STUDENT）是求 STUDENT 类型变量所占的内存空间。结构体类型 STUDENT 在程序开始处进行定义（也称为外部类型），以便后面程序中的各个函数均可使用该定义。

CreatLList 函数用于建立一个有 n 个结点的链表，它是一个指针函数，它返回的指针指向 STUDENT 结构。在 CreatLList 函数内定义了三个 STUDENT 结构的指针变量。head 为头指针，tail 为插入前的尾结点指针变量。pNew 为新创建将要插入的指针变量。

10.9.2 链表结点的查找与输出

查找操作是指：将要查找的某个成员变量值，与链表中的结点该成员分量的值进行比对，当相同时，即找到所要找的结点，然后进行输出。输出操作是指：将链表中满足条件的结点的数据域的值显示出来。

基本思想：通过链表头指针 head，使指针 p 指向实际数据链表的第一个结点，找到要求查找的数据域，判断是否是要找的结点，如果是输出结点的数据，如此进行，有时会找到尾结点。

【例 10-12】 将例 10-11 创建的链表输出。

```
#include "stdio.h"
#include "malloc.h"
```

结构体与共用体

```
struct stu
{    int num;
     int age;
     struct stu * next;
};
typedef struct stu STUDENT;
STUDENT * CreatLList (int n)              //返回链表的头结点
{
     STUDENT * head, * tail, * pNew;
     int i;
     for(i = 0;i < n;i++)
     {
         pNew = (STUDENT * ) malloc(sizeof(STUDENT));        //申请结构体大小的内存空间
         printf("input Number and Age\n");
         scanf(" % d % d",&pNew -> num,&pNew -> age);
         if(i == 0)                        //该链表以前没有结点
             tail = head = pNew;
          else tail -> next = pNew;        //当不是链表的头结点时
          pNew -> next = NULL;
          tail = pNew;
     }
          return(head);
}
void main()
{
     STUDENT * pstu;
     int i;
     pstu = CreatLList(3);
     for(;pstu!= NULL;)                    //输出到尾结点
     {
        printf(" % d % d \n",(pstu) -> num,(pstu) -> age);
        pstu = pstu -> next;              //将指针 pstu 移到下一个结点
     }
}
```

执行结果：

```
input Number and  Age
1001 20
input Number and  Age
1002 21
input Number and  Age
1003 20
输出链表各结点
1001 20
1002 21
1003 20
```

【**例 10-13**】 接续例 10-11 所创建的链表，对链表进行查找并输出所有满足要求的结点数据，用函数 Research 实现。

```
struct stu
{    int num;
     int age;
     struct stu * next;
```

```c
};
typedef struct stu STUDENT;
void Research(STUDENT * head)
{   STUDENT * p;
    int no;
    printf("Input No Your will find\n");
    scanf(" % d",&no);
    for(p = head->next;p!= NULL;p = p->next)
    if(p->num == no)
        printf("no is % d,age is % d\n",p->num,p->age);
}
void main()
{
    STUDENT * pstu, * fstu;              //pstu用于显示链表结点时使用,fstu用于查找时使用
    pstu = CreatLList(3);
    fstu = pstu;
    printf("输出链表各结点\n");
    for(;pstu!= NULL;)
    {
    printf(" % d % d \n",(pstu)->num,(pstu)->age);
    pstu = pstu->next;
    }
    Research(fstu);
}
```

执行结果：

```
input Number and  Age
1001 20
input Number and  Age
1002 21
input Number and  Age
1003 21
输出链表各结点
1001 20
1002 21
1003 21
Input No Your will find
1002
no is 1002, age is 21
```

10.9.3　链表的插入操作

插入操作通常是按照一定顺序在链表中找到插入点,然后通过改变结点的指针域,将插入点后的结点依次向后移动。例如,插入点在 N_i 和 N_{i+1} 之间,插入前,N_i 是 N_{i+1} 的前驱,N_{i+1} 是 N_i 的后继;插入后,将插入的结点 N 成为 N_i 的后继、N_{i+1} 的前驱。

基本思想:通过链表的头指针 head,按照结点指针域的先后顺序,将要插入的结点的数据域依次与每个结点的数据域进行比较,当找到满足条件的结点 i 时,从第 i+1 个结点一直到尾结点依次向后移动,然后再将新结点 N 插入到 i 处,插入一个结点,使链表的长度加 1。

插入结点分为以下 3 种情况:

(1)新插入点是第一个结点。

(2)新插入点在链表的中间。

(3)新插入点作为链表的尾结点。

结构体与共用体

对下列链表要求按照 num 的值进行升序排列,已知链表如图 10-9 所示。

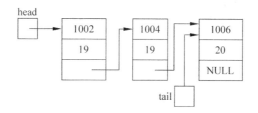

图 10-9 已知的链表

(1) 插入的结点作为第一个结点。假设要插入的结点 p→num＝1001,则从头指针 head 开始按照升序由指针变量 p1 依次将每个结点的 num 域值与 1001 进行比较,通过比较 知,新插入的结点应该是第一个结点,插入过程如图 10-10 所示。

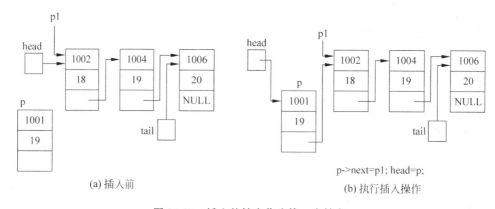

(a) 插入前   (b) 执行插入操作

图 10-10 插入的结点作为第一个结点

(2) 新插入点作为链表的中间结点。假设要插入的结点 p→num＝1003,则从头指针 head 开始按照升序将每个结点的 num 域值与 1003 进行比较,通过比较知,新插入的结点应 该是在第一个结点和第二个结点之间,如图 10-11 所示。

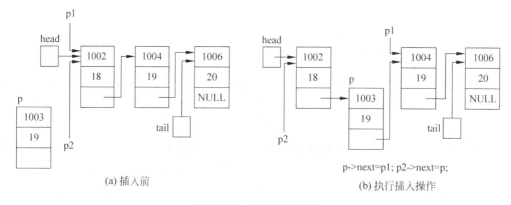

(a) 插入前   (b) 执行插入操作

图 10-11 插入中间结点

(3) 新插入结点作为链表的尾结点,如图 10-12 所示。

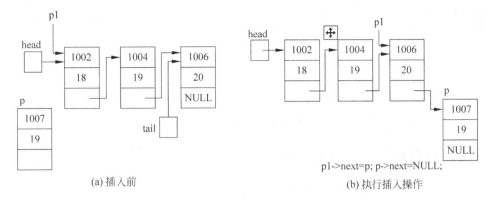

(a) 插入前   p1->next=p; p->next=NULL;

(b) 执行插入操作

图 10-12　插入结点作为链表的尾结点

【例 10-14】　插入结点的源程序。

```
struct stu
{    int num;
     int age;
     struct stu * next;
};
typedef struct stu STUDENT;
STUDENT * Insert(STUDENT * head,STUDENT * p)
{ STUDENT * p1, * p2;              / * p1 为插入结点位置,当插入结点是中间结点时,p2 是 p1 的前驱结点;
                                     当插入结点是头结点或尾结点时,p1 = p2 * /
     p1 = head;
     p2 = head;
     while(p1!= NULL && p－>num>p1－>num)  //找插入位置
     {
             p2 = p1;
             p1 = p1－>next;
     }
     if(p1!= p2)                   //插入中间结点,当 p1 = p2 时插入位置不是头结点就是尾结点
     {
         p－>next = p1;
         p2－>next = p;
     }
     else
     {
       if(p1－>next == NULL)    //p 作为尾结点
       {
           p2－>next = p;
           p－>next = NULL;
       }
       else                    //p 作为头结点
       {
           head = p;
           p－>next = p1;
       }
     }
```

结构体与共用体

```
        return head;
    }
    void main()
    {
        STUDENT * pstu, * fstu, * p;
        pstu = CreatLList(3);
        fstu = pstu;
        p = (STUDENT * ) malloc(sizeof(STUDENT));
        printf("待插入结点的数据\n");
        scanf("%d%d",&p->num,&p->age);
        fstu = Insert(pstu,p);
        printf("输出插入结点后的链表\n");
        for(;fstu!= NULL;)
        {
          printf("%d %d \n",(fstu)->num,(fstu)->age);
          fstu = fstu->next;
        }
    }
```

执行结果：

插入结点作为第一个结点　　插入结点作为中间结点　　插入结点作为尾结点

```
input Number and  Age      input Number and  Age      input Number and  Age
1002 21                    1001 20                    1001 21
input Number and  Age      input Number and  Age      input Number and  Age
1003 20                    1003 21                    1002 21
input Number and  Age      input Number and  Age      input Number and  Age
1004 23                    1004 21                    1003 20
待插入结点的数据            待插入结点的数据            待插入结点的数据
1001 21                    1002 20                    1004 21
输出插入结点后的链表         输出插入结点后的链表         输出插入结点后的链表
1001 21                    1001 20                    1001 21
1002 21                    1002 20                    1002 21
1003 20                    1003 21                    1003 20
1004 23                    1004 21                    1004 21
```

10.9.4　删除结点的操作

删除操作是删除链表中的某个结点 N_i，使线性表的长度减 1。删除前结点 N_{i-1} 是 N_i 的前驱，N_{i+1} 是 N_i 的后继；删除后，结点 N_{i+1} 成为 N_{i-1} 的后继。

基本思想：通过单链表的头指针 head，首先找到链表中与要删除结点某分量相等的结点 q 的前驱结点指针 p；然后删除该结点，删除时只需执行 p→next=q→next 即可。

【例 10-15】　删除结点的源程序。

```
#include "malloc.h"
struct stu
{   int num;
    int age;
    struct stu * next;
};
typedef struct stu STUDENT;
STUDENT * Del(STUDENT * head,int num)
{ STUDENT * p, * q;          //要删除结点的前驱结点 p,q 为要删除的结点
    p = q = head;
```

```c
    if(num == p->num)                      //表示删除头结点,链表头指针变为 q->next
    {
      return q->next;
    }
    while(q!= NULL && q->num!= num)        //找到要删除结点的前驱 p
    {
      p = q;
      q = q->next;
    }
    p->next = q->next;                     //删除结点
    free(q);                               //释放结点的内存单元
    return head;
}
void main()
{
    STUDENT * pstu, * fstu, * p;
    int num;
    pstu = CreatLList(3);
    fstu = pstu;
    p = (STUDENT * ) malloc(sizeof(STUDENT));
    printf("待删除结点的学号\n");
    scanf(" % d",&num);
    fstu = Del(pstu,num);
    printf("输出删除结点后的链表\n");
    for(;fstu!= NULL;)
    {
      printf(" % d % d \n",(fstu)->num,(fstu)->age);
      fstu = fstu->next;
    }
}
```

说明：如果没有指针 q,则第 i 个结点内存无法释放。

删除头结点　　　　　　删除中间结点　　　　　　删除尾结点

```
input Number and  Age      input Number and  Age      input Number and  Age
L001 20                    L001 20                    L001 20
input Number and  Age      input Number and  Age      input Number and  Age
L002 21                    L002 20                    L002 21
input Number and  Age      input Number and  Age      input Number and  Age
L003 20                    L003 21                    L003 21
待删除结点的学号            待删除结点的学号            待删除结点的学号
L001                       L002                       L003
输出删除结点后的链表        输出删除结点后的链表        输出删除结点后的链表
L002 21                    L001 20                    L001 20
L003 20                    L003 21                    L002 21
```

10.10　联　合　体

联合体是一种构造数据类型,有时也叫作共用体。它提供了一种将几种不同数据类型的数据存放于同一段内存的机制。这种使几个不同变量占用同一段内存空间的结构称为联合体。联合体的定义形式与结构体类似,但使用截然不同,联合体的各成员变量相互覆盖,不能同时引用。

10.10.1 联合体类型的定义

定义形式与结构体相似,只不过关键字是 union,联合体类型的定义格式为:

```
union [联合体类型名]
{      数据类型名 1 成员名 1;
        数据类型名 2 成员名 2;
         …
        数据类型名 n 成员名 n;
}
```

例如,定义一个联合体类型:

```
union Data
{   short i;
    char ch;
    float f;
};
```

联合体 Data 包含有三个成员,它们使用同一起始地址的内存空间,联合体变量的内存大小是成员中占内存最大的成员的大小。由于 Data 的成员中,f 所占内存最大(4 个字节),因此,Data 的大小也是 4。即 sizeof(union Data)=4。

10.10.2 联合体变量的定义和引用

1. 联合体变量的定义

与结构体变量的定义一样,联合体变量的定义也有三种形式,见表 10-2。

表 10-2　联合体变量定义的三种方法

先定义类型,再定义变量	直 接 定 义	
	//有联合体名	//无联合体名
union Data	union Data	union
{ short i;	{ short i;	{ short i;
char ch;	char ch;	char ch;
float f;	float f;	float f;
};		
union Data data1,a[10];	}data1,d[10];	}data1,d[10];

2. 联合体变量的引用

对联合体成员的引用格式与对结构体成员的引用格式相同,如果通过联合体变量来引用成员,用“.”运算符,如果通过联合体指针变量来引用成员,用“→”运算符。例如:

```
union Data data1, * p,d[10];
```

则其引用的方式可为 data1.i,data1.f,p→ch,p→f,(* p).ch,(* p).f,d[5].ch 等。

10.10.3 联合体变量的赋值

1. 联合体变量的初始化

定义联合体变量时对变量赋初值,但只能对变量的第一个成员赋初值,不可像结构体变量那样对所有的成员赋初值。例如：

```
union Data data1 = {10};                    //10 赋给成员 i
union Data data1 = { 'A'};                   //'A'赋给成员 i,即 i 的值为 65
union Data data1 = { 10,'A',3.14};          //错误,只能有一个赋值
union Data data1 = 10;                       //错误,初值必须用{}括起来
```

2. 联合体变量在程序中赋值

定义联合体变量后,如果要对其赋值,则只能通过对其成员赋值,不可整体赋值。例如：

```
union Data data1, * p,d[10];
data1 = {10};                               //错误,不能整体赋值
data1.i = 10;                               //正确
p = &data1;                                 //指针变量 p 指向 data1
p - > f = 3.14;                             //正确,将 3.14 赋给 data1 的成员 f
d[0].ch = 'A';                              //正确
```

与结构体变量之间可以赋值一样,联合体变量之间也可以相互赋值。例如：

```
union Data data1 = {10},data2;
data2 = data1;                              //正确
```

说明：

- 由于联合体变量的各成员共享同一块内存空间,因此每一瞬时只有一个成员起作用,其他成员不起作用。规定起作用的成员是最后一次存放的成员。例如：

```
union Data data1;
data1.i = 10;
data1.ch = 'A';
data1.f = 3.14;
```

最后起作用的是 data1.f,再操作 i 和 ch 成员已无意义。

因此,上述操作再加一条输出语句 printf("%d,%c,%f",data1.i,data1.ch,data1.f);

执行输出为：

```
-2621 , ?, 3.140000
```

但有时在数值兼容的情况下,对一个成员变量赋值,其他的成员变量发生相应改变,具有合理解释。例如：

```
union Data data1;
data1.i = 10;
data1.ch = 'A';
printf(" % d, % c ",data1.i,data1.ch);
```

执行输出：

```
65 , A
```

结果由最后输入的'A'决定(ASCII 为 65)。

- 因为联合体变量每一瞬间只有一个成员变量有效,因此联合体变量的地址和它的各成员的地址相同。即 &data1 与 &data1.i 等其他成员的地址都是 data1 的地址。

- 联合体变量不可作为函数的参数。可以出现在结构体类型定义中,反之,结构体也可以出现在联合体定义中,数组也可以作为联合体的成员。

【例 10-16】 联合体变量成员间的相互影响。

```
#include "stdio.h"
void main()
{   union
    {   short a[2];
        long k;
        char c[4];
    }r, * s = &r;
    s->a[0] = 0x39;
    s->a[1] = 0x38;
    printf("length: %d,c[0] is %c\n",sizeof(r),s->c[0]);
}
```

执行结果:

length: 4, c[0] is 9

分析程序:由于该联合体的大小是 4 个字节,根据程序所给,联合体变量 r 的存储形式如图 10-13 所示。

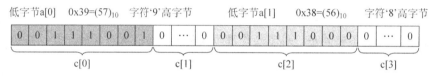

图 10-13　联合体变量 r 的存储形式

由联合体变量的存储形式可以判断出输出结果。

10.11　枚 举 类 型

在实际问题中,有些变量的取值被限定在一个有限的范围内。例如,一个星期内只有7 天,一年只有 12 个月,一个班每周有 6 门课程等。如果把这些量说明为整型、字符型或其他类型显然是不妥当的。为此,C 语言提供了一种称为"枚举"的类型。在"枚举"类型的定义中列举出所有可能的取值,被说明为该"枚举"类型的变量取值不能超过定义的范围。应该说明的是,枚举类型是一种基本数据类型,而不是一种构造类型,因为它不能再分解为任何基本类型。

10.11.1　枚举类型的定义和枚举变量的说明

1. 枚举的定义

枚举类型定义的一般形式为:

```
enum 枚举名{ 枚举值表 };
```

在枚举值表中应罗列出所有可用值。这些值也称为枚举元素。

例如：

该枚举名为 weekday，枚举值共有 7 个，即一周中的七天。凡被说明为 weekday 类型变量的取值只能是 7 天中的某一天。

2. 枚举变量的说明

如同结构体一样，枚举变量也可用不同的方式说明，即先定义后说明，同时定义说明或直接说明。

设有变量 a、b、c 被说明为上述的 weekday 类型，可采用下述任一种方式：

```
enum weekday{ sun,mou,tue,wed,thu,fri,sat };
enum weekday a,b,c;
```

或

```
enum weekday{ sun,mou,tue,wed,thu,fri,sat }a,b,c;
```

或

```
enum { sun,mou,tue,wed,thu,fri,sat }a,b,c;
```

10.11.2 枚举类型变量的赋值和使用

枚举类型在使用中有以下规定：

(1) 枚举值是常量，不是变量。不能在程序中用赋值语句再对它赋值。

例如对枚举 weekday 的元素再作以下赋值：

```
sun = 5;
mon = 2;
sun = mon;
```

都是错误的。

(2) 枚举元素本身由系统定义了一个表示序号的数值，从 0 开始顺序定义为 0,1,2,…。如在 weekday 中，sun 值为 0，mon 值为 1,…，sat 值为 6。

【例 10-17】 枚举类型变量的使用。

```
# include "stdio.h"
void main()
{
    enum weekday
    { sun,mon,tue,wed,thu,fri,sat } a,b,c;
    a = sun;
    b = mon;
    c = tue;
    printf(" % d, % d, % d",a,b,c);
}
```

说明：

只能把枚举值赋予枚举变量，不能把元素的数值直接赋予枚举变量。例如：

```
a = sun;
b = mon;
```

是正确的。而：

```
a = 0;
b = 1;
```

是错误的。如一定要把数值赋予枚举变量,则必须用强制类型转换。

例如：

```
a = (enum weekday)2;
```

其意义是将顺序号为 2 的枚举元素赋予枚举变量 a,相当于：

```
a = tue;
```

还应该说明的是枚举元素不是字符常量也不是字符串常量,使用时不要加单、双引号。

本 章 小 结

（1）结构体、联合体和枚举类型都是用户自定义的数据类型。根据实际问题需要,定义自己的数据类型,具有很强的灵活性,但要使用好,必须牢记它们的使用规则,尤其是结构体类型,使用比较多。

（2）在结构体变量中,各成员变量都占有自己的内存空间,是同时存在的。一个结构体类型的长度等于所有成员类型长度之和。在联合体中,所有成员不能同时占用它的内存空间,它们不能同时存在。联合体变量的长度等于最长的成员变量的长度。

（3）对结构体的使用,不能整体引用,只能操作其成员。对于结构体变量用“.”运算符访问成员、对于结构体指针变量用“→”运算符访问成员。

（4）结构体变量做函数的参数,发生函数调用时是“传值”,单向传递。结构体指针变量也可以作为函数的参数。

（5）结构体定义允许嵌套,既可以嵌套结构体也可以嵌套联合体。

（6）链表是一种重要的数据结构,它便于实现动态的存储分配。

习 题 10

1. 选择题

（1）以下程序的输出结果是（　　）。

```
#include<stdio.h>
struct stu
{   int num;
    char name[10];
    int age;
};
void fun(struct stu *p)
```

```
{
    printf(" % s\n",( * p).name);
}
void main()
{   struct stu students[3] =
            {{9801,"zhang",20},{9802,"Wang",19},{9803,"zhao",18}};
    fun(students + 2);
}
```

    A. Zhang   B. Zhao   C. Wang   D. 18

（2）根据下面的定义，能打出字母 M 的语句是（　　）。

```
struct person
{ char name[9];
  int age;
}
struct person class[10] = { "John",17,"Paul",19,"Mary",18,"Adam",16};
```

    A. printf("%c\n",class[3]. name);

    B. printf("%c\n",class[3]. name[1]);

    C. printf("%c\n",class[2]. name[1]);

    D. printf("%c\n",class[2]. name[0]);

（3）下面程序的输出结果为（　　）。

```
# include < stdio. h>
struct st
{ int x;
  int * y;
} * p;
int dt[4] = {10,20,30,40};
struct st aa[4] = {50,&dt[0],60,&dt[1],70,&dt[2],80,&dt[3]};
void main()
{   p = aa;
    printf(" % d\n",++p -> x);
    printf(" % d\n",(++p) -> x);
    printf(" % d\n",++( * p -> y));
}
```

    A. 10   B. 50   C. 51   D. 60
       20   60   60   70
       20   21   21   31

（4）设有以下语句：

```
struct st{int n;struct st * next;};
static struct st a[3] = {5,&a[1],7,&a[2],9,'\0'}, * p;
p = &a[0];
```

则表达式（　　）的值是 6。

    A. p++→n   B. p→n++   C. (* p).n++   D. ++p→n

结构体与共用体

2. 定义一个结构体 point 的变量，即平面上的一个点，然后判断任一点在以（5,5）为圆心，5 为半径的圆的外侧、内侧还是在圆上？

3. 建立 5 名学生的信息表，每个学生的数据包括学号、姓名及一门课的成绩。要求从键盘输入这 5 名学生的信息，并按照每一行显示一名学生信息的形式将 5 名学生的信息显示出来。

4. 编写两个函数 input 和 print，分别用于输入和打印学生的记录。每个记录包括 num、name、score[3]，现对 5 个学生记录用 input 函数输入这些记录，用 print 函数输出这些记录。

5. 有 10 个学生，每个学生的数据包括学号、姓名、3 门课的成绩，从键盘输入 10 个学生数据，要求输出 3 门课程总平均成绩，以及最高分的学生的数据（包括学号、姓名、3 门课程成绩、平均分数）。

第11章 　位　运　算

本章导读:

前面介绍的各种运算都是以字节作为最基本单位进行的。但在很多系统程序中,尤其是在单片机等各硬件驱动程序中,常要求在位(bit)一级进行运算或处理。C语言提供了位运算的功能,这使得C语言也能像汇编语言一样用来编写系统程序,是C语言应用领域的一大特色。

本章学习重点:

(1) 掌握简单的位操作。

(2) 熟悉各种位运算的功能。

所谓位运算是指二进制位的运算。在系统软件中,常要处理二进制位的问题。例如,将一个存储单元中的各二进制位左移或右移一位,两个数按位相加等。

11.1　位　运　算　符

C语言提供了以下6种位运算符:

& 　按位与。

| 　按位或。

^ 　按位异或。

～ 　取反。

<< 　左移。

>> 　右移。

说明:

(1) 位运算符中除"～"以外,均为二目(元)运算符,即要求两侧各有一个运算量。

(2) 运算量只能是整型或字符型的数据,不能为实型数据。

11.1.1　按位与运算

按位与运算符"&"是双目运算符。其功能是参与运算的两数各对应的二进制位相与。只有对应的两个二进制位均为1时,结果位才为1,否则为0。参与运算的数以补码方式出现。

即 0 & 0=0,0 & 1=0,1 & 0=0,1 & 1=1

例如:5 & 9可写算式如下:

```
  00 00 01 01          (5 的二进制补码)
& 00 00 10 01          (9 的二进制补码)
  00 00 00 01          (1 的二进制补码)
```

可见 5 & 9＝1。

按位与运算通常用来对某些位清零或保留某些位。

(1) 清零。

① 指定位清零:只要将需要清零的位与新数中相应的位设为 0 进行与运算即可达到指定位清零。

如原数为 11111111,现将奇数位清零,则新数必须是奇数位为 0,将两个数进行 & 运算:

```
  11 11 11 11
& 01 01 01 01
  01 01 01 01
```

② 某些位或全部位清零:只要将需要清零的连续几位与新数中相应的连续位设为 0,进行与运算即可达到指定位清零。常见的有后 4 位清零,前 4 位清零,以及高 8 位清零,低 8 位清零等。

如原数为 0010110010101100,现预对其高 8 位清零,则新数高 8 位必为 0。将两个数进行 & 运算:

```
  00 10 11 00 10 10 11 00
& 00 00 00 00 10 10 11 00
  00 00 00 00 10 10 11 00
```

(2) 保留指定位。

① 指定位保留:只要将需要保留的位与新数中相应的位设为 1 进行与运算即可达到指定位被保留。

如原数为 10010110,现将奇数位保留,则新数必须是奇数位为 1,将两个数进行 & 运算:

```
  10 01 01 10
& 10 11 11 10
  10 01 01 10
```

② 某些位或全部位保留:只要将需要保留的连续几位与新数中相应的连续位设为 1,进行与运算即可达到指定位保留。常见的有后 4 位保留,前 4 位保留,以及高 8 位保留,低 8 位保留等。

如原数为 0010110010101100,现预对其高 8 位保留,则新数高 8 位必为 1。将两个数进行 & 运算:

```
  00 10 11 00 10 10 11 00
& 11 11 11 11 00 00 00 00
  00 10 11 00 00 00 00 00
```

经过运算,高 8 位保留,低 8 位清零。

【例 11-1】 按位与运算编程实现。

```
# include "stdio.h"
void main()
```

```
{
    int a = 5,b = 9,c;
    c = a&b;
    printf("a = % d\nb = % d\nc = % d\n",a,b,c);
}
```

执行结果：

```
a=5
b=9
c=1
```

11.1.2 按位或运算

按位或运算符"|"是双目运算符。其功能是参与运算的两数各对应的二进制位相或。只要对应的两个二进制位有一个为 1 时,结果位就为 1。参与运算的两个数均以补码出现。

即 0 | 0＝0,0 | 1＝1,1 | 0＝1,1 | 1＝1

例如：5 | 9 可写算式如下：

```
  00 00 01 01
|00 00 10 01
  00 00 11 01        (十进制为 13)可见 5 | 9＝13
```

按位或运算通常用来对某些位"置 1",也可对某些位通过与 0 进行或运算保留某些位。

例如,a 是一个整数(16 位),有表达式：

a | 0377 则低 8 位全置为 1,高 8 位保留原样

因为 0377 用二进制表示是 00 00 00 00 11 11 11 11。

【例 11-2】 按位或运算编程实现。

```
# include "stdio. h"
void main()
{
    int a = 5,b = 9,c;
    c = a|b;
    printf("a = % d\nb = % d\nc = % d\n",a,b,c);
}
```

执行结果：

```
a=5
b=9
c=13
```

11.1.3 按位异或运算

按位异或运算符"^"是双目运算符。其功能是参与运算的两数各对应的二进位相异或,当两对应的二进位不同时,结果为 1。参与运算数仍以补码出现。

即 0 ∧0＝0,0 ∧1＝1,1 ∧0＝1,1 ∧1＝0

例如 5 ∧9 可写成算式如下：

```
    00 00 01 01
∧ 00 00 10 01
    00 00 11 00    (十进制为 12)
```

按位异或常用的应用如下：

(1) 使特定位翻转。

假设有 01111010，想使其低 4 位翻转，即 1 变 0，0 变 1。可以将它与 00001111 进行异或运算，即

```
  01 11 10 10
∧ 00 00 11 11
  01 11 01 01
```

(2) 保留原值。

与 0 相∧，保留原值。

例如：012∧00＝012

```
  00 00 10 10    (012)
∧ 00 00 00 00    (000)
  00 00 10 10
```

(3) 与一个数两次异或可以实现加密解密。

例如：a＝5，b＝9；

则 a∧b
```
    00 00 01 01    (5 的补码)
  ∧ 00 00 10 01    (9 的补码)
    00 00 11 00
```

再将异或所得结果 00 00 11 00 与 b 异或：
```
  00 00 11 00
∧ 00 00 10 01
  00 00 01 01
```

结果又等于 a。即(a∧b)∧b＝a。

(4) 交换两个值，不用临时变量。

假设 a＝3，b＝4。预交换 a 和 b 的值，可以用以下赋值语句实现：

a ＝ a∧b

b ＝ b∧a

a ＝ a∧b

计算结果表示如下：

```
          00 00 00 11   (a)
    a∧b   00 00 01 00   (b)
    a=    00 00 01 11
          00 00 01 00   (b)
    b∧a   00 00 01 11   (a)
    b=    00 00 00 11
          00 00 01 11   (a)
    a∧b   00 00 00 11   (b)
    a=    00 00 01 00
```

从结果可以看出，a、b 的值实现了交换。

11.1.4 取反运算

取反运算符"～"为单目运算符,具有右结合性。其功能是对参与运算的数的各二进制位按位求反。即 0 变 1,1 变 0。

例如～9 的运算为:

～(0000000000001001)结果为 1111111111110110。

11.1.5 左移运算

左移运算符"<<"是双目运算符。其功能把"<<"左边的运算数的各二进制位全部左移若干位,由"<<"右边的数指定移动的位数,高位丢弃,低位补 0。

例如:

a<<4

指把 a 的各二进制位向左移动 4 位。如 a=00000011(十进制 3),左移 4 位后为 00110000(十进制 48)。

按位左移操作,使该二进制数扩大,左移 1 位扩大 2 倍,左移 2 位扩大 4(2^2)倍,以此类推,左移 n 位扩大 2^n 倍。

【例 11-3】 编程使一个数扩大 32 倍,不允许用乘法,假设这个数是 12。

分析:可以用左移 5 位的方法解决。

源程序:

```
#include "stdio.h"
void main()
{
    int a = 12;
    printf("result is %d\n",a<<5);
}
```

执行结果:

```
result is 384
```

11.1.6 右移运算

右移运算符">>"是双目运算符。其功能是把">>"左边的运算数的各二进制位全部右移若干位,">>"右边的数指定移动的位数。

例如

设 a=15,

a>>2

表示把 000001111 右移为 00000011(十进制 3)。

按位右移操作,使该二进制数缩小,右移 1 位原数除以 2,右移 2 位原数除以 4(2^2),以此类推,右移 n 位缩小为原来的 $1/2^n$。

应该说明的是,对于有符号数,在右移时,符号位将随同移动。当为正数时,最高位补 0,而为负数时,符号位为 1,最高位是补 0 或是补 1 取决于编译系统的规定。

【例 11-4】 按位右移应用。

```
# include "stdio.h"
void main()
{
    unsigned a,b;
    printf("input a number: ");
    scanf(" % d",&a);
    b = a >> 5;
    b = b&15;                    //因为 15 是 00001111,因此该操作是保留低 4 位
    printf("a = % d\tb = % d\n",a,b);
}
```

执行结果:

```
input a number:    128
a=128    b=4
```

本 章 小 结

(1) 位运算主要应用于硬件接口驱动方面,使操作接近于底层,效率高。

(2) 位运算的操作主要是针对数的补码进行的。

(3) 位运算的主要功能是保留指定位、清零、复位等。

习 题 11

1. 编写一个函数,对一个 16 位的二进制数取出它的奇数位(即从左边起第 1、3、5、…、15 位)。

2. 编写一个函数 getbits,从一个 16 位的单元中取出某几位(即该几位保留原值,其余位为 0)。函数调用形式为 getbits(value,n1,n2)。value 为该 16 位数中的数据值,n1 为预取出的起始位,n2 为预取出的结束位。例如:getbits(0101675,5,8)表示对八进制 0101675 这个数,取出它的从左面起第 5 位到第 8 位。

第 12 章　　　　　文　件

本章导读：

前面章节我们所操作的都是通过初始化方式或赋值方式将数值写入到各种变量所申请的内存空间中，那么当大量数据参与某操作时，给输入带来了很大麻烦。如果我们能将这大量的数据存放在外部介质（磁盘、光盘等）里，当使用时再读入到内存进行操作会使操作变得更加方便，文件就能实现这些功能。

学习重点内容：

(1) 理解文件的概念；

(2) 理解文本文件与二进制文件的区别；

(3) 掌握文件的打开、读写、定位以及关闭的方法；

(4) 掌握文件系统中有关文件操作的系统函数使用方法；

(5) 能设计对文件进行简单处理的实用程序。

12.1　文件概述

所谓"文件"是指一组相关数据的有序集合。这个数据集有一个名称，叫做文件名。其文件名的一般格式为：主文件名[.扩展名]，文件名的命名规则要遵循操作系统的约定。

文件通常是驻留在外部介质（如磁盘等）上的，在使用时才调入内存中来。从不同的角度可对文件作不同的分类。

(1) 从用户的角度看来，文件可分为普通文件和设备文件两种。

普通文件是指驻留在磁盘或其他外部介质上的一个有序数据集，可以是源文件、目标文件、可执行程序等。

设备文件是指与主机相联的各种外部设备，如显示器、打印机、键盘等。通常把显示器定义为标准输出文件，一般情况下在屏幕上显示有关信息就是向标准输出文件输出。如前面经常使用的 printf，putchar 函数就是这类输出。键盘通常被指定为标准的输入文件，从键盘输入就意味着从标准输入文件上输入数据。scanf、getchar 函数就属于这类输入。

(2) 从文件编码的方式来看，文件可分为 ASCII 文件（文本文件）和二进制码文件两种。ASCII 文件在磁盘中存放时每个字符对应一个字节，用于存放对应的 ASCII 码。由于是按字符显示，因此能读懂文件内容。但一般占用存储空间较多，而且要花费转换时间（二进制与 ASCII 转换）。一般情况下，后缀是 .txt、.c、.cpp、.h 等的文件大多是文本文件。

例如，数 5678 的 ASCII 文件存储形式为：

ASCII 码：　　00110101　00110110　00110111　00111000　　　共占用 4 个字节。

　　　　　　　　　↓　　　　　　↓　　　　　↓　　　　　↓

十进制码：　　　5　　　　　6　　　　7　　　　8

二进制文件是按二进制的编码方式来存放文件的。可以节省存储空间和转换时间。但一个字节并不对应一个字符,不能直接输出字符形式,也经常产生"乱码"。一般情况下,后缀是.exe、.dll、.lib、.bmp 等的文件大多是二进制文件。

例如,数 5678 的存储形式为:

00000000 00000000 00010110 00101110

占 4 个字节。节约内存空间。

(3) 根据文件的组织形式来看:可分为顺序存取文件和随机存取文件。

缓冲文件系统:由于系统对磁盘文件数据的存取速度与内存数据存取访问的速度不同,而且文件数据量较大,数据从磁盘读到内存或从内存写到磁盘文件不可能瞬间完成,为此系统自动地在内存区为每个正在使用的文件开辟一个缓冲区。从内存向磁盘输出数据时,必须首先输出到缓冲区。待缓冲区装满后,再一起输出到磁盘文件中。从磁盘文件向内存读入数据时,则相反,首先将一批数据读入到缓冲区中,再从缓冲区中将数据逐个送到程序数据区。其示意图如图 12-1 所示。

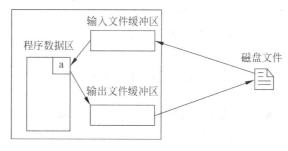

图 12-1　缓冲文件系统示意图

12.2　文件指针

回忆前面所学过的内容,我们对变量的操作有直接操作(使用变量名)和间接操作(使用指针)两种形式。那么对于一个文件来说直接操作不适合,因此采用指向文件的指针变量,在程序里操作文件的指针变量,进而实现对文件操作的目的。

定义说明文件指针的一般形式为:

```
FILE *指针变量标识符;
```

其中 FILE 应为大写,它实际上是由系统定义的一个结构体类型,使用时应包含头文件"stdio.h"。

```
#include "stdio.h"
typedef struct{
```

```
    int level;                           / * 缓冲区"满"或"空"的程度 * /
    unsigned flags;                      / * 文件状态标志 * /
    char fd;                             / * 文件描述符 * /
    unsigned char hold;                  / * 如无缓冲区不读取字符 * /
    int bsize;                           / * 缓冲区的大小 * /
    unsigned char _FAR * buffer;         / * 数据缓冲的位置 * /
    unsigned char _FAR * curp;           / * 指针当前的指向 * /
    unsigned istemp;                     / * 临时文件指示器 * /
    short token;                         / * 用于有效性检查 * /
}FILE;
```

该结构体中含有文件名、文件状态和文件当前位置等信息。在编写源程序时不必关心 FILE 结构体的细节。

例如：

```
FILE * fp;
```

表示 fp 是指向 FILE 结构的指针变量，通过 fp 即可找存放某个文件信息的结构体变量，然后按结构体变量提供的信息找到该文件，实施对文件的操作。

12.3 文件的打开与关闭

文件在进行读写操作之前要先打开，使用完毕要关闭。所谓打开文件，实际上是建立文件的各种有关信息，并使文件指针指向该文件，以便进行其他操作。关闭文件则断开指针与文件之间的联系，也就禁止再对该文件进行操作。

在 C 语言中，文件操作都是由库函数来完成的。在本章内将介绍主要的文件操作函数。

12.3.1 文件的打开（fopen 函数）

fopen 函数用来打开一个文件，其调用的一般形式为：

> 文件指针名 = fopen(文件名,使用文件方式);

其中：

"文件指针名"必须是被说明为 FILE 类型的指针变量。

"文件名"是被打开文件的文件名；是字符串常量或字符串数组。

"使用文件方式"是指文件的类型和操作要求。文件打开方式见表 12-1。

例如：

```
FILE * fp;
fp = ("file a","r");
```

其意义是在当前目录下打开文件 file a，只允许进行"读"操作，并使 fp 指向该文件。

又如：

```
FILE * fp
fp = ("d:\\test ","rb")
```

其意义是打开 d 驱动器磁盘的根目录下的文件 test,这是一个二进制文件,只允许按二进制方式进行读操作。两个反斜线"\\"中的第一个表示转义字符,第二个表示根目录。即实际上是 d:\test。使用文件的方式如表 12-1 所示。

表 12-1　使用文件的方式

文件使用方式	意　义
"r"	只读打开一个文本文件,只允许读数据(read text)
"w"	只写打开或建立一个文本文件,只允许写数据(write text)
"a"	追加打开一个文本文件,并在文件末尾写数据(append text)
"rb"	只读打开一个二进制文件,只允许读数据(read binary)
"wb"	只写打开或建立一个二进制文件,只允许写数据(write binary)
"ab"	追加打开一个二进制文件,并在文件末尾写数据(append binary)
"r+"	读写打开一个文本文件,允许读和写(read text+)
"w+"	读写打开或建立一个文本文件,允许读和写(write text+)
"a+"	读写打开一个文本文件,允许读,或在文件末尾追加数据
"rb+"	读写打开一个二进制文件,允许读和写
"rw+"	读写打开或建立一个二进制文件,允许读和写
"ab+"	读写打开一个二进制文件,允许读,或在文件末尾追加数据

对于文件使用方式有以下 5 点说明:

(1) 文件使用方式由 r,w,a,t,b,+六个字符拼成,各字符的含义是:

r(read):读。

w(write):写。

a(append):追加。

t(text):文本文件,可省略不写。

b(banary):二进制文件。

+:读和写。

(2) 凡用"r"打开一个文件时,该文件必须已经存在,且只能从该文件读出。

(3) 用"w"打开的文件只能向该文件写入。若打开的文件不存在,则以指定的文件名建立该文件,若打开的文件已经存在,则将该文件删去,重建一个新文件。

(4) 若要向一个已存在的文件追加新的信息,只能用"a"方式打开文件。但此时该文件必须是存在的,否则将会出错。

(5) 在打开一个文件时,如果出错,fopen 将返回一个空指针值 NULL。在程序中可以用这一信息来判别是否完成打开文件的工作,并作相应的处理。因此常用以下程序段打开文件:

```
if((fp = fopen("d:\\test","rb") == NULL)
{
    printf("\nerror on open d:\\test file!");
}
```

这段程序的意义是:如果返回的指针为空,表示不能打开 D 盘根目录下的 test 文件,则给出提示信息"error on open d:\ test file!"。

12.3.2　文件的关闭(fclose 函数)

文件一旦使用完毕,应用关闭文件函数把文件关闭,以避免文件的数据丢失及发生内存泄露等错误。

fclose 函数调用的一般形式是:

```
fclose(文件指针);
```

例如:

```
fclose(fp);
```

正常完成关闭文件操作时,fclose 函数返回值为 0。如返回非零值则表示有错误发生。

12.4　文件的读写

对文件的读和写是最常用的文件操作。在 C 语言中提供了多种文件读写的函数。
- 字符读写函数:fgetc 和 fputc。
- 字符串读写函数:fgets 和 fputs。
- 数据块读写函数:fread 和 fwrite。
- 格式化读写函数:fscanf 和 fprinf。

说到文件的读写必须明白所操作的文件是"源"还是"目的地",当进行文件"读"操作时,文件指针所指向的文件就是"源";当进行文件"写"操作时,文件指针所指向的文件就是"目的地"。确定了明确的数据传输方向,这样对文件操作函数参数的含义和功能就一目了然了,如图 12-2 所示。

图 12-2　文件的读和写数据传输方向

下面分别予以介绍。使用以上函数都要求包含头文件"stdio.h"。

12.4.1　字符读写函数 fgetc 和 fputc

字符读写函数是以字符(字节)为单位的读写函数。每次可从文件读出或向文件写入一个字符。

1. 读字符函数 fgetc

fgetc 函数的功能是从指定的文件中读一个字符,此时文件作为"源"。

函数调用的形式为:

> 字符变量 = fgetc(文件指针);

例如:

```
ch = fgetc(fp);
```

其意义是从 fp 指向的打开文件中读取一个字符并送入 ch 中。

对于 fgetc 函数的使用有以下 3 点说明:

(1) 在 fgetc 函数调用中,读取的文件必须是以读或读写方式打开的。

(2) 读取字符的结果也可以不向字符变量赋值。

例如:

```
fgetc(fp);
```

但是读出的字符不能保存。

(3) 在文件内部有一个位置指针。用来指向文件的当前读写字节。在文件打开时,该指针总是指向文件的第一个字节。使用 fgetc 函数后,该位置指针将向后移动一个字节。因此可连续多次使用 fgetc 函数,读取多个字符。应注意文件指针和文件内部的位置指针不是一回事。文件指针是指向整个文件的,需在程序中定义说明,只要不重新赋值,文件指针的值是不变的。文件内部的位置指针用以指示文件内部的当前读写位置,每读写一次,该指针均向后移动,它不需在程序中定义说明,而是由系统自动设置的。

【例 12-1】 读入文件 test. cpp,在屏幕上输出。

```
# include "stdio. h"
void main()
{
    FILE  * fp;
    char ch;
    if((fp = fopen("d:\\cpro\\test.cpp","r")) == NULL)
     {
        printf("\nCannot open file strike any key exit!");
     }
    ch = fgetc(fp);
    while(ch!= EOF)                          /* EOF 文件结束标志 */
    {
        putchar(ch);
        ch = fgetc(fp);
    }
    fclose(fp);
}
```

本例程序的功能是从文件中逐个读取字符,在屏幕上显示。程序定义了文件指针 fp,以读文本文件方式打开文件"d:\\cpro\\test. cpp",并使 fp 指向该文件。如打开文件出错,给出提示,终止程序执行。程序 while 循环,只要读出的字符不是文件结束标志(每个文件末有一结束标志 EOF)就把该字符显示在屏幕上,再读入下一字符。每读一次,文件内部的位置指针向后移动一个字符,文件结束时,该指针指向 EOF。执行本程序将输出整个文件。

2. 写字符函数 fputc

fputc 函数的功能是把一个字符写入指定的文件中,此时文件作为目的地。

函数调用的形式为:

```
fputc(字符量,文件指针);
```

其中,待写入的字符量可以是字符常量或变量,例如:

```
fputc('a',fp);
```

其意义是把字符 a 写入 fp 所指向的文件中。

对于 fputc 函数的使用也要说明 3 点:

(1) 被写入的文件可以用写、读写、追加方式打开,用写或读写方式打开一个已存在的文件时将清除原有的文件内容,写入字符从文件首开始。如需保留原有文件内容,希望写入的字符从文件末开始存放,必须以追加方式打开文件。被写入的文件若不存在,则创建该文件。

(2) 每写入一个字符,文件内部位置指针向后移动一个字节。

(3) fputc 函数有一个返回值,如写入成功则返回写入的字符,否则返回一个 EOF。可用此来判断写入是否成功。

【例 12-2】 从键盘输入一行字符,写入一个文件,再把该文件内容读出显示在屏幕上。

```
1   #include "stdio.h"
2   void main()
3   {
4       FILE *fp;
5       char ch;
6       if((fp = fopen("d:\\cpro\\file.txt","w+")) == NULL)
                                            /* 以写的方式打开指定的文件 */
7       {
8           printf("Cannot open file strike any key exit!");
9       }
10      printf("input a string:\n");
11      ch = getchar();
12      while (ch!= '\n')                   /* 通过循环将输入的字符写到文件里 */
13      {
14          fputc(ch,fp);                   /* ch 写到 fp 所指的文件 */
15          ch = getchar();
16      }
17      rewind(fp);                         /* 指针重新回到文件开始处 */
18      ch = fgetc(fp);
19      while(ch!= EOF)
20      {
21          putchar(ch);
22          ch = fgetc(fp);
23      }
24      printf("\n");
25      fclose(fp);
26  }
```

执行结果:

```
input a string:
lcvbjfkgjgl
lcvbjfkgjgl
```

程序中第 6 行以读写文本文件方式打开文件 file. txt。程序第 11 行从键盘写入一个字符后进入循环,当写入字符不为回车符时,则把该字符写入文件中,然后继续从键盘写入下一字符;每输入一个字符,文件内部位置指针向后移动一个字节;写入完毕,该指针已指向文件末。如要把文件从头读出,需把指针移向文件头,程序第 17 行 rewind 函数用于把 fp 所指文件的内部位置指针移到文件头。第 19 行至第 23 行用于读出文件中的内容。

12.4.2 字符串读写函数 fgets 和 fputs

1. 读字符串函数 fgets

函数的功能是从指定的文件中读一个字符串到字符数组中,函数调用的形式为:

```
fgets(字符数组名,n,文件指针);
```

其中的 n 是一个正整数。表示从文件中读出的字符串长度小于等于 n−1 个字符。在读入的最后一个字符后加上串结束标志'\0'。

例如:

```
fgets(str,n,fp);
```

含义是从 fp 所指的文件中读出 n−1 个字符送入字符数组 str 中。

【例 12-3】 从 string 文件中读入一个含 10 个字符的字符串。

```
#include<stdio.h>
void main()
{
    FILE *fp;
    char str[11];
    if((fp=fopen("d:\\cpro\\test.txt","r"))==NULL)
    {
        printf("\nCannot open file strike any key exit!");
    }
    fgets(str,11,fp);
    printf("\n%s\n",str);
    fclose(fp);
}
```

本例定义了一个字符数组 str 共 11 个字节,在以读文本文件方式打开文件 test. txt 后,从中读出 10 个字符送入 str 数组,在数组最后一个单元内将加上'\0',然后在屏幕上显示输出 str 数组。输出的 10 个字符正是例 12-1 程序的前 10 个字符。

对 fgets 函数有以下两点说明:

(1) 在读出 n−1 个字符之前,如遇到了换行符或 EOF,则读出结束。

(2) fgets 函数也有返回值,其返回值是字符数组的首地址。

2. 写字符串函数 fputs

fputs 函数的功能是向指定的文件写入一个字符串,其调用形式为:

```
fputs(字符串,文件指针);
```

其中字符串可以是字符串常量,也可以是字符数组名,或指针变量。

例如:

```
fputs("abcd",fp);
```

其意义是把字符串"abcd"写入 fp 所指的文件中。

【例 12-4】 在例 12-2 中建立的文件 file.txt 中追加一个字符串。

```
#include <stdio.h>
void main()
{
  FILE *fp;
  char ch,st[20];
  if((fp = fopen("d:\\cpro\\file.txt","a+")) == NULL)
  {
    printf("Cannot open file strike any key exit!");
  }
  printf("input a string:\n");
  scanf("%s",st);
  fputs(st,fp);
  rewind(fp);
  ch = fgetc(fp);
  while(ch!= EOF)
  {
    putchar(ch);
    ch = fgetc(fp);
  }
  printf("\n");
  fclose(fp);
}
```

执行结果:

```
input a string:
success!
icvbjfkgjglsuccess!
```

本例要求在 file.txt 文件末加写字符串,因此,在程序第 6 行以追加读写文本文件的方式打开文件 file.txt。然后输入字符串,并用 fputs 函数把该串写入文件 file.txt。在程序第 13 行中用 rewind 函数把文件内部位置指针移到文件首。再进入循环逐个显示当前文件中的全部内容。

12.4.3 数据块读写函数 fread 和 fwtrite

C 语言还提供了用于整块数据的读写函数。可用来读写一组数据,如一个数组元素、一个结构体变量等。

读数据块函数调用的一般形式为：

```
fread(buffer, size, count, fp);
```

写数据块函数调用的一般形式为：

```
fwrite(buffer, size, count, fp);
```

其中：

buffer 是一个指针,在 fread 函数中,它表示存放读入数据的首地址。在 fwrite 函数中,它表示存放输出数据的首地址。

size 表示数据块的字节数。

count 表示要读写的数据块块数。

fp 表示文件指针。

例如：

```
fread(fa, 4, 5, fp);
```

其意义是从 fp 所指的文件中,每次读 4 个字节(一个实数)送入实数组 fa 中,连续读 5 次,即读 5 个实数到 fa 中。

【例 12-5】 从键盘输入两个学生数据,写入一个文件中,再读出这两个学生的数据显示在屏幕上。

分析：每次输入和输出的是一个结构体数据,必须作为块整体操作。因此选用 fread 和 fwrite 函数操作。

```
1   # include < stdio. h>
2   struct stu
3   {
4      char name[10];
5      int num;
6      int age;
7      char addr[15];
8   }boya[2], boyb[2], * pp, * qq;
9   void main()
10  {
11     FILE * fp;
12     int i;
13     pp = boya;
14     qq = boyb;
15     if((fp = fopen("d:\\cpro\\stu_list.txt", "wb + ")) == NULL)
16     {
17         printf("Cannot open file strike any key exit!");
18     }
19     printf("\ninput data\n");
20     for(i = 0; i < 2; i++, pp++)
21         scanf(" % s % d % d % s", pp - > name, &pp - > num, &pp - > age, pp - > addr);
```

```
22        pp = boya;
23        fwrite(pp,sizeof(struct stu),2,fp);
24        rewind(fp);
25        fread(qq,sizeof(struct stu),2,fp);
26        printf("\n\nname\tnumber age      addr\n");
27        for(i = 0;i < 2;i++,qq++)
28            printf("%s\t%5d%7d              %s\n",qq->name,qq->num,qq->age,qq->addr);
29        fclose(fp);
30        }
```

执行结果:

```
input data
Peter
1001
21
aaaaa
Mary
1002
20
bbbbb


name     number   age    addr
Peter    1001      21     aaaaa
Mary     1002      20     bbbbb
```

本例程序定义了一个结构体 stu,说明了两个结构体数组 boya 和 boyb 以及两个结构体指针变量 pp 和 qq。pp 指向 boya,qq 指向 boyb。程序第 15 行以读写方式打开二进制文件"test. txt",输入两个学生数据之后,写入该文件中,然后把文件内部位置指针移到文件首,读出两块学生数据后,在屏幕上显示。

12.4.4　格式化读写函数 fscanf 和 fprintf

fscanf 函数、fprintf 函数与前面使用的 scanf 函数和 printf 函数的功能相似,都是格式化读写函数。两者的区别在于 fscanf 函数和 fprintf 函数的读写对象不是键盘和显示器,而是磁盘文件。

这两个函数的调用格式为:

```
fscanf(文件指针,格式字符串,输入表列);
fprintf(文件指针,格式字符串,输出表列);
```

它们的功能如下。

fscanf 函数:从文件指针所指向的文件读取数据,按照格式字符串要求读入输入表列。如果操作成功,则函数返回值就是读取的数据项的个数;如果操作出错或遇到文件尾,则返回 EOF。

fprintf 函数:将输出表列按照格式字符串要求写入到文件指针所指向的文件。如果操作成功,则函数返回值就是写入到文件中数据的字节个数;如果操作出错,则返回 EOF。例如:

```
fscanf(fp,"%d%s",&i,s);          //从 fp 所指向的文件按照"%d%s"格式读入到变量 i、s
fprintf(fp,"%d%c",j,ch);         //将变量 j、ch 按照"%d%c"格式写入到 fp 所指向的文件
```

【例 12-6】 将变量的值格式化写入文件中,然后从文件中格式化读出并显示。

```c
#include <stdio.h>
void main()
{
    int i = 3;
    float f = (float)9.8;
    FILE *fp;
    if((fp = fopen("d:\\cpro\\test.txt","w")) == NULL)
    {
        printf("Cannot open file strike any key exit!");
    }
    fprintf(fp,"%2d,%6.2f",i,f);          //将变量 i 和 f 的值格式化输出到文件中
    fclose(fp);
    if((fp = fopen("d:\\cpro\\test.txt","r")) == NULL)
    {
        printf("Cannot open file strike any key exit!");
    }
    i = 0;
    f = 0;
    fscanf(fp,"%d,%f",&i,&f);             //从文件中读取数值到变量 i 和 f
    fclose(fp);
    printf("i=%2d,f=%6.2f\n",i,f);        //显示从文件中读取的变量 i 和 f 的值
}
```

执行结果:

```
i= 3,f=  9.80
```

12.5 文件的随机读写

前面介绍的对文件的读写方式都是顺序读写,即读写文件只能从头开始,顺序读写各个数据。但在实际问题中常要求只读写文件中某一指定的部分。为了解决这个问题可移动文件内部的位置指针到需要读写的位置,再进行读写,这种读写称为随机读写。

实现随机读写的关键是要按要求移动位置指针,这称为文件的定位。

12.5.1 文件定位

移动文件内部位置指针的函数主要有三个,即 rewind 函数、fseek 函数和 ftell 函数。

rewind 函数前面已多次使用过,其调用形式为:

```
rewind(文件指针);
```

它的功能是把文件内部的位置指针移到文件首。

下面主要介绍 fseek 函数和 ftell 函数。

fseek 函数用来移动文件内部位置指针,其调用形式为:

```
fseek(文件指针,位移量,起始点);
```

其中：

"文件指针"指向被移动的文件。

"位移量"表示移动的字节数，要求位移量是 long 型数据，以便在文件长度大于 64KB 时不会出错。当用常量表示位移量时，要求加后缀"L"。

"起始点"表示从何处开始计算位移量，规定的起始点有三种：文件首、当前位置和文件尾。位移起始点的表示形式具体如表 12-2 所示。

表 12-2　位移起始点的表示形式

起始点	表示符号	数字表示
文件首	SEEK_SET	0
当前位置	SEEK_CUR	1
文件末尾	SEEK_END	2

例如：

```
fseek(fp,100L,0);
```

其意义是把位置指针移到离文件首 100 个字节处。

偏移量也可以是负数，例如：

```
fssek(fp, - 100L,2);
```

其意义是把位置指针移到离文件尾前 100 个字节处。

还要说明的是 fseek 函数一般用于二进制文件。在文本文件中由于要进行转换，故往往计算的位置会出现错误。

ftell 函数返回文件指针所指向文件当前位置指针的值（用相对文件开头的位移量表示）。调用格式为：

```
ftell(文件指针);
```

此函数调用出错时，返回－1L。

12.5.2　文件的随机读写

在移动位置指针之后，即可用前面介绍的任一种读写函数进行读写。由于一般是读写一个数据块，因此常用 fread 和 fwrite 函数。

下面用例题来说明文件的随机读写。

【例 12-7】　在学生文件 stu_list. txt 中有 4 个学生数据，要求读出第 2、4 学生数据并显示。

```
# include < stdio. h>
struct stu
{
  char name[10];
```

```
    int num;
    int age;
    char addr[15];
}stu[4] = {{ "Peter",1001,19,"aaaaa"},{"Mary",1002,20,"bbbbb"},
{"Tom",1003,21,"ccccc"},{"Jerry",1004,20,"ddddd"}};
void main()
{
    FILE * fp;
    int i = 1;
    if((fp = fopen("d:\\cpro\\stu_list.txt","rb")) == NULL)
    {
        printf("Cannot open file strike any key exit!");
    }
    fwrite(stu,sizeof(struct stu),4,fp);
    rewind(fp);
    printf("name num age addr\n");
    for(i = 1;i < 4;i += 2)
    {
        fseek(fp,i * sizeof(struct stu),SEEK_SET);
        fread(&stu[i],sizeof(struct stu),1,fp);
        printf("% s\t% 5d % 7d        % s\n",stu[i].name,stu[i].num,stu[i].age,
            stu[i].addr);
    }
    fclose(fp);
}
```

执行结果:

```
name       num        age        addr
Mary       1002       20         bbbbb
Jerry      1004       20         ddddd
```

文件 d:\\cpro\\stu_list.txt 已由例 12-5 的程序建立,本程序用随机读出的方法读出第 2、4 个学生的数据。程序中定义 stu 为 struct stu 结构体类型数组。以读二进制文件方式打开文件,程序第 23 行移动文件位置指针。其中的 SEEK_SET 值为 1,表示从文件头开始,移动 i 个 stu 类型的长度,然后循环读出数据即为第 2、4 个学生的数据。

12.6 文件检测函数

12.6.1 文件结束检测函数 feof

调用格式:

> feof(文件指针);

功能:判断文件是否处于文件结束位置,如文件结束,则返回值为 1,否则为 0。

12.6.2 读写文件出错检测函数

ferror 函数调用格式:

> ferror(文件指针);

功能：检查文件在用各种输入输出函数进行读写时是否出错。如 ferror 返回值为 0 表示未出错,否则表示有错。

本 章 小 结

(1) C 文件按编码方式分为二进制文件和 ASCII 文件。

(2) C 语言中,用文件指针标识文件,当一个文件被打开时,可取得该文件指针。

(3) 文件在读写之前必须打开,读写结束必须关闭。

(4) 文件可按只读、只写、读写、追加 4 种操作方式打开,同时还必须指定文件的类型是二进制文件还是文本文件。

(5) 文件可按字节、字符串、数据块为单位读写,文件也可按指定的格式进行读写。

(6) 文件内部的位置指针可指示当前的读写位置,移动该指针可以对文件实现随机读写。

习 题 12

有两个学生,每人有 3 门课的成绩,从键盘输入学生学号、姓名、3 门课成绩,计算出每人平均分并将其和原始数据都存放在磁盘文件“sinfo”中,并输出文件内容以检验。

应用篇

第 13 章　应用问题示例

13.1　逻辑推理问题

在日常生活中,有些问题常常要求我们主要通过分析和推理,而不是计算得出正确的结论。这类判断、推理问题,就叫做逻辑推理问题,简称逻辑问题。这类题目与我们学过的数学题目有很大不同,题中往往没有数字和图形,也不用我们学过的数学计算方法,而是根据已知条件,分析推理,得到答案。

推理的策略很多,例如搜索策略、冲突消解策略等。本部分针对比较简单的例子让读者领略一下用 C 语言如何实现逻辑推理问题。

【例 13-1】　谁做的好事。四人中只有一人做了好事,有下面一段对话,有三个人说了真话,判断是谁做的好事:

A:不是我;

B:是 C;

C:是 D;

D:他胡说。

用变量 thisman 表示"是谁做的好事"。下面的程序是用变量 thisman 从字符 A 到 D 搜索,满足条件的字符就是做好事的人:

```
#include <stdio.h>
void main()
{
    char thisman;
    int sum;
     for(thisman = 'A'; thisman <= 'D'; thisman++)
    {
        sum = 0;
        if(thisman != 'A') sum++;      /* 如果 A 的话为真 */
        if(thisman == 'C') sum++;      /* 如果 B 的话为真 */
        if(thisman == 'D') sum++;      /* 如果 C 的话为真 */
        if(thisman != 'D') sum++;      /* 如果 D 的话为真 */
        if(sum == 3) break;            /* 如果真话数为 3 */
    }
    if (sum == 3) printf("This man is %c.\n",thisman);
}
This man is C.
```

【例 13-2】 四名专家对四款赛车进行了评论：

A 说：2 号赛车是最好的。

B 说：4 号赛车是最好的。

C 说：3 号赛车不是最好的。

D 说：B 说错了。

事实上只有一款赛车最佳,且只有一名专家的评论是正确的。试用 C 语言编程求解：

```
# include < stdio. h>
void main()
{int t;
for(t = 1;t <= 4;t++)
{    if((t == 2) + (t == 4) + (t!= 3) + (t!= 4) == 1)
{    printf(" % d is the best car\n",t);
break;
}
}
if(t == 2) printf("A is true\n") ;
if(t == 4) printf("B is true\n") ;
if(t!= 3) printf("C is true\n") ;
if(t!= 4) printf("D is true\n") ;
3 is the best car
D is true
```

【例 13-3】 配对新郎和新娘。问题描述如下：3 对情侣举行集体婚礼,3 个新郎为 A、B、C,3 个新娘为 X、Y、Z。有人不知道谁和谁结婚,于是询问了 6 位新人中的 3 位,但听到的回答是这样的：A 说他将和 X 结婚；X 说她的未婚夫是 C；C 说他将和 Z 结婚。这人听后知道他们在开玩笑,全是假话。请编程找出谁将和谁结婚。

分析：将 A、B、C 3 人用 1,2,3 表示,将 X 和 A 结婚表示为"X==1",将 Y 不与 A 结婚表示为"Y!=1"。按照题目中的叙述可以写出表达式：

X!=1   A 不与 X 结婚

X!=3   X 的未婚夫不是 C

Z!=3   C 不与 Z 结婚

题意还隐含着 X、Y、Z 3 个新娘不能结为配偶,则有：

X!=Y 且 X!=Z Y!=Z

穷举以上所有可能的情况,代入上述表达式中进行推理运算,若假设的情况使上述表达式的结果均为真,则假设情况就是正确的结果。

实现代码：

```
# include < stdio. h>
void main()
{
    int x,y,z;
    printf(" The solutions are:\n");
    printf("------------------------------- \n");
    for(x = 1;x <= 3;x++)          /*穷举 x 的全部可能配偶 */
        for(y = 1;y <= 3;y++)          /*穷举 y 的全部可能配偶 */
            for(z = 1;z <= 3;z++)  /*穷举 z 的全部可能配偶 */
                if(x! = 1&&x! = 3&&z! = 3&&x! = y&&x! = z&&y! = z)
```

```
                          /* 判断配偶是否满足题意 */
        {                     * 打印判断结果 */
           printf(" X will marry to %c.\n",'A' + x - 1);
                              /* 通过'A' + x - 1 运算转化为 A、B、C 中的某个字符 */
           printf(" Y will marry to %c.\n",'A' + y - 1);
           printf(" Z will marry to %c.\n",'A' + z - 1);
        }
     printf(" ------------------------------- \n");
}
```

执行结果:

```
The solutions are:
---------------------------------
   X will marry to B.
   Y will marry to C.
   Z will marry to A.
---------------------------------
```

13.2　高精度计算

【例 13-4】　大整数加法。

1. 问题描述

求两个不超过 200 位的非负整数的和。

2. 输入数据

有两行,每行是一个不超过 200 位的非负整数,没有多余的前导 0。

3. 输出要求

一行,即相加后的结果。结果里不能有多余的前导 0,即如果结果是 342,那么就不能输出为 0342。

4. 输入样例

22222222222222
33333333333333

5. 输出样例

55555555555555

6. 解题思路

首先要解决的是存储 200 位整数的问题。显然,任何 C/C++固有类型的变量都无法保存它。可以用一个字符串来保存它,可以用一个无符号数组 unsigned an[200]来保存一个 200 位的整数,让 an[0]存放个位数,an[1]存放十位数,an[2]存放百位数,……

接下来解决进位问题,从个位开始逐位相加,超过或达到 10 则进位。用 unsigned an1[201]保存第一个数,用 unsigned an2[200]保存第二个数,然后逐位相加,相加的结果直接存放在 an1 中,要注意处理进位。另外,an1 数组长度为 201,因为两个 200 位整数相加,结果可能是 201 位。

实现代码:

```
#include<stdio.h>
```

```c
#include <stdlib.h>
#include <string.h>
#define MAX_LEN 200
int an1[MAX_LEN + 10];
int an2[MAX_LEN + 10];
char szLine1[MAX_LEN + 10];
char szLine2[MAX_LEN + 10];
void main()
{
    scanf("%s",szLine1);
    scanf("%s",szLine2);
    int i,j;
    //库函数 memset 将地址 an1 开始的 sizeof(an1)字节内容置 0
    //sizeof(an1)的值就是 an1 的长度
    //memset 函数在 string.h 中声明
    memset(an1,0,sizeof(an1));
    memset(an2,0,sizeof(an2));
    //下面将 saLine1 中存储的字符串形式的整数转换到 an1 中
    //an1[0]对应于个位
    int nLen1 = strlen(szLine1);
    j = 0;
    for(i = nLen1 - 1;i >= 0;i-- )
      an1[j++] = szLine1[i] - '0';

    int nLen2 = strlen(szLine2);
    j = 0;
    for(i = nLen2 - 1;i >= 0;i-- )
      an2[j++] = szLine2[i] - '0';

    for(i = 0;i < MAX_LEN;i++)
    {
      an1[i] += an2[i];          //逐位相加
      if(an1[i]>= 10)            //看是否要进位
      {
          an1[i] = an1[i] - 10;
          an1[i + 1]++;          //进位
      }
    }
    int bStartOutput = 0;        //此变量用于跳过多余的 0
    for(i = MAX_LEN;i >= 0;i-- )
    {
      if(bStartOutput)
         printf("%d",an1[i]);   //如果多余的 0 已经都跳过,则输出
      else if(an1[i])
      {
         printf("%d",an1[i]);
         bStartOutput = 1;
    //碰到第一个非 0 的值,就说明多余的 0 已经都跳过
      }
    }
    if(!bStartOutput)
```

```
        printf("0");
        system("PAUSE");
}
```

执行结果：

```
156487495626565262562
1234567891234567899233244899
1234567906883317461889850746l 请按任意键继续...
```

【例 13-5】 大整数乘法。

1. 问题描述

求两个不超过 200 位的非负整数的积。

2. 输入数据

有两行，每行是一个不超过 200 位的非负整数，没有多余的前导 0。

3. 输出要求

一行，即相乘后的结果。结果里不能有多余的前导 0，即如果结果是 342，那么就不能输出为 0342。

4. 输入样例

```
12345678900
98765432100
```

5. 输出样例

```
1219326311126352690000
```

6. 解题思路

用 unsigned an1[200] 和 unsigned an2[200] 分别存放两个乘数，用 an3[400] 存放积。计算的中间结果也存放在 an3 中，an3 长度取 400 是因为两个 200 位的数相乘，积最多会有 400 位。an1[0]，an2[1]，an3[0] 都表示个位。

计算过程基本上与代数中竖式做乘法相同。为了编程方便，先不处理进位问题，而将进位问题留待最后统一处理。

现以 123×45 为例来说明程序的计算过程。

先算 123×5。3×5 得到 15 个 1，2×5 得到 10 个 10，1×5 得到 5 个 100。由于不急于处理进位，所以 123×5 算完后，an3 如图 13-1 所示。

下标		4	3	2	1	0
an3	...	0	0	5	10	15

图 13-1 123×5 后得到的 an3

接下来算 4 个 123。

第一：4×3 的结果代表 12 个 10，因此要 an3[1]+=12，an3 变为图 13-2 所示。

下标		4	3	2	1	0
an3	...	0	0	5	22	15

图 13-2 4×3 后得到的 an3

第二：4×2 的结果代表 8 个 100,因此要 an3[2]＋＝8,an3 变为图 13-3 所示。

下标		4	3	2	1	0
an3	···	0	0	13	22	15

图 13-3　4×2 后得到的 an3

第三：4×1 的结果代表 1 个 1000,因此要 an3[3]＋＝4,an3 变为图 13-4 所示。

下标		4	3	2	1	0
an3	···	0	4	13	22	15

图 13-4　4×1 后得到的 an3

以此类推,最后结果如图 13-5 所示。

下标		4	3	2	1	0
an3	···	0	5	5	3	5

图 13-5　计算的最后结果

总结：一个数的第 i 位和另一个数的第 j 位相乘所得的数,一定是要累加到结果的第 i＋j 位上。这里 i,j 都是自右往左从 0 开始数。

实现代码：

```c
# include < stdio. h >
# include < stdlib. h >
# include < string. h >
# define MAX_LEN 200
short int an1[MAX_LEN];
short int an2[MAX_LEN];
short int an3[MAX_LEN * 2];
char szLine1[MAX_LEN];
char szLine2[MAX_LEN];
void main()
{
    scanf(" % s",szLine1);
    scanf(" % s",szLine2);
    int i,j;
    //库函数 memset 将地址 an1 开始的 sizeof(an1)字节内容置 0
    //sizeof(an1)的值就是 an1 的长度
    //memset 函数在 string. h 中声明
    memset(an1,0,sizeof(an1));
    memset(an2,0,sizeof(an2));
    memset(an3,0,sizeof(an3));
    //下面将 saLine1 中存储的字符串形式的整数转换到 an1 中
    //an1[0]对应于个位
    int nLen1 = strlen(szLine1);
    j = 0;
    for(i = nLen1 - 1;i > = 0;i -- )
      an1[j++] = szLine1[i] - '0';
```

```
    int nLen2 = strlen(szLine2);
    j = 0;
    for(i = nLen2 - 1;i >= 0;i--)
      an2[j++] = szLine2[i] - '0';

    for(i = 0;i < nLen2;i++)
    //每一轮都用 an2 的一位,去和 an1 各位相乘,从 an1 个位开始
  {
        for(j = 0;j < nLen1;j++)    //用选定的 an1 的那一位,去乘 an2 的各位
            an3[i + j] = an3[i + j] + an2[i] * an1[j];
                //两数第 i、j 位相乘,累加到结果的 i + j 位
  }
                //下面的循环统一处理进位问题
    for(i = 0;i < MAX_LEN * 2;i++)
    {
        if(an3[i]> = 10)
        {
            an3[i + 1] = an3[i + 1] + an3[i]/10;
            an3[i] = an3[i] % 10;
        }
    }
    //下面输出结果
    int bStartOutput = 0;            //此变量用于跳过多余的 0
    for(i = MAX_LEN * 2 - 1;i >= 0;i--)
    {
        if(bStartOutput)
            printf(" % d",an3[i]);   //跳过多余的 0 后开始输出
        else if(an3[i])
        {
            printf(" % d",an3[i]);
            bStartOutput = 1;
            //碰到第一个非 0 的值,就说明多余的 0 已经都跳过
        }
    }
    if(!bStartOutput)
        printf("0");
}
```

执行结果:

```
123456789
987654
121932591483006
```

13.3　模　拟　题

现实中有些问题难以找到公式或规律来解决,只能按照一定的步骤不停地做下去,最后才能找到答案。这样的问题,用计算机解决十分合适,只要能让计算机模拟人在解决此问题时的行为即可,这一类问题可以称为"模拟题"。

【例 13-6】 约瑟夫问题。

1. 问题描述

有 n 只猴子,按顺时针方向围成一圈选大王(编号从 1～n),从第一号开始报数,一直数到 m,数到 m 的猴子退出圈外,剩下的猴子再接着从 1 开始报数。就这样,直到圈内只剩下一只猴子时,这只猴子就是猴王,编程完成如下功能:输入 n、m 后,输出最后猴王的编码。

2. 输入数据

每行是用空格分开的两个整数,第一个是 n,第二个是 m(0＜m,n＜300)。最后一行是:

0 0

3. 输出数据

对于每行输入数据(最后一行例外),输出数据也是一行,即最后猴王的编号。

4. 输入样例

6 2
12 4
8 3
0 0

5. 输出样例

5
1
7

6. 解题思路

解决的办法就是将 n 个数写在纸上排成一圈,然后从 1 开始数,每数到第 m 个就划掉一个数,一遍遍做下去,直到剩下最后一个。有了计算机,这项工作做起来就会快多了,只要编写一个程序模拟人工操作的过程就可以了。

用数组 aLoop 来存放 n 个数,相当于 n 个数排成的圈;用整型变量 nPtr 指向当前数到的数组元素,相当于人的手指;划掉一个数的操作,就用将一个数组元素置 0 的方法来实现。人工数的时候,要跳过已经被划掉的数,那么程序执行的时候,就要跳过为 0 的数组元素。需要注意的是,当 nPtr 指向 aLoop 中最后一个元素(下标 n－1)时,再数下一个,则 nPtr 要指回到数组的第一个元素(下标 0),这样 aLoop 才像一个圈。

代码如下:

```
#include <stdio.h>
#include <stdlib.h>
#define MAX_NUM 300
int aLoop[MAX_NUM];
void main()
{
    int n,m,i;
    while(1)
    {   scanf("%d %d",&n,&m);
        if(n==0)
```

```
                break;
            for(i = 0;i < n;i++)
                aLoop[i] = i + 1;
            int nPtr = 0;
            for(i = 0;i < n;i++)
            {                              //每次循环将 1 只猴子赶出圈子,最后被赶出的就是猴王
                int nCount = 0;            //记录本轮数到的猴子数量
                while(nCount < m)
                {                          //一直要数出 m 个猴子
                    while(aLoop[nPtr] = = 0) //跳过已经出圈的猴子
                        nPtr = (nPtr + 1) % n;  //到下一个位置
                    nCount++;              //数到一只猴子
                    nPtr = (nPtr + 1) % n; //指到下一个猴子
                }
                nPtr -- ;                  //要回退一个位置
                if(nPtr < 0)
                    nPtr = n - 1;
                if(i = = n - 1)            //最后一只出圈的猴子
                    printf(" % d\n",aLoop[nPtr]);
                aLoop[nPtr] = 0;           //猴子出圈
            }
        }
    }
```

执行结果:

```
12 4
1
8 3
7
0 0
Press any key to continue
```

【例 13-7】 某单位有 1000 人报名献血,而负责人说只要 1 人就够了。于是决定让报名者排成一行。从第一行开始 1 至 3 报数,凡报到 1 和 2 的人就退出队伍,余下的仍按照此规定报数,重复进行,直到第 p 次报数只剩下不到 3 人为止,如果余下 1 人,则献血者就是此人,若剩下 2 人,则第二人就是献血者。编程求献血者在队伍中的最初位置,以及共报了几次数。

```
# include < stdio. h>
void main( )
{
    int i,k,m = 1000,n = 0,a[334];
    for(;;)
    {
        n++ ;
        k = 0;
        for(i = 3;i < = m;i += 3)
        {
            k++;
            if(n == 1)
                a[k] = i;
            else
```

应用问题示例

```
            a[k] * = 3;
        }
        m = k;
        if(m < 3) break;
    }
    printf("n = % d,m = % d\n",n,a[m]);
}
```

执行结果：

n=6,m=729

【例 13-8】 显示器。

1. 问题描述

显示器单元的笔画如图 13-6 所示。

2. 输入数据

输入包括若干行,每行表示一个要显示的数。每行有两个整数 s 和 n(1≤s≤10,0≤n≤99 999 999),这里 n 是要显示的数,s 是要显示的数的尺寸。

如果某行输入包括两个 0,表示输入结束。此行不需要处理。

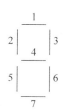

图 13-6　显示器单元的笔画

3. 输出要求

显示的方式是:用 s 个" ＊ "表示一个水平线段,用 s 个" ＊ "表示一个垂直线段。这种情况下,每一个数字需要占用 s＋2 列和 2＊s＋3 行。另外,在两个数字之间要输出一个空白的列。在输出完每一个数之后,输出一个空白的行。

注意:输出中空白的地方都要用空格来填充。

4. 输入样例

```
2 12345
3 67890
0 0
```

5. 输出样例

```
2 567890
**** **** **** **** **** ****
*    *       * *  * *  * *
*    *       * *  * *  * *
**** ****    * **** **** * *
   * *  *    * *  *    * * *
   * *  *    * *  *    * * *
**** ****    * **** **** ****
```

```
3 67890
***** ***** ***** ***** *****
*        * *   * *   * *
*        * *   * *   * *
*        * *   * *   * *
*****    * ***** ***** *****
*   *    * *   *     * *   *
*   *    * *   *     * *   *
*   *    * *   *     * *   *
*****    * ***** ***** *****
```

6. 实现代码

```
# include < stdio. h>
```

```c
# include < stdlib. h >
# include < string. h >
char n1[15] = {"  *  **  *****"};          //笔画 1 被字符 0,2,3,5,6,7,8,9 覆盖
char n2[15] = {" **    *** **"};           //笔画 2 被字符 L,0,4,5,6,8,9 覆盖
char n3[15] = {"* *****   ***"};           //笔画 3 被字符 J,0,1,2,3,4,7,8,9 覆盖
char n4[15] = {"     ***** **"};           //笔画 4 被字符 2,3,4,5,6,8,9 覆盖
char n5[15] = {" ** *    * *"};            //笔画 5 被字符 L,0,2,4,6,8 覆盖
char n6[15] = {"* ** *******"};            //笔画 6 被字符 J,0,1,3,4,5,6,7,8,9 覆盖
char n7[15] = {" ***  **  ** **"};         //笔画 7 被字符 J,L,0,2,3,4,5,6,8,9 覆盖
void main()
{
    int s;
    char szNumber[20];
    int nDigit,nLength,i,j,k;
    while(1)
    {
        scanf(" % d % s",&s,szNumber);
        if(s == 0)
            break;
        nLength = strlen(szNumber);
        for(i = 0;i < nLength;i++)             //输出所有数字的笔画 1
        {   if(szNumber[i] == 'J')
            {   nDigit = 0;
                for(j = 0;j < s + 1;j++)        //一个笔画由 s + 2 个字符组成
                    printf(" % c",n1[nDigit]);
                printf(" * ");
                printf(" ");
            }
            else if(szNumber[i] == 'L')
            {   nDigit = 1;
                printf(" * ");
                for(j = 0;j < s + 1;j++)        //一个笔画由 s + 2 个字符组成
                    printf(" % c",n1[nDigit]);
                printf(" ");
            }
            else if(szNumber[i] == '0')
            {   nDigit = 2;
                for(j = 0;j < s + 2;j++)        //一个笔画由 s + 2 个字符组成
                    printf(" % c",n1[nDigit]);
                printf(" ");
            }
            else   if(szNumber[i] == '1')
            {       nDigit = 3;
                    for(j = 0;j < s + 1;j++)    //一个笔画由 s + 2 个字符组成
                        printf(" % c",n1[nDigit]);
                    printf(" * ");
                    printf(" ");
            }
            else if(szNumber[i] == '2')
            {   nDigit = 4;
                for(j = 0;j < s + 2;j++)        //一个笔画由 s + 2 个字符组成
```

```
                printf(" % c",n1[nDigit]);
            printf(" ");
        }
    else if(szNumber[ i] == '3')
    {   nDigit = 5;
        for(j = 0;j < s + 2;j++)        //一个笔画由 s + 2 个字符组成
            printf(" % c",n1[nDigit]);
        printf(" ");
    }
    else if(szNumber[ i] == '4')
    {   nDigit = 6;
        printf(" * ");
        for(j = 0;j < s;j++)            //一个笔画由 s + 2 个字符组成
            printf(" % c",n1[nDigit]);
        printf(" * ");
        printf(" ");
    }
    else if(szNumber[ i] == '5')
    {   nDigit = 7;
        for(j = 0;j < s + 2;j++)        //一个笔画由 s + 2 个字符组成
            printf(" % c",n1[nDigit]);
        printf(" ");
    }
    else if(szNumber[ i] == '6')
    {    nDigit = 8;
        for(j = 0;j < s + 2;j++)        //一个笔画由 s + 2 个字符组成
            printf(" % c",n1[nDigit]);
         printf(" ");
    }
    else if(szNumber[ i] == '7')
    {   nDigit = 9;
        for(j = 0;j < s + 2;j++)        //一个笔画由 s + 2 个字符组成
            printf(" % c",n1[nDigit]);
         printf(" ");
    }
    else if(szNumber[ i] == '8')
    {   nDigit = 10;
        for(j = 0;j < s + 2;j++)        //一个笔画由 s + 2 个字符组成
            printf(" % c",n1[nDigit]);
         printf(" ");
    }
    else if(szNumber[ i] == '9')
    {   nDigit = 11;
        for(j = 0;j < s + 2;j++)        //一个笔画由 s + 2 个字符组成
            printf(" % c",n1[nDigit]);
        printf(" ");}
    }
    printf("\n");
    for(i = 0;i < s;i++)                //输出所有数字的笔画 2 和笔画 3
    {
        for(j = 0;j < nLength;j++)
```

```
    {
        if(szNumber[j] == 'J'){nDigit = 0;}
        if(szNumber[j] == 'L'){nDigit = 1;}
        if(szNumber[j] == '0')nDigit = 2;
        if(szNumber[j] == '1')nDigit = 3;
        if(szNumber[j] == '2')nDigit = 4;
        if(szNumber[j] == '3')nDigit = 5;
        if(szNumber[j] == '4')nDigit = 6;
        if(szNumber[j] == '5')nDigit = 7;
        if(szNumber[j] == '6')nDigit = 8;
        if(szNumber[j] == '7')nDigit = 9;
        if(szNumber[j] == '8')nDigit = 10;
        if(szNumber[j] == '9')nDigit = 11;
        printf(" % c",n2[nDigit]);
        for(k = 0;k < s;k++)
            printf(" ");          //笔画2和笔画3之间的空格
        printf(" % c",n3[nDigit]);
        printf(" ");
    }
    printf("\n");
}
for(i = 0;i < nLength;i++)          //输出所有数字的笔画4
{
    if(szNumber[i] == '0')
    {   nDigit = 2;
        printf(" * ");
        for(j = 0;j < s;j++)
            printf(" % c",n4[nDigit]);
        printf(" * ");
        printf(" ");
    }
    else if(szNumber[i] == '1')
    {   nDigit = 3;
        for(j = 0;j < s + 1;j++)
            printf(" % c",n4[nDigit]);
        printf(" * ");
        printf(" ");
    }
    else if(szNumber[i] == '2')
    {   nDigit = 4;
        printf(" * ");
        for(j = 0;j < s;j++)
            printf(" % c",n4[nDigit]);
        printf(" * ");
        printf(" ");
    }
    else if(szNumber[i] == '3')
    {   nDigit = 5;
        printf(" * ");
        for(j = 0;j < s;j++)
            printf(" % c",n4[nDigit]);
```

```
                    printf(" * ");
                    printf(" ");
            }
        else if(szNumber[i] == '4')
        {   nDigit = 6;
            printf(" * ");
            for(j = 0; j < s; j++)
                printf("%c", n4[nDigit]);
        printf(" * ");
            printf(" ");
        }
        else if(szNumber[i] == '5')
        {   nDigit = 7;
            printf(" * ");
            for(j = 0; j < s; j++)
                printf("%c", n4[nDigit]);
            printf(" * ");
            printf(" ");
        }
        else if(szNumber[i] == '6')
        {   nDigit = 8;
            printf(" * ");
            for(j = 0; j < s; j++)
                printf("%c", n4[nDigit]);
            printf(" * ");
            printf(" ");
        }
        else if(szNumber[i] == '7')
        {   nDigit = 9;
            for(j = 0; j < s + 1; j++)
                printf("%c", n4[nDigit]);
            printf(" * ");
            printf(" ");
        }
        else if(szNumber[i] == '8')
        {   nDigit = 10;
            printf(" * ");
            for(j = 0; j < s; j++)
                printf("%c", n4[nDigit]);
        printf(" * ");
            printf(" ");
        }
        else if(szNumber[i] == '9')
        {   nDigit = 11;
            printf(" * ");
            for(j = 0; j < s; j++)
                printf("%c", n4[nDigit]);
            printf(" * ");
            printf(" ");
        }
        else if(szNumber[i] == 'J')
```

```c
        {   nDigit = 0;
            printf(" ");
            for(j = 0;j < s;j++)
              printf("%c",n4[nDigit]);
            printf(" * ");
            printf(" ");
        }
        else if(szNumber[i] == 'L')
      {   nDigit = 1;
            printf(" * ");
            for(j = 0;j < s + 1;j++)
              printf("%c",n4[nDigit]);
        printf(" ");}
  }
  printf("\n");
  for(i = 0;i < s;i++)                  //输出所有数字的笔画 5 和笔画 6
  {
      for(j = 0;j < nLength;j++)
      {
          if(szNumber[j] == 'J')nDigit = 0;
          if(szNumber[j] == 'L')nDigit = 1;
          if(szNumber[j] == '0')nDigit = 2;
          if(szNumber[j] == '1')nDigit = 3;
          if(szNumber[j] == '2')nDigit = 4;
          if(szNumber[j] == '3')nDigit = 5;
          if(szNumber[j] == '4')nDigit = 6;
          if(szNumber[j] == '5')nDigit = 7;
          if(szNumber[j] == '6')nDigit = 8;
          if(szNumber[j] == '7')nDigit = 9;
          if(szNumber[j] == '8')nDigit = 10;
          if(szNumber[j] == '9')nDigit = 11;
              printf("%c",n5[nDigit]);
          for(k = 0;k < s;k++)
            printf(" ");            //笔画 5 和笔画 6 之间的空格
          printf("%c",n6[nDigit]);
          printf(" ");
      }
      printf("\n");
  }
  for(i = 0;i < nLength;i++)            //输出所有数字的笔画 7
  {
      if(szNumber[i] == '0')
      {   nDigit = 2;
          printf(" * ");
          for(j = 0;j < s;j++)
            printf("%c",n7[nDigit]);
          printf(" * ");
          printf(" ");
      }
      else if(szNumber[i] == '1')
      {   nDigit = 3;
```

```
                for(j = 0; j < s + 1; j++)
                    printf(" % c", n7[nDigit]);
            printf(" * ");
            printf(" ");
        }
        else if(szNumber[i] == '2')
        {   nDigit = 4;
            printf(" * ");
            for(j = 0; j < s; j++)
                printf(" % c", n7[nDigit]);
            printf(" * ");
            printf(" ");
        }
        else if(szNumber[i] == '3')
        {   nDigit = 5;
            printf(" * ");
            for(j = 0; j < s; j++)
                printf(" % c", n7[nDigit]);
            printf(" * ");
            printf(" ");
        }
        else if(szNumber[i] == '4')
        {   nDigit = 6;
            for(j = 0; j < s + 1; j++)
                printf(" % c", n7[nDigit]);
            printf(" * ");
            printf(" ");
        }
        else if(szNumber[i] == '5')
        {   nDigit = 7;
            printf(" * ");
            for(j = 0; j < s; j++)
                printf(" % c", n7[nDigit]);
            printf(" * ");
            printf(" ");
        }
        else if(szNumber[i] == '6')
        {   nDigit = 8;
            printf(" * ");
            for(j = 0; j < s; j++)
                printf(" % c", n7[nDigit]);
            printf(" * ");
            printf(" ");
        }
        else if(szNumber[i] == '7')
        {   nDigit = 9;
            for(j = 0; j < s + 1; j++)
                printf(" % c", n7[nDigit]);
            printf(" * ");
            printf(" ");
        }
```

```
            else if(szNumber[i] == '8')
            {   nDigit = 10;
                printf(" * ");
                for(j = 0;j < s;j++)
                    printf(" % c",n7[nDigit]);
                printf(" * ");
                printf(" ");
            }
            else if(szNumber[i] == '9')
            {   nDigit = 11;
                printf(" * ");
                for(j = 0;j < s;j++)
                    printf(" % c",n7[nDigit]);
                printf(" * ");
                printf(" ");
            }
            else if(szNumber[i] == 'J')
            {   nDigit = 0;
                printf(" * ");
                for(j = 0;j < s;j++)
                    printf(" % c",n7[nDigit]);
                printf(" * ");
                printf(" ");
            }
            else if(szNumber[i] == 'L')
            {   nDigit = 1;
                printf(" * ");
                for(j = 0;j < s + 1;j++)
                    printf(" % c",n7[nDigit]);
             printf(" ");
            }
        }
        printf("\n");
        printf("\n");
    }
}
```

执行结果：

```
2 JL2013
  * *   **** ****    * ****
  * *      * * *     * *
  * *      * * *     * ****
  * *   **** * *     * ****
  * *   *    * *     *    *
  * *   *    * *     *    *
**** **** **** ****  * ****
```

在实际应用中,根据所要输出的字符,确定每个字符的 7 个笔画,按照所输入的行数和字符串要求即可输出指定大小和内容的字符串。

【例 13-9】 一个轮盘有 36 个槽,有一个球可以落入槽中,这些槽分别编号为 $1 \sim 36$。槽为 $1、3、5、7、9、10、12、14、16、18、19、21、23、25、27、28、30、32、34、36$ 的为红色,其余为绿色。编写程序模拟轮盘旋转 100 次,计算球落入每个槽的次数及统计红绿槽各多少次并输出。

实现代码如下：

```c
#include "time.h"
#include <stdio.h>
#include <stdlib.h>
#define M 100
#define N 36
void main()
{
    int i,c,r,g,a[N]={0};
    srand((unsigned int)(time)(NULL));
    for(i=0;i<M;i++)                        //统计落入 36 个槽中,每个槽的次数
    {
        c=1+rand()%36;
        a[c-1]++;
    }
    for(r=g=0,i=0;i<N;i++)                  //注意 a[0]是 1#槽,a[1]是 2#槽,...
        if(i%2==0 && i/9%2==0 || i%2==1 && i/9%2==1)
            r+=a[i];                        //r 统计落在红槽的次数
        else g+=a[i];                       //g 统计落在绿槽的次数
    printf("arrA:\n");
    for(i=0;i<N;i++)
    {
        printf("%5d ",a[i]);
        if(i%10==9) printf("\n");
    }
    printf("\n The number of falling in red holes is: %d\n",r);
    printf("\n The number of falling in green holes is: %d\n",g);
}
```

```
arrA:
    6    4    3    4    2    4    2    3    5    2
    1    2    1    2    2    1    3    3    1    3
    2    4    3    1    0    2    6    3    3
    3    2    3    2    2    7
The number of falling in red holes is: 58

The number of falling in green holes is: 42
```

【例 13-10】 有 25 个零件,其中有一个较轻的不合格零件,要求用天平来称。编写一个程序求最少需称多少次才能保证找出次品。

M 为最大零件数,m 为实际零件数,n 为称的次数。

思路：平均分成两个区间,k 为区间长度,a、b 为两组的首下标,c 为所查找出的不合格零件号(c=p),f 为对应零件的比较结果,q 为标志变量,区间长度若为偶数则 q=0,否则 q=1。在称重过程中,若两组零件都相等,则余下的一个零件是不合格品。若发现有不相等者,则不合格品在较轻一组,再将这组分成相等的两组,重复,直到找到不合格品。

实现代码如下：

```c
#include "time.h"
#include <stdio.h>
#include <stdlib.h>
```

```
#define M 100
void main()
{
    int i,k,f,p,q,m,n,a,b,c,x[M];
    srand((unsigned int)(time)(NULL));
    for(i = 0;i < M;i++)
    {
        printf("m = ");
        scanf(" % d",&m);                       //输入实际零件数
        if(m < 2 || m > M)                      //循环结束的条件
        {
            printf("The end. \n");
            break;
        }
        for(i = 0;i < m;i++)x[i] = 1;           //合格品为1
        p = rand( ) % m;x[p] = 0;               //不合格品随机产生,并将相应元素置0
        n = 0;a = 0;b = k = m/2;c = m - 1;q = m % 2;     //初始化各变量
        while(1)
        {
            for(n++,f = 0,i = a;i < b;i++)      //分组检查
                if(f = x[i] - x[k + i]!= 0)break;   //发现不相等
            if(f == 0) break;
            q = k % 2;k/ = 2;                   //奇偶标志,区间分组
            if(f == - 1)                        //不合格品在左区间
                if(b == a + 1){c = a;break;}    //最后的两个零件比较
                else b = a + k;                 //非最后的两个零件比较
            else                                //不合格品在右区间
                if(b == a + 1) {c = b;break;}   //最后的两个零件比较
                else {a = b;b = a + k;}         //非最后的两个零件比较
            c = b + k + q - 1;
        }
        printf("p = % d,n = % d,c = % d\n",p,n,c);
    }
}
```

执行结果：

```
m=14
p=0,n=2,c=13
m=20
p=2,n=2,c=19
```

【例 13-11】 将螺旋方阵存放到 N * N 的二维数组中并打印输出,其中 N 为奇数(实际上偶数也可以适用,为了有一个中心点用奇数较好)。要求程序自动生成螺旋方阵。螺旋数设为顺时针方向旋转,则螺旋方阵如下(n＝5)：

1	2	3	4	5
16	17	18	19	6
15	24	25	20	7
14	23	22	21	8
13	12	11	10	9

思路：设 i、j 为数组的行和列,k 为螺旋数(1～N 平方),p、q 为存放数的行列数,f 为存

放的方向标志(0：向右,1：向下,2：向左,3：向上),n 为程序实际运行时 N 的取值。

方法一：在不同方向填数据时,设循环终值；每个方向上的螺旋数已计算好,即该方向上的循环次数是确定的。

方法二：不设循环终值。每个方向上的螺旋数没有计算好,即该方向上的循环次数是不确定的；使用试探法,首先判断该位置上是否已经有螺旋数,没有则填数,有则终止循环、换向。

实现代码如下：

```c
#include <stdio.h>
#include <stdlib.h>
#define N 15
void main()
{
    int i,j,k,f,p,q,f1,f2,f3,f4;
    int n,a[N][N] = {0};
    printf("n = ");scanf(" % d",&n);
    if(n < 3 || n > N || n % 2 == 0) exit(0);
    p = q = f = f1 = f2 = f3 = f4 = 0;
    for(k = 1;k <= n * n;k++)
    switch(f)
    {
        case 0:                        //向右
            for(j = q;j < n - f1;j++) {a[p][j] = k;k++;}
            q = j - 1;p++;f++;f % = 4;k -- ;f1++;break;
        case 1:                        //向下
            for(i = p;i < n - f2;i++) {a[i][q] = k;k++;}
            p = i - 1;q -- ;f++;f % = 4;k -- ;f2++;break;
        case 2:                        //向左
            for(j = q;j >= f3;j -- ) {a[p][j] = k;k++;}
            q = j + 1;p -- ;f++;f % = 4;k -- ;f3++;break;
        case 3:                        //向上
            for(i = p;i > f4;i -- ) {a[i][q] = k;k++;}
            p = i + 1;q++;f++;f % = 4;k -- ;f4++;break;
    }
    for(i = 0;i < n;i++)
    {
        for(j = 0;j < n;j++) printf(" % 5d",a[i][j]);
        printf("\n");
    }
}
```

执行结果：

```
n =5
  1    2    3    4    5
 16   17   18   19    6
 15   24   25   20    7
 14   23   22   21    8
 13   12   11   10    9
```

附录 A　　　　　程序调试篇

开发一个 C 程序包括编辑源文件（ * . c 或 * . cpp），编译源文件生成目标文件（ * . obj），链接库文件或外部文件生成可执行文件（ * . exe），最后运行程序。针对开发一个 C 程序的各个步骤，将一个程序的错误分成以下五类。

第一类，编译期错误（语法错误）。编译就是把高级语言变成计算机可以识别的二进制语言，计算机只认识 1 和 0，编译程序把人们熟悉的语言转换成二进制的。编译程序把一个源程序翻译成目标程序的工作过程分为五个阶段：词法分析、语法分析、语义检查和中间代码生成、代码优化、目标代码生成。主要是进行词法分析和语法分析，又称为源程序分析，所以编译错误，即源程序分析过程中发现有语法错误，给出提示信息。这是指在程序的编译过程中由编译程序识别或检查出来的错误，常称为"语法错误"。诸如不符合规定的语句格式、变量说明与使用不一致、不正确的分隔符、不存在的标号、不正确的初始化数据、不恰当的循环嵌套等。在编译期发现一个错误后，编译工作并不立即停止，而是尽可能多地找出源程序中的全部错误。

第二类，链接错误。链接用来把要执行的程序与库文件或其他已经翻译好的子程序（能完成一种独立功能的程序模块）连接在一起，形成机器能执行的程序。所以，链接错误是指链接程序在装配目标程序时发现的错误，通常是由于函数名书写错误、缺少包含文件或包含文件的路径错误等原因引起的。

第三类，运行期错误。所谓运行期，即程序在编译链接后产生可执行文件后，执行该文件。所以，运行期错误指可执行程序执行过程中发现的错误。如在计算过程中遇到了除数为零的错误、求一个负数的平方根等。编译系统发现这类错误后如无特殊指示通常告知一些适当信息，然后立即停止程序的执行。当然，为阻止这类错误的出现，程序设计者可在程序中编入一些由自己来检查这类错误的程序段，这可能更适合于自己的处理要求。

第四类，逻辑性错误。程序运行时，正确的输入但得到错误的输出，就说明逻辑有问题。所以这类错误是在编译期、链接期和运行期都不能发现的错误。如程序中把 log 写成了 log10，把 x＋y 写成了 x－y 等。显然编译系统是无法查出这类错误的。这类错误是程序设计者在编写代码前一定要尽力排查的，否则就可能花很长时间借助下面介绍的单步调试来排除。

第五类，警告性错误。警告就是经过编译器检查后从语法的正确性上来说没有出现语法错误，例如隐性类型转换，而只是有一些警告提示。这类错误是指编译系统在编译阶段发现程序中有一些可疑的或含混不清的地方，如源程序中发现了一个定义过但从未使用过的变量，或者变量未赋值就使用等。这类情况从语法上讲是正确的，因此一般不会停止编译，在大多数情况下不会阻止目标程序与可执行程序的生成、链接和运行。但是对这类错误不应掉以轻心,应仔细检查程序,这往往存在着某种潜在的运行期错误。

针对上述五种错误,编译期错误和警告性错误可以通过程序编译器 Visual C++ 6.0 调试直接检查出,按照输出窗口提示进行改错;链接错误可以通过重新设置 include 等参数设置进行改正;运行期错误可以通过重启编译器重新执行可执行程序或者进行条件编译解决。而逻辑性错误只能通过单步调试进行排查。

程序调试是一项复杂而苦恼的工作,它需要程序员具有足够的耐性。程序中的一个小错误可能会花费大量的时间才能发现和解决,这就需要利用调试工具来帮助开发者进行程序的调试。Visual C++中集成了功能强大的调试工具,提供多种调试方案,可以帮助程序员更加有效地调试程序。程序调试器菜单和工具如附图 A-1 所示。

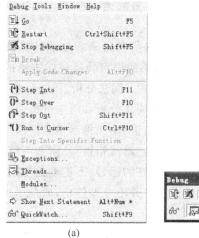

(a)   (b)

附图 A-1　程序调试器菜单和工具

菜单与其对应的工具栏按钮含义见附表 A-1。

附表 A-1　菜单与其对应的工具栏按钮含义

菜单命令	工具条按钮	快捷键	说　明
Go		F5	继续运行,直到断点处中断
Step Over		F10	单步,如果涉及子函数,不进入子函数内部
Step Into		F11	单步,如果涉及子函数,进入子函数内部
Run to Cursor		Ctrl＋F10	运行到当前光标处
Step Out		Shift＋F11	运行至当前函数的末尾。跳到上一级主调函数
		F9	设置/取消断点
Stop Debugging		Shift＋F5	结束程序调试,返回程序编辑环境

注意:对于比较简单的程序,可以直接单击  按钮,编译、链接和运行一次完成。

调试实际上就是在程序运行过程的某一阶段观测程序的状态,而在一般情况下程序是连续运行的,所以必须使程序在某一地点停下来。所以开发者首先要做的第一项工作就是设立断点；其次，再运行程序，让程序在设置的断点处停下来，再利用各种工具观察程序的状态。下面将按照这个思路来介绍设置断点进行单步程序调试的过程。

设置断点：断点是调试器设置的一个代码位置。当程序运行到断点时，程序中断执行，回到调试器。断点提供了一种强大的工具，使开发者能够在需要的时间和位置挂起执行。与逐句或逐条指令地检查代码不同的是，可以让程序一直执行，直到遇到断点，然后开始调试。这大大地加快了调试过程。没有这个功能，调试大的程序几乎是不可能的。在程序中设置断点的方法有以下两种：首先把光标移动到需要设置断点的代码行上，然后通过单击调试(Debug)工具条上的按钮 或按快捷键 F9 的方式设置断点，一个程序可以设置多个断点，断点处所在的程序行的左侧会出现一个红色圆点，进而根据需要选择下面某种单步执行命令。

(1) 单步跟踪进入子函数(Step Into，F11)：每按一次 F11 键或 ，程序执行一条无法再进行分解的程序行，如果涉及子函数，进入子函数内部。

(2) 单步跟踪跳过子函数(Step Over，F10)：每按一次 F10 键或 ，程序执行一行；Watch 窗口可以显示变量名及其当前值，在单步执行的过程中，可以在 Watch 窗口中加入所需观察的变量，辅助加以进行监视，随时了解变量当前的情况，如果涉及子函数，不进入子函数内部。

(3) 单步跟踪跳出子函数(Step Out，Shift＋F11)：按键后，程序运行至当前函数的末尾，然后从当前子函数跳到上一级主调函数。

(4) 运行到当前光标处：当按下 Ctrl＋F10 键后。程序运行至当前光标处所在的语句。

取消断点：只需在代码处再次按 F9 键或者单击"编译"按钮。也可以打开 Breakpoints 对话框后，按照界面提示去掉断点。

结束程序调试，返回程序编辑环境。选择主菜单 Debug 中的 Stop Debugging 命令，或者单击调试(Debug)工具条上的按钮 ，或者按 Shift＋F5 键，可结束程序调试，返回程序编辑环境。

调试过程中，开发人员要想找出程序的错误之处，必须能够观察程序在运行过程中的状态。程序的状态包括各变量的值、寄存器中的值、内存中的值、堆栈中的值，如附图 A-3 所示。

停止调试　　单步执行

停止调试并　当前位置
重新启动调试

附图 A-2　程序编辑环境

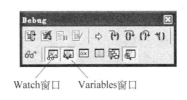

Watch窗口　Variables窗口

附图 A-3　程序的状态

(1) 进入调试程序环境；

(2) Watch(观察)窗口；

(3) Variables(变量)窗口；

(4) Memory(内存)；

(5) Registers(寄存器);

(6) Call Stack(调用堆栈)。

【例 A-1】 通过调用求阶乘函数输出 1!～5!,进行单步调试。

```c
#include <stdio.h>
void main()
{
    int i;
    int fact(int n);
    for(i = 1; i <= 5; i++)
    {
        printf(" %d! = %d ", i, fact(i));
    }
}
int fact(int n)
{
    int i, ff = 1;
    for(i = 1; i <= n; i++)
        ff = ff * i;
    return ff;
}
```

在 ff＝ff＊i;行前单击 🖑 设置断点,然后单击 🗐,程序直接执行到断点处,如附图 A-4 所示。

```c
#include <stdio.h>
void main()
{
    int i;
    int fact(int n);
    for(i=1;i<=5;i++)
    {
        printf("%d! = %d  ",i,fact(i));
    }
}
int fact(int n)
{
    int i,ff=1;
    for(i=1;i<=n;i++)
        ff=ff*i;
    return ff;
}
```

附图 A-4 设置断点

在 fact 函数内按 F10 键或按钮 🕩,在函数内进行单步执行,同时 Variables 窗口变量值如附图 A-5 所示。

```c
int fact(int n)
{
    int i,ff=1;
    for(i=1;i<=n;i++)
        ff=ff*i;
    return ff;
}
```

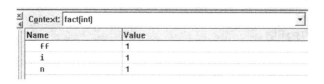

Context: fact(int)	
Name	Value
ff	1
i	1
n	1

附图 A-5 Variables 窗口

继续按 F10 键,不满足循环条件,退出循环,函数返回函数值。同时,Variables 窗口变量值变为如附图 A-6 所示。

```
int fact(int n)
{
    int i,ff=1;
    for(i=1;i<=n;i++)
●       ff=ff*i;
⇨   return ff;
}
```

Context:	fact(int)	
Name	**Value**	
ff	1	
i	2	

附图 A-6 Variables 窗口变量值

继续按 F10 键,这次 fact 函数调用结束,返回到调用处。

```
#include <stdio.h>
void main()
{
    int i;
    int fact(int n);
    for(i=1;i<=5;i++)
    {
⇨       printf("%d! = %d  ",i,fact(i));
    }
}
int fact(int n)
{
    int i,ff=1;
    for(i=1;i<=n;i++)
●       ff=ff*i;
    return ff;
}
```

在主调函数中,需要调用函数 fact,因此在 main 函数的 for 循环中,当想知道每次调用 fact(i) 的执行详细情况,应该单步进入被调函数,此时应该按 👉 或 F11 键,进行单步调试,通过 Variables 窗口观察变量值的变化情况。

还可以通过选择菜单 Debug 下的菜单项 QuickWatch 打开如附图 A-7 所示窗口添加关心的变量,观察变量的变化。

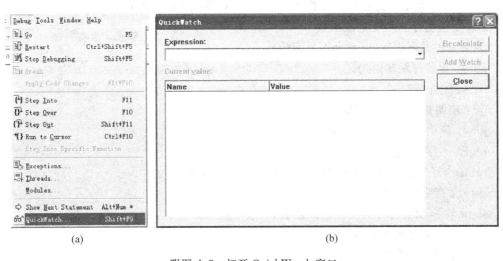

(a)   (b)

附图 A-7 打开 QuickWatch 窗口

附录B 关 键 字

C语言中共有32个关键字：

auto	break	case	char	const	continue
default	do	double	else	enum	extern
float	for	goto	if	int	long
register	return	short	signed	sizeof	static
struct	switch	typedef	union	unsigned	void
volatile	while				

auto：声明自动变量，一般不使用。

break：跳出当前循环。

case：开关语句分支。

char：声明字符型变量或函数。

const：声明只读变量。

continue：结束当次循环，开始下一轮循环。

default：开关语句中的"其他"分支。

do：循环语句的循环体。

double：声明双精度变量或函数。

else：条件语句否定分支（与if连用）。

enum：声明枚举类型。

extern：声明变量是在其他文件中声明（也可以看做是引用变量）。

float：声明浮点型变量或函数。

for：一种循环语句（可意会不可言传）。

goto：无条件跳转语句。

if：条件语句。

int：声明整型变量或函数。

long：声明长整型变量或函数。

register：声明寄存器变量。

return：子程序返回语句（可以带参数，也可以不带参数）。

short：声明短整型变量或函数。

signed：声明有符号类型变量或函数，一般不使用。

sizeof：计算数据类型长度。

static：声明静态变量。

struct：声明结构体变量或函数。

switch：用于开关语句。

typedef：用于给数据类型取别名（当然还有其他作用）。

union：声明联合数据类型。

unsigned：声明无符号类型变量或函数。

void：声明函数无返回值或无参数，声明无类型指针（基本上就这三个作用）。

volatile：说明变量在程序执行中可被隐含地改变。

while：循环语句的循环条件。

附录 C   ASCII 码表

符号	十进制	八进制	十六进制	符号	十进制	八进制	十六进制
空格	32	40	20	〉	62	76	3e
!	33	41	21	?	63	77	3f
"	34	42	22	@	64	100	40
#	35	43	23	A	65	101	41
$	36	44	24	B	66	102	42
%	37	45	25	C	67	103	43
&.	38	46	26	D	68	104	44
	39	47	27	E	69	105	45
〔	40	50	28	F	70	106	46
〕	41	51	29	G	71	107	47
*	42	52	2a	H	72	110	48
+	43	53	2b	I	73	111	49
,	44	54	2c	J	74	112	4a
—	45	55	2d	K	75	113	4b
.	46	56	2e	L	76	114	4c
/	47	57	2f	M	77	115	4d
0	48	60	30	N	78	116	4e
1	49	61	31	O	79	117	4f
2	50	62	32	P	80	120	50
3	51	63	33	Q	81	121	51
4	52	64	34	R	82	122	52
5	53	65	35	S	83	123	53
6	54	66	36	T	84	124	54
7	55	67	37	U	85	125	55
8	56	70	38	V	86	126	56
9	57	71	39	W	87	127	57
:	58	72	3a	X	88	130	58
;	59	73	3b	Y	89	131	59
〈	60	74	3c	Z	90	132	5a
=	61	75	3d	〔	91	133	5b
\	92	134	5c	n	110	156	6e
〕	93	135	5d	o	111	157	6f
^	94	136	5e	p	112	160	70

符号	十进制	八进制	十六进制	符号	十进制	八进制	十六进制
_	95	137	5f	q	113	161	71
`	96	140	60	r	114	162	72
a	97	141	61	s	115	163	73
b	98	142	62	t	116	164	74
c	99	143	63	u	117	165	75
d	100	144	64	v	118	166	76
e	101	1145	65	w	119	167	77
f	102	146	66	x	120	170	78
g	103	147	67	y	121	171	79
h	104	150	68	z	122	172	7a
i	105	151	69	{	123	173	7b
j	106	152	6a	|	124	174	7c
k	107	153	6b	}	125	175	7d
l	108	154	6c	~	126	176	7e
m	109	155	6d	⌂	127	177	7f

注：该表所列字符之外的字符可以通过程序输出进行视觉认识。例如：

```
#include <stdio.h>
void main()
{
    char ch;
    for(ch=0;ch<=32;ch++)
        printf("%c",ch);
}
```

附录 D 运算符的优先级及结合方式

优先级	运算符	名 称	特 征	结合方式
1	( ) [ ] −> .	圆括号 下标 指针引用结构体成员 取结构体变量成员		从左至右
2	! ~ + − 类型名 * & ++ −− sizeof	逻辑非 按位取反 正号 负号 强制类型转换 取指针内容 取地址 自增 自减 长度运算符	单目运算(只有一个操作数)	从右至左
3	* / %	相乘 相除 取两整数相除的余数	算数运算	从左至右
4	+ −	相加 相减		
5	<< >>	左移 右移	移位运算	
6	> < >= <=	大于 小于 大于或等于 小于或等于	关系运算	从左至右
7	== !=	等于 不等于		
8	&	按位"与"	位运算	
9	^	按位"异或"		
10	|	按位"或"		
11	&&	逻辑"与"	逻辑运算	
12	||	逻辑"或"		

优先级	运算符	名　　称	特　　征	结合方式
13	?:	条件运算	三目运算	从右至左
14	=+=−= ∗= /=%= &=^= |=>>= <<=	赋值运算		从右至左
15	,	逗号运算		从左至右

附录 E　常用函数

虽然库函数不是 C 语言的一部分,但每一个实用的 C 语言系统都会根据 ANSI C 提出的标准库函数,提供这些库函数的实现。对编程者来说,标准库函数已经成为 C 语言中不可缺少的组成部分。本附录提供了 ANSI C 的一些常用的标准库函数,读者对 C 语言其他系统的库函数感兴趣,可查阅相关 C 语言系统的使用手册。

下面各表中所列函数名前的类型说明是函数返回结果的类型、程序中调用这些库函数时不必书写类型。

1. 数学函数

下列数学函数中,除第一求整型数绝对值函数 abs()外,其他函数在头文件 math.h 中说明,包括对浮点数求绝对值的 fabs()函数。对应的编译预处理命令为:

♯inchude＜math.h＞

常见的数学函数见附表 E-1。

附表 E-1　常见的数学函数

函数名	函数定义格式	函 数 功 能	返回值	说明
abs	int abs(int x)	求整型数 x 的绝对值	计算结果	函数说明在 stdlib.h 中
fabs	double fabs(double x)	求 x 的绝对值	计算结果	
sqrt	double sqrt(double x)	计算 x 的平方根	计算结果	要求 x≥0
exp	double exp(double x)	计算 e^x	计算结果	e 为 2.718
pow	double pow(double x,double y)	计算 x^y	计算结果	
log	double log(double x)	求 lnx	计算结果	自然对数
log10	double log10(double x)	求 $\log_{10} x$	计算结果	
ceil	double ceil(double x)	求不小于 x 的最小整数	double 类型	
floor	double floor(double x)	求小于 x 的最大整数		
fmod	double fmod(double x,double y)	求 x/y 的余数		
modf	double modf(double x, double * ptr)	把 x 分解,整数部分存入 * ptr	x 的小数部分	
sin	double sin(double x)	计算 sin(x)	$[-1,1]$	x 为弧度值
cos	double cos(double x)	计算 cos(x)		
tan	double tan(double x)	计算 tan(x)	计算结果	
asin	double asin(double x)	计算 $\sin^{-1}(x)$	$[0,\Pi]$	X∈$[-1,1]$
acos	double acos(double x)	计算 $\cos^{-1}(x)$		
atan	double atan(double x)	计算 $\tan^{-1}(x)$	$[-\Pi/2,\Pi/2]$	

函数名	函数定义格式	函 数 功 能	返回值	说明
atan2	double atan(double x,double y)	计算 $\tan^{-1}(x/y)$		
sinh	double sinh(double x)	计算 sinh		
cosh	double cosh(double x)	计算 cosh	计算结果	x 为弧度值
tanh	double tanh(double x)	计算 $\tanh(x)$		

2. 输入输出函数

下列输入输出函数在头文件 stdio.h 中说明。对应的编译预处理命令为：

♯ include < stdio. h >

（1）格式化输入输出函数见附表 E-2。

附表 E-2　格式化输入输出函数

函数名	函数定义格式	函 数 功 能	返 回 值
printf	int printf(char * format,输出表)	按字符串 format 给定输出格式，把输出表各表达式的值输出到标准输出文件	成功：输出字符；失败：EOF
scanf	int scanf(char * format,输入项地址列表)	按字符串 format 给定输入格式，从标准输入文件读入数据，存入各输入项地址列表指定的存储单元中	成功：输入数据的个数；失败：EOF
sprintf	int sprint(char * s,char * format,输出表)	功能类似 printf()函数，但输出目标为字符串 s	成功：输出字符数；失败：EOF
sscanf	int sscanf(char * s,char * format,输入项地址列表)	功能类似 scanf()函数，但输入源为字符串 s	成功：输入数据的个数；失败：EOF

（2）字符（串）输入输出函数见附表 E-3。

附表 E-3　字符（串）输入输出函数

函数名	函数定义格式	函 数 功 能	返 回 值
getchar	int getchar()	从标准输入文件读入一个字符	字符 ASCII 值或 EOF
putchar	int putchar(char ch)	向标准输出文件输出字符 ch	成功：ch；失败：EOF
gets	char * (char * s)	从标准输入文件读入一个字符串到字符数组 s,输入字符以回车结束	成功：s；失败：NULL
puts	int puts(char * s)	把字符串 s 输出到标准输出文件,'\0'转换为'\n'输出	成功：换行符；失败：EOF
fgetc	int fgetc(FILE * fp)	从 fp 所指文件中读取一个字符	成功：索取字符；失败：EOF
fputc	int fputc(char ch,FILE * fp)	将字符 ch 输出到 fp 所指的文件	成功：ch；失败：EOF
fgets	char * fgets(char * s,int n,FILE * fp)	从 fp 所指文件最多读 n−1 个字符（遇'\n'、^z 终止）到字符串 s 中	成功：s；失败：NULL
fputs	fputs(char * s,FILE * fp);	功能是向指定的文件写入一个字符串	成功：s；失败：EOF

3. 文件操作函数

文件操作函数见附表 E-4。

附表 E-4　文件操作函数

函数名	函数定义格式	函 数 功 能	返 回 值
fopen	FILE ＊ fopen（char ＊ fname，char ＊ mode）	以 mode 方式打开文件 fname	成功：文件指针；失败：NULL
fclose	int fclose（FILE ＊ fp）	关闭 fp 所指文件	成功 0；失败：非 0
feof	int feof（FILE ＊ fp）	检查 fp 所指文件是否结束	成功：非 0；失败：0
fread	int fread（T ＊ a，long sizeof（T），unsigned int n，FILE ＊ fp）	从 fp 所指文件复制 n ＊ sizeof(T) 个字节到 T 类型指针变量 a 所指内存区域	成功：n；失败：0
fwrite	int fwrite（T ＊ a，long sizeof（T），unsigned int n，FILE ＊ fp）	从 T 类型指针变量 a 所指处起复制 N ＊ sizeof(T) 个字节的数据，到 fp 所指向的文件	成功：n；失败：0
rewind	void rewind（FILE ＊ fp）	移动 fp 所指文件读写位置到文件头	
fseek	int fseek（FILE ＊ fp，long n，unsigned int posi）	移动 fp 所指文件读写位置，n 为位移量，posi 决定起点位置	成功：0；失败：非 0
ftell	long ftell（FILE ＊ fp）	求当前读写位置到文件头的字节数	成功：所求字节数；失败：EOF
remove	int remove（char ＊ fname）	删除名为 fname 的文件	成功：0；失败：EOF
rename	int rename（char ＊ oldfname，char ＊ newfname）	改文件名 oldfname 为 newfname	成功：0；失败：EOF

说明：fread()和 fwrite()中的类型 T 可以是任一合法定义的类型。

4. 字符串操作函数

下列字符串操作函数在头文件 string.h 中说明。对应的编译预处理命令为：

＃include<string.h>

常见的字符串操作函数见附表 E-5。

附表 E-5　常见的字符串操作函数

函数名	函数定义格式	函 数 功 能	返 回 值
strcat	char ＊ strcat(char ＊ s，char ＊ t)	把字符串 t 连接到 s，使 s 成为包含 s 和 t 的结果串	字符串 s
strcmp	int ＊ strcmp（char ＊ s，char ＊ t）	逐个比较字符串 s 和 t 中的对应字符，直到对应不等或比较到串尾	相等：0；不等时返回 1 或 −1
strcpy	char ＊ strcpy(char ＊ s，char ＊ t)	把字符串 t 复制到 s 中	字符串 s
strlen	unsigned int strlen(char ＊ s)	计算字符串 s 的长度(不包括'\0')	字符串长度
strchr	char ＊ strchr(char ＊ s，char c)	在字符串 s 查找字符串 c 首次出现的地址	找到：相应地址；找不到：NULL
ststr	char ＊ ststr（char ＊ s，char ＊ t）	在字符串 s 中找字符串 t 首次出现的地址	

5. 动态内存分配函数

ANSI C 的动态内存分配函数共 4 个,在头文件 stdlib.h 中说明。对应的编译预处理器命令为:♯include<stdlib.h>。常见的动态内存分配数见附表 E-6。

附表 E-6　常见的动态内存分配数

函数名	函数定义格式	函 数 功 能	返 回 值
calloc	void * calloc (unsigned int n, unsigned int size)	分配 n 个连续存储单元(每个单元含 size 个字节)	成功:分配单元首地址 失败:UNLL
malloc	void * malloc(unsigned int size)	分配 size 个字节的存储单元	成功:分配单元首地址 失败:UNLL
free	void free (void * p)	释放 p 所指存储单元(必须是由动态内存分配函数一次性分配的全部单元)	无
realloc	void * realloc (void * p, unsigned int hsize)	将 p 所指的已分配存储单元块的大小改为 SIZE	成功:单元块首地址; 失败:UNLL

说明:calloc()和 malloc()函数需强制类型转换成所需单元类型的指针。

6. 过程控制函数

过程控制函数在头文件 process.h 中说明。对应的编译预处理器命令为:

♯include< process.h >

过程控制函数见附表 E-7。

附表 E-7　过程控制函数

函数名	函数定义格式	函 数 功 能	返 回 值
exit	void exit(int status)	使程序执行立刻终止,并清除和关闭所有打开的文件。 status=0 表示程序正常结束;status 非 0 则表示程序存在错误执行	无

参 考 文 献

[1] 田丽华.C语言程序设计.北京：清华大学出版社,2012.

[2] 谭浩强.C程序设计(第四版).北京：清华大学出版社,2010.

[3] 田丽华.C语言程序设计上机指导与习题解答.北京：北京邮电大学出版社,2009.

[4] 何钦铭,颜晖.C语言程序设计.北京：高等教育出版社,2008.

[5] 王柏盛.C程序设计题解.北京：高等教育出版社,2006.

[6] 王敬华,林萍,陈静.C语言程序设计教程.北京：清华大学出版社,2007.

[7] 李文新,郭炜,于华山.程序设计导引及在线实践.北京：清华大学出版社,2008.

图 书 资 源 支 持

感谢您一直以来对清华版图书的支持和爱护。为了配合本书的使用,本书提供配套的资源,有需求的读者请扫描下方的"书圈"微信公众号二维码,在图书专区下载,也可以拨打电话或发送电子邮件咨询。

如果您在使用本书的过程中遇到了什么问题,或者有相关图书出版计划,也请您发邮件告诉我们,以便我们更好地为您服务。

我们的联系方式:

地　　　址:北京海淀区双清路学研大厦 A 座 707

邮　　　编:100084

电　　　话:010－62770175－4604

资源下载:http://www.tup.com.cn

电子邮件:weijj@tup.tsinghua.edu.cn

QQ:883604(请写明您的单位和姓名)

用微信扫一扫右边的二维码,即可关注清华大学出版社公众号"书圈"。

资源下载、样书申请

书 圈